高等院校计算机应用系列教材

Linux 操作系统

刘智珺　裴　浪　潘雪峰　主　编
李龙腾　姜明哲　副主编

清华大学出版社
北　京

内 容 简 介

本书从原理性和实用性出发，从初学者的角度全面而详细地介绍了Linux操作系统的基本概念和常用命令。阐述的内容涵盖初学者完成日常工作必需的各个方面，包括Linux系统概述、常用命令、文件系统、文本编辑、Shell程序设计、Linux系统管理的基本设置与备份、服务器管理、Linux内核简介、常用开发工具、Linux内核编译与管理、综合案例等。本书各章都有实例讲述，各章末尾配有练习题，可帮助读者由浅入深、循序渐进地学习Linux操作系统，便于读者通过理论联系实际，快速上手实践，从而熟练掌握Linux操作系统的使用技巧，提高应用开发能力。

本书面向应用，实用性强，适用面广，结合企业案例，增强了应用性。

本书可作为普通高等院校计算机、自动化、电子信息、通信、机电等专业的教材及教学参考书，也适合有关专业人员阅读。

本书封面贴有清华大学出版社防伪标签，无标签者不得销售。

版权所有，侵权必究。举报: 010-62782989, beiqinquan@tup.tsinghua.edu.cn。

图书在版编目(CIP)数据

Linux 操作系统 / 刘智珺，裴浪，潘雪峰主编. —北京: 清华大学出版社，2023.4 (2024.8 重印)
高等院校计算机应用系列教材
ISBN 978-7-302-63081-4

Ⅰ. ①L… Ⅱ. ①刘… ②裴… ③潘… Ⅲ. ①Linux 操作系统－高等学校－教材 Ⅳ. ①TP316.89

中国国家版本馆 CIP 数据核字(2023)第 045013 号

责任编辑: 刘金喜
封面设计: 高娟妮
版式设计: 思创景点
责任校对: 成凤进
责任印制: 刘海龙

出版发行: 清华大学出版社
网　　址: https://www.tup.com.cn, https://www.wqxuetang.com
地　　址: 北京清华大学学研大厦 A 座　　邮　编: 100084
社 总 机: 010-83470000　　邮　购: 010-62786544
投稿与读者服务: 010-62776969, c-service@tup.tsinghua.edu.cn
质 量 反 馈: 010-62772015, zhiliang@tup.tsinghua.edu.cn

印 装 者: 天津安泰印刷有限公司
经　　销: 全国新华书店
开　　本: 185mm×260mm　　印　张: 14.5　　字　数: 371 千字
版　　次: 2023 年 4 月第 1 版　　印　次: 2024 年 8 月第 2 次印刷
定　　价: 68.00 元

产品编号: 095015-01

前言

Linux 是一个多用户、多任务、支持多线程和多CPU的操作系统,也是一个自由传播的类UNIX操作系统。Linux 具有内核源代码完全开源、完整的网络功能和较强的移植性等特点,得到了来自全世界软件爱好者、组织和公司的支持。伴随着互联网的发展,Linux 在服务器、个人计算机和嵌入式系统上均有着广泛的使用。

在 Linux 操作系统的课程教学当中,学生不仅应掌握 Linux 的各类命令,更应学会运用 Linux 系统对网络进行管理和控制。因此,Linux 操作系统的课程教材,既要内容新颖,也要把重点放在学以致用上。为此,我们根据多年的教学实践,同时结合企业实际案例,编写了本书。本书具有面向应用、实用性强、适用面广等特点。

本书共分 10 章,各章内容如下:

第 1 章 Linux 系统概述;

第 2 章 Linux 常用命令;

第 3 章 Linux 文件系统;

第 4 章 文本编辑;

第 5 章 Linux Shell 程序设计;

第 6 章 Linux 系统管理基本设置与备份;

第 7 章 服务器管理;

第 8 章 Linux 内核简介;

第 9 章 常用开发工具;

第 10 章 Linux 内核编译与管理;

第 11 章 Linux 综合案例。

本书的编写获得教育部产学合作协同育人项目支持(202002034013,202002034006),书中基础内容由武昌首义学院和武汉晴川学院具有多年教学和实践经验的一线教师编写,项目实例由北京金信润天信息技术股份有限公司一线开发工程师编写。各章编写分工为:第 1 章和第 9 章由潘雪峰编写,第 2 章和第 5 章由刘智珺编写,第 3 章和第 4 章由裴浪编写,第 6 章由李乳演编写,第 7 章和第 10 章由李龙腾编写,第 8 章由阎鹏编写,第 11 章由姜明哲编写。全书由刘智珺统稿审定。

书中 PPT 教学课件和习题答案可通过 http://www.tupwk.com.cn/downpage 下载。

在本书的编写过程中,许多老师和领导提出了宝贵的建议和意见,国内高校一些专家也给出了具体指导,在此一并表示衷心的感谢。

由于编者水平有限,书中难免存在漏误和不妥之处,敬请批评指正。

编　者

2022 年 9 月

目 录

第1章 Linux 系统概述 ·················· 1
1.1 Linux系统的历史 ················ 1
1.1.1 UNIX系统的出现 ············ 1
1.1.2 Linux的出现 ················ 1
1.1.3 Linux的发行版本 ············ 2
1.2 GNU计划自由软件与开放源码 ··· 7
1.3 Linux的特点 ···················· 9
1.4 Linux的发展和应用 ············· 11
1.4.1 Intranet ···················· 11
1.4.2 服务器 ···················· 12
1.4.3 嵌入式系统 ················ 12
1.4.4 集群计算机 ················ 13
1.5 Linux系统安装 ················· 13
习题1 ································ 24

第2章 Linux 常用命令 ·············· 25
2.1 Shell与Shell命令 ················ 25
2.2 简单命令 ······················· 26
2.3 文件操作命令 ··················· 28
2.4 目录及其操作命令 ··············· 35
2.5 历史命令、别名命令 ············· 39
2.6 联机帮助命令 ··················· 40
习题2 ································ 42

第3章 Linux 文件系统 ·············· 44
3.1 文件和文件系统概述 ············· 44
3.1.1 文件的概念 ················ 44
3.1.2 文件的类型 ················ 44
3.2 文件系统类型 ··················· 47
3.3 文件系统结构 ··················· 48

3.3.1 系统目录结构 ··············· 48
3.3.2 路径 ······················ 49
3.4 文件和目录权限管理 ············· 49
3.4.1 文件和目录权限的简介 ······· 50
3.4.2 文件和目录的基本权限 ······· 50
3.4.3 文件和目录的特殊权限 ······· 53
习题3 ································ 54

第4章 文本编辑 ····················· 56
4.1 VI编辑器 ······················· 56
4.2 VIM编辑器的工作模式 ··········· 56
4.3 VIM的基本操作 ················· 58
4.3.1 VIM的进入与退出 ··········· 58
4.3.2 VIM的编辑 ················· 59
4.3.3 VIM的光标移动 ············· 59
4.3.4 VIM的复制和粘贴 ··········· 60
4.3.5 VIM的删除和取消 ··········· 60
4.3.6 VIM的查找和替换 ··········· 61
4.3.7 VIM的多文件编辑 ··········· 61
习题4 ································ 63

第5章 Linux Shell 程序设计 ········· 64
5.1 Shell概述 ······················· 64
5.1.1 Shell模式类别 ··············· 64
5.1.2 Shell脚本的特点 ············· 64
5.1.3 Shell脚本的建立和执行 ······· 65
5.2 Shell的特殊字符 ················· 65
5.3 Shell变量 ······················· 69
5.3.1 环境变量 ·················· 69
5.3.2 用户定义的变量 ············· 70
5.3.3 位置参数 ·················· 71

5.3.4	Shell特殊变量	73
5.4	运算符及表达式	73
5.5	输入与输出	74
5.6	控制结构	75
5.6.1	条件测试语句	75
5.6.2	if条件语句	78
5.6.3	case语句	80
5.6.4	while语句	81
5.6.5	until语句	82
5.6.6	for语句	83
5.6.7	break命令和continue命令	85
5.7	函数	86
5.8	脚本的调试	87
习题5		87

第6章 Linux 系统管理的基本设置与备份 … 88

6.1	用户和工作组管理	88
6.1.1	用户管理	88
6.1.2	用户组管理	91
6.1.3	与用户账号有关的系统文件	92
6.2	文件系统及其维护	95
6.2.1	虚拟文件系统(VFS)	95
6.2.2	Linux文件系统结构	96
6.2.3	Linux树状目录结构	97
6.2.4	文件系统的相关命令及应用	98
6.3	文件系统的备份	104
6.3.1	gzip压缩工具	104
6.3.2	bzip2压缩工具	105
6.3.3	tar工具	106
6.4	系统安全管理	107
6.4.1	设置系统权限	107
6.4.2	su和sudo	109
6.5	系统性能优化	110
6.5.1	查看CPU负载的工具	110
6.5.2	内存使用情况分析	111
6.5.3	网络运行状态	112
习题6		113

第7章 服务器管理 … 114

7.1	网络配置管理	114
7.1.1	网络接口	114
7.1.2	默认网关与主机路由	118
7.1.3	网络连接	120
7.2	vsftpd服务器	122
7.2.1	FTP传输模式	122
7.2.2	vsftpd服务器简介	123
7.2.3	vsftpd服务器的安装配置	123
7.2.4	vsftpd匿名用户配置	124
7.2.5	vsftpd系统用户配置	125
7.2.6	vsftpd虚拟用户配置	126
7.3	DNS服务器	128
7.3.1	DNS简介	128
7.3.2	DNS服务器的工作原理	129
7.3.3	BIND软件	130
7.4	Apache Web服务器	136
7.4.1	Apache Web服务器简介	136
7.4.2	Prefork MPM工作原理	136
7.4.3	Worker MPM工作原理	137
7.4.4	安装Apache Web服务器	137
7.4.5	Apache常用目录	138
7.4.6	Apache配置文件详解	138
7.4.7	Apache虚拟主机在企业中的应用	141
习题7		142

第8章 Linux 内核简介 … 144

8.1	进程管理	144
8.1.1	程序的顺序执行与并发执行	144
8.1.2	进程的概念	146
8.1.3	进程控制块	147
8.1.4	Linux系统中的进程	148
8.2	进程管理的命令	150
8.3	进程通信	153
8.3.1	信号机制	153
8.3.2	管道文件	154
8.3.3	System IPC机制	154

8.4 磁盘管理 ……………………… 155
　8.4.1 磁盘分区 ………………… 155
　8.4.2 磁盘格式化 ……………… 159
　8.4.3 磁盘的挂载 ……………… 160
8.5 内存管理 ……………………… 162
8.6 设备管理 ……………………… 164
　8.6.1 Linux设备管理综述 ……… 164
　8.6.2 Linux I/O系统的软件结构… 165
　8.6.3 Linux的设备管理机制 …… 166
　8.6.4 字符设备的管理与驱动…… 168
　8.6.5 Linux的中断处理 ………… 170
习题8 ……………………………… 172

第9章 常用开发工具 …………… 173
9.1 gcc编译系统 ………………… 173
　9.1.1 gcc使用方法简介 ………… 173
　9.1.2 gcc编译流程 ……………… 175
9.2 gdb程序调试工具 …………… 176
　9.2.1 gdb使用流程 ……………… 176
　9.2.2 gdb基本命令 ……………… 179
9.3 程序维护工具make …………… 182
　9.3.1 makefile基本结构 ………… 183
　9.3.2 makefile变量 ……………… 183
　9.3.3 makefile规则 ……………… 186
　9.3.4 make管理器的使用 ……… 187
9.4 Qt介绍 ………………………… 188

　9.4.1 Qt程序设计简介 ………… 188
　9.4.2 开发Qt图形界面程序…… 188
习题9 ……………………………… 192

第10章 Linux 内核编译与管理………193
10.1 内核编译的基本过程 ………… 193
　10.1.1 内核概述 ……………… 193
　10.1.2 内核编译的过程 ……… 193
10.2 内核配置详解 ………………… 196
　10.2.1 General setup …………… 196
　10.2.2 Loadable module support … 198
　10.2.3 Processor type and features … 199
　10.2.4 Networking support …… 200
　10.2.5 Device Drivers ………… 200
10.3 CentOS 7.X内核升级 ………… 205
　10.3.1 小版本升级 …………… 205
　10.3.2 大版本升级 …………… 206
习题10 ……………………………… 209

第11章 Linux 综合案例 …………210
11.1 综合案例——Linux服务器配置 ………………………… 210
11.2 综合案例——Web服务器的日志管理 …………………… 220

参考文献 ……………………………224

第 1 章
Linux系统概述

学习要求：通过对本章的学习，了解 Linux 的起源、特点、优势、版本类别，掌握 Linux 的基础知识、特点，以及安装、启动方法。

Linux 是当前较具有发展潜力的计算机操作系统，而 Internet、云计算、大数据、应用开发等方面的旺盛需求正推动着 Linux 快速发展。Linux 是自由传播的类 UNIX 操作系统，在中国使用较普通的主要有 Red Hat Linux、CentOS、Ubuntu 等，以及国产的红旗 Linux、中标普华 Linux 等不同版本。Linux 具有自由与开放的特性及强大的网络功能，这些特性使 Linux 具有无限广阔的发展前景。

1.1 Linux 系统的历史

本节主要带领大家了解 UNIX 和 Linux 的起源。下面一起来回顾 Linux 的发展历史。

1.1.1 UNIX 系统的出现

为了能在闲置不用的 DEC PDP-7 计算机上运行自己喜欢的《星际旅行》(*Star Traek*)游戏，1969 年 Thompson 和 Richie 利用暑假期间的一个月时间开发出了 UNIX 的原型。他们是在美国 Bell 实验室开发的这一多用户多任务操作系统。当时的 UNIX 使用的是基本组合编程语言 (basic combined programming language，BCPL)，1971 年 C 语言出现后，大部分代码改用 C 语言，从而使其具有很强的可移植性。

UNIX 系统相当可靠且运行稳定，至今仍被广泛应用于银行、航空、保险、金融等领域的大中型计算机和服务器中。UNIX 的商业版本包括赫赫有名的 Sun 公司的 Solaris、IBM 公司的 AIX 和 HP 公司的 HP-UX 等。但是 UNIX 也有其致命的弱点：一是必须借助操作命令才能管理和使用 UNIX，这使得操作起来有一定的困难(时至今日，UNIX 已经能提供简便易用的窗口图形化用户界面供用户使用)；二是作为可靠、稳定的操作系统，其昂贵的价格虽然恰当地反映了 UNIX 的高性价比，但却把个人用户拒于千里之外，使之无法应用于家庭。

1.1.2 Linux 的出现

1991 年对于全球计算机界而言发生了一件影响极其深远的事情：芬兰赫尔辛基大学 (University of Helsinki)的学生 Linus Torvalds，开创了一个在操作系统领域里全新的世界——

Linux 操作系统。作为程序员，他写出的干净且不冗长的代码，不但重新定义了一流程序、代码和软件的基准，而且书写了另一个互联网的传奇，人们常常称他为"Linux 之父"。

1991 年年初，21 岁的 Linus Torvalds 就读于芬兰的赫尔辛基大学，喜欢测试计算机能力和限制的他，为完成自己操作系统课程的作业(但当时缺乏的是一个专业级的操作系统)，开始基于 Minix(一种免费的小型 UNIX 操作系统)编写一些程序。Minix 虽然很好，但只是一个用于教学的简单操作系统，而不是一个强有力的实用操作系统。Linus Torvalds 决定自己开发终端仿真程序，仿真程序可以实现网络登录和电子邮件的收发，但无法下载和上传资料。Linus Torvalds 进而开发了磁盘管理和文件管理程序，以实现操作系统核心功能的完善。

1991 年 9 月 17 日，Linus Torvalds 将自己开发的系统源程序完整地传到 FTP 服务器上，供大家下载测试。Linus Torvalds 给系统命名为 Linux，也就是 Linus's UNIX 的意思，被定为 Linux 0.01 版本，但这个版本并不完善。

在众多程序员的共同努力下，到 1994 年 Linux 已经成为一个功能完善、稳定可靠的操作系统。Linus Torvalds 惊奇地发现自己的这些程序已经足够实现一个操作系统的基本功能。

1995 年 1 月，Bob Young 创办了 Red Hat(红帽)实验室，以 GNU/Linux 为核心，集成了 400 多个源代码程序模块，冠以品牌的 Linux，即 Red Hat Linux，被称为 Linux 发行版，在市场上出售，这在经营模式上是一种创举。Bob Young 称："我们从不想拥有自己的'版权专用'技术，我们卖的是'方便'，给用户提供支持和服务，而不是自己的'专有技术'。"源代码开发程序包括各种品牌发行版的出现，极大地推动了 Linux 的普及和应用。

1998 年 2 月，以 Eric Raymond 为首的一批年轻的编程高手终于认识到 GNU/Linux 体系的产业化道路的本质——市场竞争，并创办了开放源代码促进会，在互联网世界展开了一场历史性的 Linux 产业化运动。以 IBM、Intel 为首的一大批国际性重型 IT 企业对 Linux 产品及其经营模式进行投资，并提供全球性技术支持，催生了一个正在兴起的基于源代码开放模式的 Linux 产业，也有人称之为开放源代码(open source)现象。

就这样，诞生于网络并发展于网络的 Linux 吸引越来越多的开发人员加入到 Linux 内核开发社区中来。

1.1.3 Linux 的发行版本

发行版本(以下简称"发行版")是一些组织或厂家将 Linux 内核与应用软件和文档包装起来，并提供一些安装界面和系统设定管理工具的一个软件包的集合。目前 Linux 发行版的数量已超过 400 种，并且还在不断增加。Linux 的基础是其内核，但只有内核仍无法满足用户需要，必须构成发行套件，即发行版，这样才能提供给用户使用。

Linux 初学者常会混淆内核版本与发行套件，实际上内核版本指的是在 Linus Torvalds 领导下的开发小组开发出的系统内核的版本号，而一些组织或厂家将 Linux 内核与应用软件和文档包装起来，并提供一些安装界面和系统设定与管理工具，这样就构成了一个发行套件，如最常见的 Slackware、Red Hat、Debian 等。实际上，发行套件就是 Linux 的一个大软件包而已。相对于内核版本，发行套件的版本号随发布厂商的不同而有所不同，并与内核的版本号相对独立。

1. Red Hat

Red Hat Linux 系统(其标志如图 1.1 所示)是全球最受欢迎的服务器版操作系统，其服务器的功能强大，性能也非常好，对系统和内核做了很好的调优。大多数企业都在使用 Red Hat Linux 系统。Red Hat 最早由 Bob Young 和 Marc Ewing 在 1995 年创建。公司在近几年才开始真正步入盈利时代，这归功于收费的 Red Hat Enterprise Linux (RHEL，Red Hat 企业版)。目前 Red Hat 系统大体分以下三个系列。

第一个系列是由 Red Hat 公司提供收费的技术支持和更新的 Red Hat Enterprise Linux。现在最新版本为 Red Hat Enterprise Linux 9.0 Beta，发布于 2021 年 11 月。企业用户多使用 Red Hat Enterprise Linux 7.x 和 8.x。

第二个系列是免费的 Fedora Core(简称 FC，其标志如图 1.2 所示)。FC 拥有诸多版本，分别契合不同的特定应用场景。这一概念起始于 Fedora 21 版本，在此后一直不断变化。在 Fedora 30 中，Fedora Server 版本针对云及服务器的应用场景。关注于容器的 Fedora Atomic Host 版本由 Fedora CoreOS 替代。Fedora Workstation 版本仍旧致力于带来最新的开源的桌面工具。该系列的最新版本为 Fedora 35，发布于 2021 年 11 月。

第三个系列是 Red Hat 克隆版 CentOS(其标志如图 1.3 所示)，内容与 Red Hat Enterprise Linux 操作系统相同。只是将 Red Hat Enterprise Linux 操作系统的标志换成了 CentOS 的标志，对 RPM 进行了重新编译，形成了一个免费的 Linux 系统，基本上与 Red Hat Enterprise Linux 操作系统同步发行。最新版本为 CentOS 8.5。

图 1.1　Red Hat 的标志　　　图 1.2　FC 的标志　　　图 1.3　CentOS 的标志

优点：拥有庞大的用户群及众多的技术资料社区。

缺点：免费版的 FC，生命周期太短，对多媒体的支持不是很好。

软件包管理系统：up2date(rpm)及 yum(rpm)。

是否免费下载：是。

官方网站：http://www.redhat.com/、http://www.centos.org/、http://fedoraproject.org/。

2. Mandriva

Mandriva(其标志如图 1.4 所示)原名为 Mandrake，最早由 Gal.Duval 创建，并于 1998 年 7 月发布，其宗旨是让 Linux 对所有人而言都更易使用。Linux 作为操作系统一直都以安全、稳定而著称，要求操作人员有很强的专业知识，还涉及大量的命令行操作。普通用户则很难上手。基于此种情况，MandrakeSoft 公司将最好的图形桌面环境及其图形界面配置工具集成到 Linux 中，并且树立了易用性和功能性的典范，所以 Mandriva 是一个非常容易安装的 Linux 操作系统，界面也非常友好。

图 1.4　Mandriva 的标志

Mandriva 的开发完全透明化，只要发布了新的测试版本，就可以在 cooker 上找到。Mandriva 的更新速度非常快，发布速度也很快，但自 9.0 之后开始减缓，以保证版本的生命力及确保系统的稳定和安全。2005 年 2 月，MandrakeSoft 与巴西的 Conectiva 合并为 Mandriva S.A.，总部设在法国巴黎。该公司的旗舰产品 Mandriva Linux 以一种易于使用且令人愉快的环境，面向个人和职业用户，提供了 Linux 的所有功能和稳定性。

优点：友好的操作界面，图形配置工具，庞大的社区技术支持，NTFS 分区大小变更。

缺点：部分版本的漏洞较多，最新版本只先发布给 Mandrake 俱乐部的成员。

软件包管理系统：urpmi(rpm)。

是否免费下载：是，FTP 即时发布下载，ISO 在版本发布后数星期内提供。

3. SUSE

SUSE(其标志如图 1.5 所示)是德国最著名的 Linux 发行版，在整个 Linux 行业中具有较高的名誉。对 3D 的支持非常好，但对内存的要求比较高。SUSE 自主开发的软件包管理系统 YaST 也大受好评。SUSE 发布的版本比较混乱：9.0 版本是收费的，而 10.0 版本又免费发布。这使得部分企业用户感到困惑，从而转向使用其他的 Linux 发行版本。但是，瑕不掩瑜，SUSE 仍然是一个非常专业、优秀的 Linux 发行版本。

openSUSE(其标志如图 1.6 所示)项目是 Novell 公司资助的。为促进 Linux 的普及应用，该计划支持对 openSUSE 这份完整 Linux 发行版本的免费、简便的获取访问。openSUSE 项目有三个主要目标：①让 openSUSE 成为任何人都最容易获得且最广泛使用的 Linux 发行版本；②利用开源软件的联合使 openSUSE 成为世界上可用性最强的 Linux 发行版本及新手和资深 Linux 用户的桌面环境；③显著地简化并开放其开发及打包过程，以使 openSUSE 成为 Linux 开发人员及软件提供商选择的平台。

图 1.5　SUSE 的标志

图 1.6　openSUSE 的标志

优点：专业、易用的 YaST 软件包管理系统。

缺点：FTP 发布通常要比零售版晚 1~3 个月。

软件包管理系统：YaST(rpm)，第三方 APT(rpm)软件库。

是否免费下载：取决于版本。

官方网站：http://www.suse.com/、http://www.opensuse.org/。

4. Debian

Debian GNU/Linux(其标志如图 1.7 所示)是 Linux 爱好者最喜欢的 Linux 操作系统。Debian 计划是一个以创造一个自由操作系统为共同目标的个人团体所组建的协会。Debian 最早由 Ian Murdock 夫妇于 1993 年创建，可以算是迄今为止最遵循 GNU 规范的 Linux 系统。

图 1.7　Debian 的标志

Debian 系统分为三个版本分支，包括 stable、testing 和 unstable。unstable 为最新的测试版本，其中包括最新的软件包，但是也有相对较多的漏洞，适合桌面用户使用。testing 版本经过了 unstable 中的测试，相对较为稳定，另外还支持不少新技术(如 SMP 等)。stable 版本一般只用于服务器，上面的软件包大部分都比较过时，但是稳定性和安全性都非常高。

Debian 提供了 25 000 多套软件，它们是已经编译好的软件，并按一种优秀的格式打包，可以供用户在机器上方便地安装。这一切都可以免费获得。有非常多的用户痴迷于 Debian，主要是因为 Debian 系统软件包更新非常方便，可采用 apt-get 和 dpkg 命令实现。其中 dpkg 是 Debian 系列特有的软件包管理工具，被誉为是所有 Linux 软件包管理工具(如 rpm)中最强大的工具。配合 apt-get，在 Debian 上安装、升级、删除和管理软件变得非常容易。

优点：遵循 GNU 规范，完全免费，具有优秀的网络和社区资源。

缺点：安装相对较难，stable 版本的软件已经过时。

软件包管理系统：APT(DEB)。

是否免费下载：是。

官方网站：http://www.debian.org/。

5. Ubuntu

现在流行的 Linux 桌面系统莫过于 Ubuntu(其标志如图 1.8 所示)了。Ubuntu 基于 Debian 的 unstable 版本演变而来，应该说，Ubuntu 是一个拥有 Debian 所有优点的桌面操作系统。Ubuntu 相对较新，它的出现改变了许多潜在用户对 Linux 的看法。从前人们认为 Linux 难以安装、难以使用，但是当 Ubuntu 出现后，这些都成了历史。Ubuntu 默认采用 Unity 桌面系统，将 Ubuntu 的界面装饰得简易而不失华丽。当然，如果你是一个 KDE 的拥护者，Ubuntu 同样适合你。

图 1.8　Ubuntu 的标志

Ubuntu 的安装非常人性化，只要按照提示一步一步地进行即可，和 Windows 一样简便。Ubuntu 被誉为是对硬件支持最好且最全面的 Linux 发行版之一，支持的软件也是最新的版本。例如，最新开发的 Ubuntu 20.04.3 LTS，是良好的支持 Kubernetes、云和机器学习的平台。同时 Ubuntu 系统可以轻松实现网上快速更新。为了安全管理，Ubuntu 系统默认情况下不允许 root 通过图形界面登录，若要安装某个软件，可以采用 sudo 命令进行。

新版的 Ubuntu 系统内置有桌面动画，当然用户也可以自己安装 beryl 软件包，能够更好地支持 3D 桌面，能让桌面变得更酷。

优点：人气颇高的论坛提供优秀的资源和技术支持、固定的版本更新周期和技术支持，可从 Debian Woody 直接升级。

缺点：还未建立成熟的商业模式。

软件包管理系统：APT (DEB)。

是否免费下载：是。

官方网站：http://www.ubuntulinux.org/。

6. Gentoo

Gentoo Linux(其标志如图 1.9 所示)是一套通用、快捷、完全免费的 Linux 发行版本。最初由 Daniel Robbins(前 Stampede Linux 和 FreeBSD 的开发者之一)创建。与其他发行版本不同的是，Gentoo Linux 拥有一套先进的包管理系统——Portage。Portage 是一套真正的自动导入系统，然而 Gentoo 中的 Portage 是用 Python 编写的，并

图 1.9　Gentoo 的标志

且它有很多先进的特性，包括文件依赖、精细的包管理、OpenBSD 风格的虚拟安装、安全卸载、系统框架文件、虚拟软件包、配置文件管理等。Gentoo 的首个稳定版本发布于 2002 年，最新版本为 Gentoo Linux 2022-01-30。

Gentoo 的出名是因其高度的自定制性，因为它是一个基于源代码的发行版本。尽管安装时可以选择预先编译好的软件包，但是使用 Gentoo 的大部分用户都选择自己手动编译。Gentoo 非常适合有经验的老手使用，但安装系统所消耗的时间也非常多。

优点：具有高度的可定制性、完整的使用手册、完美的 Portage 系统。

缺点：编译耗时多，安装缓慢。

软件包管理系统：Portage(SRC)。

是否免费下载：是。

官方网站：http://www.gentoo.org/。

7. Slackware

Slackware(其标志如图 1.10 所示)由 Patrick Volkerding 创建于 1992 年，可以说是历史最悠久的 Linux 发行版本，也是第一个商用的 Linux 操作系统，曾经非常流行。Slackware 是一套先进的 Linux 操作系统，为易用性和高稳定性这一双重目标而设计。Slackware 包含最新的流行软件，并按照传统提供简单易用、灵活且强大的功能。

图 1.10 Slackware 的标志

Slackware Linux 同时向新手和高级用户提供一套先进的系统，可装备用在从桌面工作站到机房服务器的任何场合，用户可以按需使用各种 Web、FTP 和邮件服务器。Slackware 依然追求最原始的效率——所有的配置还要通过配置文件进行。Slackware 的版本更新周期较长(大约 1 年)，但是新版本的插件仍然不间断地提供给用户下载。最新版本为 Slackware Linux 15.0。

优点：非常稳定、安全，高度坚持 UNIX 的规范。

缺点：所有的配置均通过编辑文件进行，自动硬件检测能力较差。

软件包管理系统：Slackware Package Management (TGZ)。

是否免费下载：是。

官方网站：http://www.slackware.com/。

8. FreeBSD

FreeBSD(其标志如图 1.11 所示)是一种类 UNIX 操作系统，它面向 i386、IA-64、PC-98、Alpha/AXP 及 UltraSPARC 平台。该系统基于美国加州伯克利大学的 4.4 BSD-Lite 发布，并带有 4.4 BSD-Lite 2 的一些增强特性。事实上，Linux 和 BSD(Berkeley Software Distribution)均是 UNIX 的演化分支，并且 Linux 中相当多的特性和功能都取自于 BSD，而 FreeBSD 更是 BSD 家族中最出名、用户数量最多的一个发行版本。

图 1.11 FreeBSD 的标志

FreeBSD 创建于 1993 年，拥有相当长的历史。FreeBSD 拥有两个分支：stable 和 current。顾名思义，stable 是稳定版，而 current 则是添加了新技术的测试版。另外，FreeBSD 会不定期发布新的版本，称为 release，stable 和 current 均有自己的 release 版本，如 4.11-release 和 5.3-release。请注意，这并不代表后者比前者的版本新。这仅仅代表前者(数字小的版本)是 stable 版本，后者(数字大的版本)是 current 版本。FreeBSD 被遍布全世界的公司、Internet 服务提供商、研究人员、计算机专家、学生及家庭用户用于他们的工作、教学和娱乐。

优点：速度快，稳定，具有优秀的使用手册、Ports 系统等。

缺点：对硬件的支持较差，对于桌面系统而言软件的兼容性是个问题。

软件包管理系统：Ports (TBZ)。

是否免费下载：是。

官方网站：http://www.freebsd.org/。

9. Red Flag

Red Flag 是由中科红旗软件技术有限公司推出的中文版本的 Linux。Red Flag Linux(其标志如图 1.12 所示)在众多的中国 Linux 用户中占有较大的比例，用户可以从其官方网站下载桌面版。桌面版的最高版本为 10.0。同时中科红旗针对服务器市场专门推出了红旗服务器版本，其操作系统的最高版本为 8.0。Red Flag Linux 系统是国内较大、较成熟的 Linux 发行版之一。

图 1.12 Red Flag 的标志

优点：支持中文，适合亚洲人的使用习惯，算是优秀的服务器管理工具。

缺点：对硬件的支持较差，桌面系统软件包安装不方便。

软件包管理系统：RPM。

是否免费下载：是。

官方网站：http://www.redflag-linux.com。

10. 其他 Linux 系统

除了以上使用较多的 Linux 发行版以外，还有一些其他的 Linux 操作系统发行版本。国内的有：即时 Linux 操作系统，有服务器和桌面两个版本；中标麒麟 Linux 操作系统，具有服务器和桌面两个版本；共创 Linux 操作系统，只有桌面一个版本，与 Windows XP 非常相似，易使用；新华 Linux 系统，基于 Debian 系统，有服务器和桌面两个版本。国外的有 KNOPPIX、MEPIS、XandrOS、Yellow Dog、Slax 系统。图 1.13 所示图标依次为中标、Slax、KNOPPIX、MEPIS、Yellow Dog、新华华镭、新华、共创的标志。

图 1.13 其他 Linux 发行版的标志

1.2 GNU 计划自由软件与开放源码

1984 年麻省理工学院的研究员 Richard M. Stallman 提出："计算机产业不应以技术垄断为基础赚取高额利润，而应以服务为中心。在计算机软件源代码开放的基础上，为用户提供综合服务，与此同时取得相应的报酬。"Richard M. Stallman 在此思想基础上提出了自由软件(free software)的概念。它是指用户有运行、复制、研究、改进软件的自由，更准确地说，是指有以下 3 种层次的自由。

(1) 研究程序的运行机制，并根据自己的需要修改软件的自由。

(2) 重新分发复制件，以使他人能够共享软件的自由。

(3) 改进程序，为使他人受益而散发软件的自由。

自由软件的代表是操作系统 Linux 和编译工具 GCC。

自由软件之父 Richard M. Stallman 把一生献给了自由软件和自由软件的思想，他是自由软件的发起者，也是自由软件思想的实践者。自由软件基金会(Free Software Foundation，FSF)还提出了通用公共许可证(general public license，GPL)原则，它与软件保密协议截然不同。通用公共许可证允许用户自由下载、分发、修改和再分发源代码公开的自由软件，并可在分发软件的过程中收取适当的成本和服务费用，但不允许任何人将该软件据为己有。

GNU(Gnu's Not UNIX)计划和自由软件基金会是由 Richard M. Stallman 于 1984 年一手创办的。它旨在开发一个类似 UNIX 并且是自由软件的完整操作系统——GNU 系统。目前各种以 Linux 作为核心的 GNU 系统正在被广泛使用。虽然这些系统通常被称为"Linux"，但是严格地说，它们应该被称为"GNU/Linux"。到 20 世纪 90 年代初，GNU 项目已经开发出许多高质量的免费软件，其中包括有名的 Emacs 编辑系统、Bash Shell 程序、GCC 系列编译程序、GDB 调试程序等。这些软件为 Linux 操作系统的开发创造了一个合适的环境，是 Linux 操作系统能够诞生的基础之一，因此目前许多人都将 Linux 操作系统称为"GNU/Linux"操作系统。

这里所说的自由软件，并不是指软件免费。

说起 Linux，首先要从 Minix 操作系统说起。Minix 是荷兰阿姆斯特丹 Vrije 大学计算机科学系的 Andrew S. Tanenbaum 教授所编写的一个类 UNIX 操作系统，全部的程序代码共约 12 000 行，主要用于让学生了解操作系统的运行过程。

芬兰赫尔辛基大学的学生 Linus Benedict Torvalds 由于不满意 Minix 这个教学用的操作系统，打算编写一个代替 Minix 的操作系统。1991 年，他用汇编语言编写好 Linux 系统的第一个内核 Linux 0.0.1。该核心程序仅有约 10 000 行代码，必须在 Minix 中编译后才能运行。1991 年 10 月，经过改进发布了 Linux 0.0.2 版本，该版本已经不再需要通过 Minix 平台编辑，而成了一个完全独立的操作系统。

从最初的版本开始，Linus 就宣布这是一个免费的系统，并在网上发布了 Linux 的源代码，希望大家一起来完善该操作系统。到 1993 年，已有上百名程序员参与了 Linux 内核代码的编写、修改工作。

随着大量高水平程序员的加入，Linux 得到了快速发展。到 1994 年 3 月，Linux 1.0 版发行。正因为有大量的、基于不同工作平台的人员参与了开发，所以 Linux 系统能支持各种不同的硬件平台，这大大提高了其跨平台的移植性。到 Linux 1.3 以后，Linux 已可运行在 Intel、Digital 及 Sun Sparc 等处理器上。

从 1998 年开始，很多商业公司也加入了 Linux 的开发阵营中，因此出现了很多新的版本，如 Slackware、RedHat、SUSE、OpenLinux、TurboLinux 等。

提示：基于 Linux 内核的操作系统使用了大量的 GNU 软件，包括 Shell 程序、工具、程序库、编译器及工具等，因此在很多地方也可以看到将 Linux 称为 GNU/Linux。

1.3 Linux 的特点

Linux 是一种类 UNIX 的操作系统，由以 Linus Torvalds 为首的一批 Internet 志愿者创建开发。Linux 与其他商业性操作系统最大的区别在于它的源代码完全公开。

由于 Linux 从最初就加入了 GNU 计划，其软件发行遵循 GPL 原则。也就是说，Linux 与 GNU 计划中的其他软件一样都是自由软件(free software)，需要注意的是，"free" 的含义在此并不是免费，而是自由。虽然目前很多 Linux 发行版都可以通过 Internet 下载，除了网络费用和刻录光盘的费用，无须其他花费，但是按照 GPL 原则，生产 Linux 产品的公司和程序员可以要求收取一定的服务费用。而所谓"自由"是指在软件发行时附上源程序代码，并允许用户更改。Linux 的特点如下。

1. 多用户

在 Linux 中不但可以拥有许多用户账号，而且可以让多个用户在同一时间登录系统并在系统中同时工作。每个用户都能拥有按自己意愿定制的环境：存放文件的主目录、自己喜欢的桌面界面(如自己安排的图标、菜单、应用等)。这种多用户支持比 Windows NT 更彻底。Linux 中用户启动的应用程序在 Linux 服务器上运行，而不是在台式计算机上运行，更不是在终端运行。这样，Linux 可以作为应用程序服务器。大家知道，Windows NT 的许多应用程序都分为服务器端和客户端，应用程序并不完全在服务器上运行。DOS 控制台的运行则更能说明 Windows NT 与 Linux 在多用户支持方面的区别。客户机上运行的控制台应用是属于该客户机的，而并不是服务器上的程序。只是在 Windows 2000 中才真正引入了终端服务器的概念，以支持真正的多用户。

2. 多任务

在 Linux 中，用户可以同时运行多个程序。这些程序不仅包括各个在线的用户启动的许多用户程序，还包括 Linux 本身在后台运行的程序。这些在后台运行的系统进程使得 Linux 系统作为服务器成为可能。多任务可以说是现代操作系统的基本特点。

3. 多平台

Linux 所支持的平台种类是操作系统历史上最多的，如 Sun Spare、SGI MIPS、Apple Mac、PowerPC、Alpha、HP-PA、Intel x86、PDA 和手机等，可以说无所不在。Linux 核心的高度可移植性由此可见一斑。这主要得益于 Linux 的大部分代码是用 C 语言写的，而 C 语言具有很好的可移植性。这也是 Linux 发展如此快的一个原因。在 Linux 出现之前，对于 Intel CPU 系列的个人计算机用户来说，UNIX 是可望而不可即的。Linux 对于 Intel CPU 的强力支持推动它正快步地迈入主流操作系统世界。

4. 漂亮的用户界面

Linux 提供两种用户界面：字符界面和图形用户界面。字符界面是传统的 UNIX 界面，用户需要输入要执行的相关命令才能完成相关的操作。字符界面下的这种操作方式的确不太方便，但是效率很高，目前仍在使用。图 1.14 所示为图形用户界面。

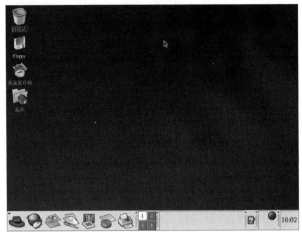

图 1.14　图形用户界面

5. 硬件支持

Linux 对硬件的要求比较低，能支持相当丰富的硬件，尤其是它对比较老的硬件的支持相当不错。但 Linux 对新硬件的支持度不够，因为硬件厂商一般都提供 Windows 操作系统的驱动程序，往往缺乏 Linux 的驱动程序，这与当前 Linux 离桌面主流操作系统尚有一段距离不无关系。

6. 强大的通信和联网功能

Linux 支持种类繁多的网卡、调制解调器、串行设备等连接设备。除了对局域网各种网络协议(如 Ethernet、Token Ring 等)的支持外，Linux 还内建了对绝大部分流行的上层网络协议(如 Internet 中的 TCP/IP)的支持。

Linux 还为局域网用户甚至为整个 Internet 提供了许多强大的网络服务。Linux 中有各种软件包，可用来搭建文件/打印服务器、Web 服务器、FTP 服务器、邮件服务器、News 服务器或工作组服务器等。

7. 应用程序支持

由于与 POSIX 标准及几个不同的应用程序设计接口兼容，Linux 可以使用的免费软件或共享软件的范围很广。绝大多数 GNU 软件可以运行在 Linux 上。经过这些年的发展，不仅许多 UNIX 下的软件已移植到了 Linux，而且人们还为 Linux 开发了不少软件。比较常用的软件如表 1.1 所示。

表 1.1　比较常用的软件

类别	软件名称
文本编辑器	vi、Emacs、NEdit、gedit
编程工具	GCC、GDB、make、perl、prof
数据库	MySQL、PostgreSQL、Oracle、Infomix
办公软件	Gnumeric、Organizer、StartOffice、Core WordPerfect

(续表)

类别	软件名称
图形处理软件	GIMP、XV、X View、KSnapshot
Internet 应用	Lynx、Netscape Communication、Apache
游戏	Xboard、xboling、Gnome-Stones、Doom、Quake
3D 作图	Blender、Maya
CAD 软件	QCad、Pro/E Wildfire 2.0
虚拟机	VMware、QEMU
科学计算	MATLAB、OCTAVE、LabPlot、SCILAB
网页浏览器	Mozilla、Netscape
多媒体播放器	XMMS、MPlayer、RealOne

1.4 Linux 的发展和应用

目前全球 Linux 用户已超过 4000 万人，并正在不断增加，许多知名企业和大学都是 Linux 的用户。IBM、HP、Dell、Oracle、AMD 等公司正大力支持 Linux 的发展，不断推出基于 Linux 平台的相关产品。

Linux 的应用范围主要包括 Intranet、服务器、嵌入式系统、集群计算机等方面。

1.4.1 Intranet

Intranet 有 5 项基本标准的服务：文件共享、目录查询、打印共享、电子邮件和网络管理。它是 Internet 的延伸和发展，正是利用了 Internet 的先进技术，特别是 TCP/IP，保留了 Internet 允许不同计算平台互通及易于上网的特性。但 Intranet 在网络组织和管理上更胜一筹，它有效地避免了 Internet 所固有的可靠性差、无整体设计、网络结构不清晰及缺乏统一管理和维护等缺点，使企业内部的秘密或敏感信息受到网络防火墙的安全保护。Intranet 有以下几个特点。

1. 开放性和可扩展性

由于采用了 TCP/IP、FTP、HTML、Java 等一系列标准，Intranet 具有良好的开放性，可以支持不同计算机、不同操作系统、不同数据库、不同网络的互联。在这些相异的平台上，各类应用可以相互移植、相互操作，有机地集成为一个整体。在此基础上，应用的规模也可以增量式扩展，先从关键的小的应用着手，在小范围内实施，取得效益和经验后，再加以推广和扩展。

2. 通用性

Intranet 的通用性表现在它的多媒体集成和多应用集成两个方面。在 Intranet 上，用户可以利用图、文、声、像等信息，实现机构或组织所需的各种业务管理和信息交流。

Intranet 从客户终端、应用逻辑和信息存储 3 个层次上支持多媒体集成。在客户终端，Web 浏览器允许在一个程序里展现文本、声音、图像、视频等多媒体信息；在应用逻辑层，Java 提供交互的、三维的虚拟现实界面；在信息存储层，面向对象数据库为多媒体的存储和管理提供了有效的手段。

3. 简易性和经济性

Intranet 的性价比远高于其他内部通信方式，这主要体现在其网络基础设施的费用投入较少。由于采用开放的协议和技术标准，大部分机构或组织的现存平台(包括网络和计算机)，均可继续利用。

作为 Intranet 的基本组成，Web 服务器和浏览器不仅价格较低，而且安装配置简易。作为开发语言，HTML 和 Java 等容易掌握和利用，使开发周期缩短。另外，Intranet 的可扩展性不仅支持新系统的增量式构造，从而降低开发风险，而且支持与现存系统的接口平滑过渡，可充分利用已有资源。

4. 安全性

两个地理位置不同的部门或子机构也可能利用 Internet 相互连接，但 Intranet 通常主要限于组织内部使用，所以在与 Internet 互联时，必须加密数据，设置防火墙，不允许职员随意接入 Internet，以防止内部数据被泄密、篡改和黑客入侵。

1.4.2 服务器

Linux 服务器的稳定性、安全性、可靠性已经得到业界认可，政府、银行、邮电、保险等业务关键部门开始规模性使用。作为服务器，Linux 的服务领域包括以下 3 个方面。

1. 网络服务

网络服务是 Linux 的一个主要应用领域。它被广泛用于互联网和 Intranet。据统计，目前全球 29%的互联网服务器采用了 Linux 系统。Linux 系统可以提供 Web 服务、FTP 服务和电子邮件服务、DNS 服务、流媒体服务、代理服务、路由服务、防火墙服务、网络地址转换(network address translation，NAT)、虚拟专用网(virtual private network，VPN)、Telnet 等网络服务。

2. 文件和打印服务

Linux 下的 Samba 服务，不仅可以轻松地面向用户提供文件及打印服务，还可以通过磁盘配额控制用户对磁盘空间的使用。

3. 数据库服务

目前各大数据库厂商均已推出基于 Linux 的大型数据库，如 Sybase、Oracle、DB2 等。Linux 具有稳定运行的性能，在数据库服务器领域得到了广泛应用。

1.4.3 嵌入式系统

嵌入式系统泛指带有微处理器的非计算机系统。目前，小到 MP3、PDA 等微型数字化产品，大到网络家用电器、智能家用电器、车载电子设备等都采用了嵌入式系统。

实际上各种各样的嵌入式系统设备在应用数量上已经远远超过通用计算机，任何人都可能拥有各种使用嵌入式技术的电子产品。嵌入式系统是目前最具有商业前景的 Linux 应用，大约有 52%的嵌入式系统倾向于以 Linux 作为系统。对于嵌入式系统而言，Linux 有许多不可忽略的优点。

(1) Linux 具有很强的可移植性,支持各种不同电子产品的硬件平台。

(2) Linux 内核可免费获得,并可根据实际需要自由修改,这符合嵌入式产品根据需要定制的要求。

(3) Linux 功能强大并且内核很小。一个功能完备的 Linux 内核只要求大约 1MB 内存,而最核心的微内核只需要 100KB 的内存。

(4) Linux 支持多种开发语言,如 C 语言、C++、Java 等,这为嵌入式系统上的多种应用提供了可能。

1.4.4 集群计算机

所谓集群计算机(cluster computer),就是利用高速的计算机网络,将许多计算机连接起来,并加入相应的集群软件形成的具有超强可靠性和计算能力的计算机。目前 Linux 已成为构筑集群计算机的主要操作系统之一。Linux 在集群计算机的应用中具有极高的性价比和极强的可扩展性,具体有以下几个特点。

1. 性能

网络服务的工作负载通常是大量相互独立的任务,通过一组服务器分而治之,可以获得很高的整体性能。

2. 极高的性价比

Linux 集群计算机的价格是相同性能的传统超级计算机价格的 10%~30%。构筑高性能的 Linux 集群计算机不需要购买昂贵的专用硬件设备,利用廉价的个人计算机,加上很少的软件费用,就可以获得极强的运算能力。

3. 极强的可扩展性

在 Linux 集群计算机中,增加单个计算机就能增加整个集群的计算能力,并不需要淘汰原来的计算机设备,这样就可以很方便地扩展集群计算机的计算能力。

4. 高可用性

Linux 集群计算机在硬件和软件上都有冗余,通过检测软硬件的故障,将故障屏蔽,由存活节点提供服务,可实现高可用性。

经过几年来的发展,基于 Linux 的集群技术已相当成熟,且已成为发展高性能、高可靠性计算机系统的主要途径。在全世界运行能力最高的 500 台超级计算机中,超过 25%采用 Linux,Linux 集群技术已成为超级计算机中流行的构架系统。

1.5 Linux 系统安装

这里以 CentOS 7.6 在虚拟机上的安装为例来介绍 Linux 系统的安装。首先需要下载、安装、配置虚拟机,虚拟机采用常用的 VMware。

1. 选择虚拟机的类型

打开虚拟机软件 VMware，选择新建虚拟机后，选择虚拟机类型的配置。

虚拟机类型的配置可选择项有"典型(推荐)"和"自定义(高级)"。示例中选择的是"自定义(高级)"，由此创建带有 SCSI 控制器类型、虚拟磁盘类型以及与旧版 VMware 产品兼容性等高级选项的虚拟机，如图 1.15 所示。

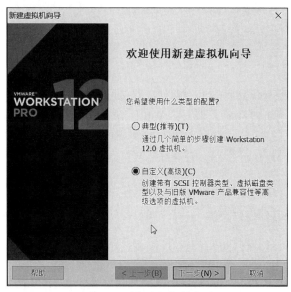

图 1.15 选择虚拟机的类型

2. 选择虚拟机的兼容性

选择虚拟机各项硬件功能参数，包括虚拟机硬件兼容性，内存、处理器、网络适配器和硬盘容量的限制，如图 1.16 所示。

图 1.16 选择虚拟机的兼容性

3. 选择客户机操作系统来源

虚拟机如同物理机，需要安装操作系统，安装来源的可选择项有"光盘""光盘映像文件"和"稍后安装操作系统"。示例中选择的是"稍后安装操作系统"，如图 1.17 所示。

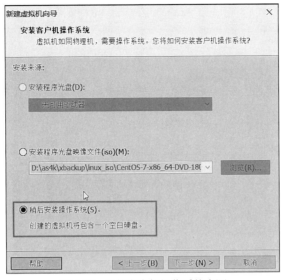

图 1.17　选择客户机操作系统来源

4. 选择安装在虚拟机中的操作系统

客户机操作系统的可选择项有"Microsoft Windows""Linux"和"Novell NetWare"等，示例中选择的是"Linux"，版本选择"CentOS 64 位"，如图 1.18 所示。

图 1.18　选择操作系统

5. 命名虚拟机

为虚拟机设置名称，同时设置该虚拟机相关文件的保存路径。示例中虚拟机名称为

centos7-2,该虚拟机相关文件的保存路径设置为 C:\vmware_lib\centos7-2,如图 1.19 所示。

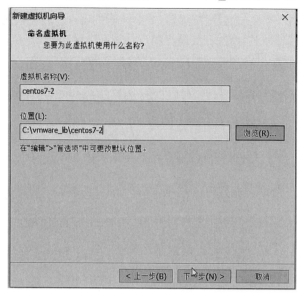

图 1.19　命名虚拟机

6. 配置处理器

为此虚拟机指定处理器数量,可配置处理器数量、每个处理器的核心数量。示例中这两处均设置为 1,如图 1.20 所示。

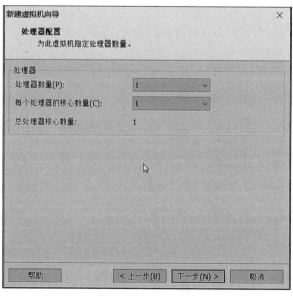

图 1.20　配置处理器

7. 虚拟机的内存配置

指定分配给此虚拟机的内存量,内存大小必须为 4MB 的倍数。示例中设置为 2048MB,即 2GB,如图 1.21 所示。

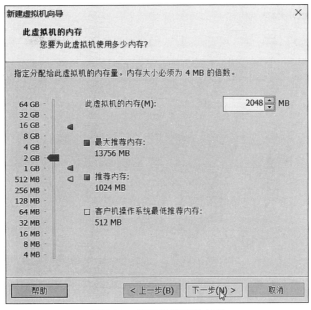

图 1.21　配置虚拟机的内存

8. 选择网络类型

为客户机操作系统提供网络连接，可选择项有"使用桥接网络""使用网络地址转换""使用仅主机模式网络"和"不使用网络连接"。其中，若选择"使用桥接网络"，则为客户机操作系统提供直接访问外部以太网络的权限，客户机在外部网络上必须有自己的 IP 地址；若选择"使用网络地址转换"，则为客户机操作系统提供使用主机 IP 地址访问主机拨号连接或外部以太网网络连接的权限；若选择"使用仅主机模式网络"，则将客户机操作系统连接到主机上的专用虚拟网络。示例中选择的是"使用网络地址转换"，如图 1.22 所示。

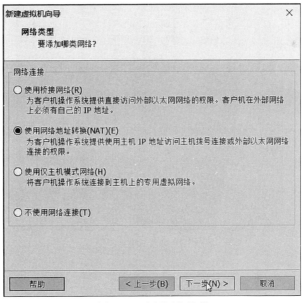

图 1.22　选择网络类型

9. 选择 I/O 控制器类型

为虚拟机选择 SCSI 控制器，可选择项有"BusLogic""LSI Logic"和"LSI Logic SAS"。示例中选择的是"LSI Logic"，如图 1.23 所示。

图 1.23　选择 I/O 控制器类型

10. 选择磁盘类型

选择为虚拟机创建何种磁盘，即选择虚拟磁盘类型，可选择项有"IDE""SCSI"和"SATA"。示例中选择的是"SCSI"，如图 1.24 所示。

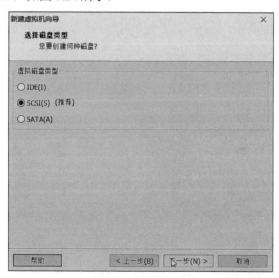

图 1.24　选择磁盘类型

11. 选择磁盘

选择使用哪个磁盘，可选择项有"创建新虚拟磁盘""使用现有虚拟磁盘"和"使用物理磁盘"。若选择"创建新虚拟磁盘",则虚拟磁盘由主机文件系统上的一个或多个文件组成,客户机操作系统会将其视为单个硬盘,虚拟磁盘可在一台主机上或多台主机之间轻松复制或移动;若选择"使用现有虚拟磁盘",则将重新使用之前配置的磁盘;若选择"使用物理磁盘",则将为虚拟机提供直接访问本地硬盘的权限。示例中选择的是"创建新虚拟磁盘",如图1.25所示。

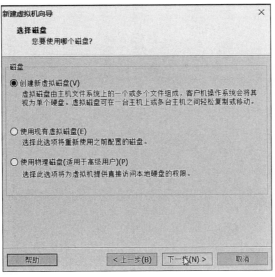

图1.25 选择磁盘

12. 指定磁盘容量

为虚拟机指定磁盘大小。根据前面的设置,虚拟机磁盘在计算机上以文件的形式存储,此处可选择项有"将虚拟磁盘存储为单个文件"和"将虚拟磁盘拆分成多个文件"。示例中安装的是CentOS,根据虚拟机软件建议,设置最大磁盘大小为20GB,并选择"将虚拟磁盘存储为单个文件",如图1.26所示。

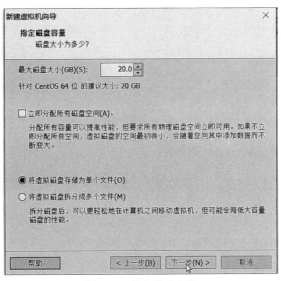

图1.26 指定磁盘容量

13. 指定磁盘文件

设置存储磁盘文件的路径和文件名。示例中使用的是默认路径，文件名为 centos7-2.vmdk，如图 1.27 所示。

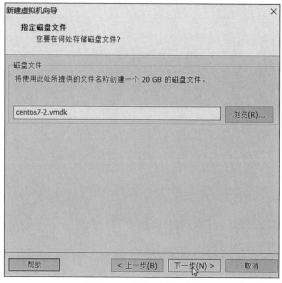

图 1.27　指定磁盘文件

14. 自定义硬件与配置系统 ISO 镜像文件

到这里虚拟机的配置基本完成，如图 1.28 所示。

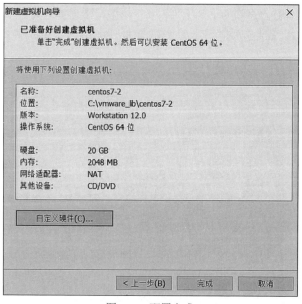

图 1.28　配置完成

此时可以单击"自定义硬件"，移除不需要的硬件，并配置好系统 ISO 映像文件的路径。示例中自定义硬件界面，设备清单中选中"新 CD/DVD(IDE)"，右边的"连接"选项中，选择

"使用 ISO 映像文件",并输入映像文件的路径及文件名,如图 1.29 所示。用于系统安装的映像文件,可以在网站 www.centos.org 免费下载。

图 1.29 自定义硬件

完成自定义硬件的配置后,单击"关闭"按钮,则返回配置完成界面(图 1.28),单击"完成"按钮,结束虚拟机的所有配置。

15. 启动虚拟机

结束虚拟机的配置后,在库列表中会出现刚新建的虚拟机,选中该虚拟机,可对该虚拟机进行控制,单击"开启此虚拟机",如图 1.30 所示。

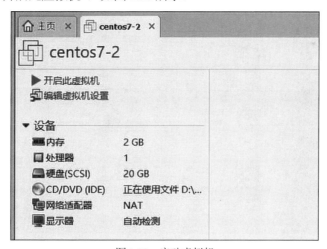

图 1.30 启动虚拟机

16. 设置语言、时区、分区和网络

启动虚拟机后,系统读取 ISO 映像文件,进行 CentOS 7.6 的自动安装,当系统加载到语言

选择界面时，会停下来由用户选择语言，如图 1.31 所示。在左边的语种分类中选择"中文"，右边选择"简体中文(中国)"。

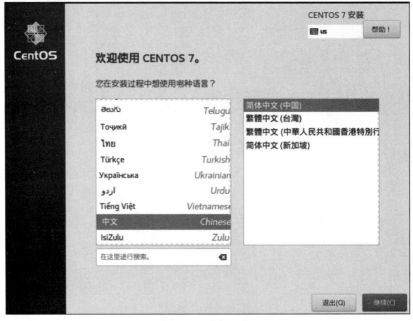

图 1.31　选择语言

接下来进入安装信息摘要面板，如图 1.32 所示，在这里可以调整时区、分区和网络配置等内容。

图 1.32　安装信息摘要

首先把时区调整为"中国上海"，然后根据提示进行配置。示例中提示"INSTALLATION DESTINATION"存在问题，所以要配置分区，选择"自动配置分区"即可，如图 1.33 所示。最后根据实际情况配置网络并进行软件选择。

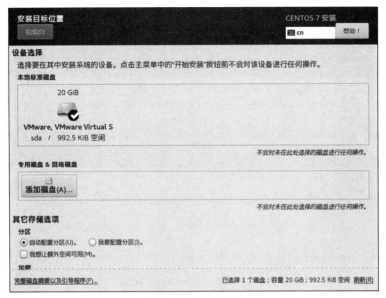

图 1.33　配置分区

17. 开始安装

当安装信息摘要面板的部分配置完成后，单击右下角的"开始安装"按钮，开始安装 CentOS 7.6。执行安装过程中，可以配置 root 账户的密码，示例中配置 root 的密码为 123456，不需要创建普通用户，如图 1.34 所示。

图 1.34　配置 root 账户密码

18. 完成安装并重启

最后安装完成的界面如图 1.35 所示。

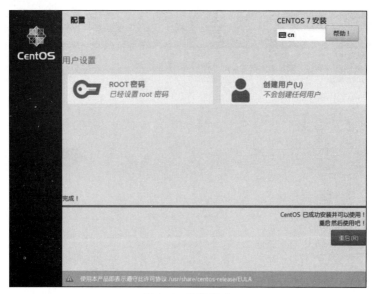

图 1.35　安装完成

单击"重启"按钮即可使用 CentOS 7.6。

习题 1

1.1 虽然 Linux 继承了 UNIX 的各种特性，但是它最初是以(　　)操作系统为模板的。
　　A. POSIX　　　　　　　B. UNIX　　　　　　C. MS-DOS　　　　　　D. Minix
1.2 Linux 是所谓的"free software"，"free"的含义是(　　)。
　　A. Linux 不需要付费　　　　　　　　　B. Linux 可自由修改和发布
　　C. 只有 Linux 的作者才能向用户收费　　D. Linux 发行商不能向用户收费
1.3 以下关于 Linux 内核版本的说法中，错误的是(　　)。
　　A. 表示为"主版本号.次版本号.修正次数"的形式
　　B. 2.4.1 表示稳定的发行版
　　C. 2.2.5 表示对内核为 2.2 的第 5 次修正
　　D. 2.3.1 表示稳定的发行版
1.4 简述 Linux 的发展过程。
1.5 试列举 Linux 的主要特点。
1.6 简述 Linux 的内核版本号的构成。
1.7 如何理解 Linux 发行版的含义？它由哪些基本软件构成？
1.8 Linux 可以运行在哪些硬件平台上？
1.9 Linux 的应用领域主要有哪些？

第 2 章
Linux 常用命令

学习要求：本章介绍 Linux 的常用命令，读者通过学习了解 Shell 命令的基本格式，可以掌握常用的 Shell 基础命令、命令历史、名称补全的方法，及联机帮助命令的使用方法；理解文件操作命令、目录及其操作的方法；熟练运用 Linux 常用命令完成对系统的基本操作。

2.1 Shell 与 Shell 命令

Shell 是 Linux 系统的重要组成部分。Shell 是系统的用户界面，它提供了用户与内核进行交互的接口，Shell 接收用户输入的命令，并对命令进行解释，最后送入内核执行，如图 2.1 所示。因此，Shell 实质是一个交互性命令解释器。

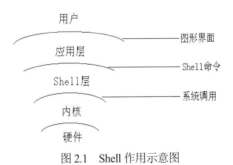

图 2.1 Shell 作用示意图

Shell 作为解释器，是 Linux 系统提供给用户最为重要的命令解释程序，它独立于操作系统，同时在不同阶段出现了多个不同的版本。

Bourne Shell 在 1970 年作为首个重要的标准 UNIX Shell 正式在系统引入，并以资助者的名字命名。

20 世纪 80 年代早期，美国伯克利的加利福尼亚大学开发了 C Shell，它主要是为了让用户更方便地使用交互式功能，并把 ALGOL 风格的语法结构变成了 C 语言风格。它新增了命令历史、别名、文件名替换、作业控制等功能。

Korn Shell 是一个交互式的命令解释器和命令编程语言，它符合可移植操作系统接口(portable operating system Interface，POSIX)标准。标准的目标在于方便应用程序的移植，使得应用程序在源程序级别实现跨多种平台编译成为可能。

Bourne Again Shell (bash)是 GNU 计划的一部分，用于基于 GNU 的系统，如 Linux。大多

数的 Linux(Red Hat、Ubuntu、Caldera)都以 Bash 作为默认的 Shell，并且运行 sh 时，其实调用的是 Bash。

Bash 是大多数 Linux 系统以及 macOS X 默认的 Shell，它能运行于大多数 UNIX 类操作系统，甚至被移植到 Microsoft Windows 上的 Cygwin 系统中，以实现 Windows 的 POSIX 虚拟接口。通常，Linux 命令都对应一个可执行文件，一般就将其放置在/bin 或/usr/sbin 下(在 PATH 中)。

Bash 命令的一般格式是：

```
command  -options  arg1  arg2  … argn
```

例如：[user@localhost ~] $ cp -i file1.c myfile.c

说明：在 Linux 中，Bash 的命令名是小写的英文字母，命令格式中由方括号括起来的部分是可选的，命令中的选项一般以"-"开始，多个选项可用"-"连起来。

2.2 简单命令

(1) who 命令

命令格式：who [-option] [user]

命令功能说明：显示系统中有哪些使用者正在上面，显示的资料包含使用者 ID、使用的终端机、从哪边连上的、上线时间、闲置时间、CPU 使用量、动作等。不使用任何选项时，who 命令将显示以下三项内容：

- login name：登录用户名。
- terminal line：使用终端设备。
- login time：登录到系统的时间。

如果给出的是两个非选项参数，who 命令将只显示运行 who 程序的用户名、登录终端和登录时间。

通常，用于显示自身用户名称的参数是"am i"，该命令格式为"who am i"，也可以去掉中间的空格，即为命令 whoami。

在 Linux 中，who 命令用于显示用户的工作状态，列出所有正在使用系统的用户、所用终端名和注册到系统的时间。

(2) echo 命令

命令格式：echo [-option] [参数]

命令功能说明：将命令行中的参数显示到标准输出(即屏幕)上。

echo 命令用于在 Shell 中打印 Shell 变量的值，或者直接输出指定的字符串。echo 命令在 Shell 编程中极为常用，在终端下输出变量 value 的时候也常常用到，因此有必要了解 echo 的用法。echo 命令的功能是在显示器上显示一段文字，一般起到提示的作用。

参数选项：

-e：激活转义字符。

例如：

```
[user@localhost ~] $ echo "This is red text"
```

命令功能是在屏幕上显示字符串"This is red text"。

[user@localhost ~] $ echo -e "\e[1;31mThis is red text\e[0m"
This is red text

命令功能是在屏幕上显示字符串"This is red text"，同时字符串的颜色是红色。其中，"\e[1;31m"将颜色设置为红色，"\e[0m"将颜色重新置回，对前景色和背景色设置颜色时可以仿照此方式完成。

(3) date 命令

命令格式：date　[-option]

命令功能说明：在屏幕上显示或设置系统的日期和时间。

需要显示不同格式的日期和时间时，可以使用多种格式，也可以使用命令设置固定的格式。在类 UNIX 系统中，日期被存储为一个整数，其大小为自世界标准时间(UTC)1970 年 1 月 1 日 0 时 0 分 0 秒起流逝的秒数。

参数选项：

- -d<字符串>：显示字符串所指的日期和时间，字符串前后必须加上双引号。
- -s<字符串>：根据字符串设置日期和时间，字符串前后必须加上双引号。
- -u：显示 GMT。
- --version：显示版本信息。

date 命令中输入以"+"号开头的参数，可按照指定格式输出系统的日期和时间，在日常工作时可以把备份数据的命令与指定格式输出的时间信息结合到一起。

例如：

[user@localhost ~] $ date +"%y-%m-%d"

命令功能是按照"年-月-日"的格式显示当前的系统时间。

(4) cal 命令

命令格式：cal[选项][参数]

命令功能说明：显示公元 1～9999 年中任意一年或者任意一个月的日历。

参数选项：

- -l：显示单月输出。
- -n：显示临近 n 个月的日历。
- -s：将星期日作为周的第一天。
- -m：将星期一作为周的第一天。
- -y：显示当前年的日历。

例如：

[user@localhost ~] $ cal　2022

命令功能是输出 2022 年的月份信息，执行结果如图 2.2 所示。

(5) clear 命令

命令格式：clear

命令功能说明：清除屏幕上的信息。

```
[user@localhost ~]$ cal 2022
                            2022
       January              February                March
Su Mo Tu We Th Fr Sa   Su Mo Tu We Th Fr Sa   Su Mo Tu We Th Fr Sa
                   1          1  2  3  4  5          1  2  3  4  5
 2  3  4  5  6  7  8    6  7  8  9 10 11 12    6  7  8  9 10 11 12
 9 10 11 12 13 14 15   13 14 15 16 17 18 19   13 14 15 16 17 18 19
16 17 18 19 20 21 22   20 21 22 23 24 25 26   20 21 22 23 24 25 26
23 24 25 26 27 28 29   27 28                  27 28 29 30 31
30 31
        April                   May                   June
Su Mo Tu We Th Fr Sa   Su Mo Tu We Th Fr Sa   Su Mo Tu We Th Fr Sa
                1  2    1  2  3  4  5  6  7             1  2  3  4
 3  4  5  6  7  8  9    8  9 10 11 12 13 14    5  6  7  8  9 10 11
10 11 12 13 14 15 16   15 16 17 18 19 20 21   12 13 14 15 16 17 18
17 18 19 20 21 22 23   22 23 24 25 26 27 28   19 20 21 22 23 24 25
24 25 26 27 28 29 30   29 30 31               26 27 28 29 30
        July                 August                September
Su Mo Tu We Th Fr Sa   Su Mo Tu We Th Fr Sa   Su Mo Tu We Th Fr Sa
                1  2       1  2  3  4  5  6                1  2  3
 3  4  5  6  7  8  9    7  8  9 10 11 12 13    4  5  6  7  8  9 10
10 11 12 13 14 15 16   14 15 16 17 18 19 20   11 12 13 14 15 16 17
17 18 19 20 21 22 23   21 22 23 24 25 26 27   18 19 20 21 22 23 24
24 25 26 27 28 29 30   28 29 30 31            25 26 27 28 29 30
31
       October              November              December
Su Mo Tu We Th Fr Sa   Su Mo Tu We Th Fr Sa   Su Mo Tu We Th Fr Sa
                   1          1  2  3  4  5             1  2  3
 2  3  4  5  6  7  8    6  7  8  9 10 11 12    4  5  6  7  8  9 10
 9 10 11 12 13 14 15   13 14 15 16 17 18 19   11 12 13 14 15 16 17
16 17 18 19 20 21 22   20 21 22 23 24 25 26   18 19 20 21 22 23 24
23 24 25 26 27 28 29   27 28 29 30            25 26 27 28 29 30 31
30 31
```

图 2.2 执行 cal 命令显示 2022 年日历

2.3 文件操作命令

1. cat 命令

命令格式：cat　[选项]　文件

命令功能说明：查看指定文件的内容，可以在 cat 命令后跟多个文件，命令会将多个文件的内容在标准输出上显示出来。

选项：

- -n：由 1 开始对所有输出的行数编号。
- -b：和 -n 相似，不过对空白行不编号。
- -s：当遇到有连续两行以上的空白行，就代换为一行的空白行。

例如：

[user@localhost ~] $ cat test.txt

命令功能是使用 cat 命令查看文件内容。

如果想在阅读文件的时候加上行号，可以使用 -n 参数。

例如：

[user@localhost ~] $ cat -n test.txt

命令执行后，会显示文件的内容，同时在每一行的前面有对应的行号作为提示。执行 cat 命令显示文件内容的执行结果，如图 2.3 所示。

```
[user@localhost ~]$ cat  test.txt
hello
welcome to linux
*****************
this is a test
[user@localhost ~]$ cat -n test.txt
     1  hello
     2  welcome to linux
     3  *****************
     4  this is a test
```

图 2.3　执行 cat 命令显示文件内容

cat 命令也接受通配符，可以使用 cat 命令一次查看多个文件。
例如：

[user@localhost ~] $ cat　test.txt test2.txt

将在标准输出设备(显示器)上显示文件 test.txt、test2.txt 的内容。
又如：

[user@localhost ~] $ cat -n test*

使用 cat 命令以及通配符*，将一次查看以 test 开头的多个文件名的文件，还可以使用下面的方法查看这两个文件：

[user@localhost ~] $ cat test.txt test2.txt

这个命令的输出结果与使用通配符时的结果是完全一样的。
如果想把文件 test.txt 和文件 test2.txt 合并到 test3.txt 的文件中去，可以使用 cat 命令和重定向操作符("＞")来完成。
例如：

[user@localhost ~] $ cat test.txt test2.txt ＞ test3.txt

使用 cat 命令将文件 test.txt 和 test2.txt 合并到 test3.txt 的文件中，执行的结果如图 2.4 所示。

```
[user@localhost ~]$ cat test.txt
hello
welcome to linux
*****************
this is a test
[user@localhost ~]$ cat test2.txt
12345
[user@localhost ~]$ cat test.txt test2.txt>test3.txt
[user@localhost ~]$ cat test3.txt
hello
welcome to linux
*****************
this is a test
12345
```

图 2.4　使用 cat 命令生成新文件实例

如果只是想把 test.txt 和 test2.txt 文件合并，但是并不想再生成另外一个更大的文件，可以考虑使用追加文件的方式。首先需要决定是把 test.txt 的内容加到文件 test2.txt 中去，还是把 test2.txt 的内容加入 test.txt 中去。然后，使用 cat 命令和重定向符 ">>"，格式如下：

[user@localhost ~] $ cat test.txt >> test2.txt

这样就把文件 test.txt 的内容添加到文件 test2.txt 的后面去了。

2. more 命令和 less 命令

命令格式：

more　　[选项]　　文件

命令功能说明：该命令一次显示一屏文本，满屏后停下来，并且在屏幕的底部出现一个提示信息，给出至今已显示的该文件的百分比：--more--(XX%)。

命令常用选项：
- -num，这个选项指定一个整数，表示一屏显示多少行。
- -d，在每屏的底部显示更友好的提示信息。
- -c 或-p，不滚屏，在显示下一屏之前先清屏。
- -s，将文件中连续的空白行压缩成一个空白行显示。
- +/，该选项后的模式(pattern)指定显示每个文件之前进行搜索的字符串。
- +num，从行号 num 开始。

more 命令以页为单位浏览文件，但使用时，可看到屏幕下方有一个"—more--"，可按空格键显示下页，按回车键显示下一行。

例如：

[user@localhost ~] $ more /etc/passwd

将分页显示/etc/passwd 文件内容。执行后的结果如图 2.5 所示，按空格键可以显示后一页的内容，如果需要帮助，按下"h"键，将看到一个帮助画面。

less 也是页命令，它提供了比 more 命令更全面的功能：可以使用光标键在文本文件中前后滚屏，可以用行号或百分比作为书签来浏览文件，可以实现在多个文件中进行复杂的检索、格式匹配、高亮度显示等操作。

3. head 命令和 tail 命令

命令格式：

head　　[选项]　　文件

命令功能说明：对指定的文件显示从文件头开始的一定数量的行的内容，一般默认是 10 行，也可以通过修改选项改变行数。

例如：

[user@localhost ~] $ head　　f1

将在标准输出(显示器)上显示 f1 文件前 10 行的内容。

```
user@localhost:~
File Edit View Search Terminal Help
root:x:0:0:root:/root:/bin/bash
bin:x:1:1:bin:/bin:/sbin/nologin
daemon:x:2:2:daemon:/sbin:/sbin/nologin
adm:x:3:4:adm:/var/adm:/sbin/nologin
lp:x:4:7:lp:/var/spool/lpd:/sbin/nologin
sync:x:5:0:sync:/sbin:/bin/sync
shutdown:x:6:0:shutdown:/sbin:/sbin/shutdown
halt:x:7:0:halt:/sbin:/sbin/halt
mail:x:8:12:mail:/var/spool/mail:/sbin/nologin
operator:x:11:0:operator:/root:/sbin/nologin
games:x:12:100:games:/usr/games:/sbin/nologin
ftp:x:14:50:FTP User:/var/ftp:/sbin/nologin
nobody:x:99:99:Nobody:/:/sbin/nologin
systemd-network:x:192:192:systemd Network Management:/:/sbin/nologin
dbus:x:81:81:System message bus:/:/sbin/nologin
polkitd:x:999:998:User for polkitd:/:/sbin/nologin
libstoragemgmt:x:998:995:daemon account for libstoragemgmt:/var/run/lsm:/sb
in/nologin
colord:x:997:994:User for colord:/var/lib/colord:/sbin/nologin
rpc:x:32:32:Rpcbind Daemon:/var/lib/rpcbind:/sbin/nologin
saned:x:996:993:SANE scanner daemon user:/usr/share/sane:/sbin/nologin
gluster:x:995:992:GlusterFS daemons:/run/gluster:/sbin/nologin
saslauth:x:994:76:Saslauthd user:/run/saslauthd:/sbin/nologin
abrt:x:173:173::/etc/abrt:/sbin/nologin
setroubleshoot:x:993:990::/var/lib/setroubleshoot:/sbin/nologin
rtkit:x:172:172:RealtimeKit:/proc:/sbin/nologin
pulse:x:171:171:PulseAudio System Daemon:/var/run/pulse:/sbin/nologin
radvd:x:75:75:radvd user:/:/sbin/nologin
chrony:x:992:987::/var/lib/chrony:/sbin/nologin
unbound:x:991:986:Unbound DNS resolver:/etc/unbound:/sbin/nologin
qemu:x:107:107:qemu:/:/sbin/nologin
tss:x:59:59:Account used by the trousers package to sandbox the tcsd daemon
:/dev/null:/sbin/nologin
sssd:x:990:984:User for sssd:/:/sbin/nologin
usbmuxd:x:113:113:usbmuxd user:/:/sbin/nologin
geoclue:x:989:983:User for geoclue:/var/lib/geoclue:/sbin/nologin
ntp:x:38:38::/etc/ntp:/sbin/nologin
--More--(76%)
```

图 2.5　more 命令分页显示文件

又如：

[user@localhost ~] $ head -4　　f1

将在标准输出(显示器)上显示 f1 文件前 4 行的内容。

tail 命令和 head 命令的功能类似，tail 命令显示文件从文件尾开始的一定行数的文件内容。

4. touch 命令

命令格式：

touch　　[选项]　　文件名　……

命令功能说明：touch 命令将修改指定文件的时间标签，把已存在文件的时间标签更新为系统当前的时间(默认方式)，它们的数据将被原封不动地保留下来。如果该文件尚未存在，则建立一个空的新文件。

选项：

- -a，仅改变指定文件的存取时间，不改变原有文件内容。

- -c，--no-create，不创建任何文件。
- -m，仅改变指定文件的修改时间，不改变原有文件内容。
- -t，STAMP，使用 STAMP 指定的时间标签，而不是系统当前的时间。

例如：

[user@localhost ~] $ touch example

指在当前目录下，如果没有文件名为 example 的文件，则新建此文件；如果此文件存在，则修改文件的时间标签为当前时间。

5. cp 命令

命令格式：

cp [-option] 源文件或目录 目标文件或目录

命令功能说明：复制指定文件。

选项：
- -b：若文件存在则做备份。
- -v：做移动时解释所做操作。
- -f：若目标文件存在，就删除此文件，不问使用者是否要做移动。

例如：

[user@localhost ~] $ cp /etc/passwd /home/test/test.pass

功能是将/etc/passwd 文件拷贝到/home/test 目录下并命名为 test.pass。

[user@localhost ~] $ cp /etc/*.conf ~/

功能是将/etc/目录中的所有 conf 文件拷贝到用户主目录中。

[user@localhost ~] $ cp -R ~/ok/ /tmp

功能是将用户目录下的 ok 目录的全部内容拷贝到/tmp 目录中。

特别说明，使用 cp 命令的时候，例如使用命令#cp file1 file2，则会把文件 file1 拷贝到文件 file2，同时 file1 依然存在。在使用 cp 命令的时候要注意，在把一个文件拷贝到另外一个文件上的时候，会有可能完全覆盖原来的文件。

为了避免覆盖文件这样的问题发生，可以在 copy 命令中使用-i 和-b 参数，在命令执行前进行询问提示，示例如下：

```
[user@localhost ~] # cp –i file1 file2
cp: overwrite  'file2'   ? n
[user@localhost ~] # cp -ib file1 file2
cp: overwrite  'file2'   ? y
[user@localhost ~] # ls file*
file1    file2    file2~
```

请注意已经被覆盖的文件 file2 已经有了备份，执行过程如图 2.6 所示。

```
[user@localhost ~]$ cp -i file1 file2
cp: overwrite 'file2'? n
[user@localhost ~]$ ls file*
file1  file2
[user@localhost ~]$ cp -ib file1 file2
cp: overwrite 'file2'? y
[user@localhost ~]$ ls file*
file1  file2  file2~
```

图 2.6 cp 命令复制文件

6. mv 命令

命令格式：

mv [-option] 源文件或目录 目标文件或目录

命令功能说明：更名或搬移文件。

选项：
- -b：若文件存在，则做备份。
- -v：移动时，解释所做操作。
- -f：若目标文件存在，就删除此文件，不问使用者是否要做移动。

(1) 使用 mv 命令给文件改名是比较常规的方法。

例如：

[user@localhost ~] # touch file1
[user@localhost ~] # mv file1 file2

上面的命令把文件 file1 改名为文件 file2。除了更改文件名之外，mv 命令还可以用来更改子目录名而不管这个子目录是空的还是存在文件。

(2) 使用 mv 命令搬移文件。

例如：

[user@localhost ~] $ mv /usr/test/*

命令功能是将/usr/test 中的所有文件移到当前目录(用"."表示)中。

注意：mv 与 cp 的结果不同。mv 类似于文件"搬家"，文件个数并未增加，而 cp 对文件进行复制，文件个数增加了。

mv 命令最常用的两个选项：

① 选项-b：在把某文件或子目录名字改为其他文件或子目录已使用过名字的时候，将会对原有文件或子目录进行备份。

例如：

[user@localhost ~] $ touch test deux a
[user@localhost ~] $ ls test deux a
test deux a
[user@localhost ~] $ mv   test   deux
[user@localhost ~] $ ls tets deux a
ls:test:No such file or directory
deux a

在没有使用-b 选项时，mv 命令不仅把文件 test 改名为 deux，还在操作过程中删除了文件 deux。

如果在上面的实例中增加-b 选项：

[user@localhost ~] $ touch test deux a
[user@localhost ~] $ ls test deux a
test deux a
[user@localhost ~] $ mv –b test deux
[user@localhost ~] $ ls deux* a
deux   deux~   tres

上例的执行过程如图 2.7 所示，虽然文件 test 已被改名并取代了文件 deux，但已生成文件 deux 的一个备份，这个备份文件有一个缺省的波浪号(~)后缀。

```
[user@localhost ~]$ touch test deux a
[user@localhost ~]$ mv -b test deux
[user@localhost ~]$ ls   deux* a
a   deux   deux~
[user@localhost ~]$
```

图 2.7 mv 命令实例

② 选项-i：在目标文件存在时要求确认，如下所示。

[user@localhost ~] $ touch file2 file3
[user@localhost ~] $ mv –i file2 file3
mv:replace 'file3'? y

在上面的例子中，建立了两个文件，然后把文件 file2 改名为文件 file3，这样做的结果就是删除了文件 file3。接着使用-i 参数，mv 命令就会询问是否真的想覆盖文件 file3。如果没有发生覆盖，即使使用了-i 参数 mv 命令也不会要求核实。还可以把-i 和-b 参数一起使用，如下所示。

[user@localhost ~] # mv –bi file2 file3

7. 使用 rm 命令删除文件

命令格式：

rm [-option]   文件名

命令功能说明：删除指定文件。

使用 rm 命令时要注意，如果用 rm 命令删除了某文件，这个文件就不存在了。

rm 命令可以从命令行上一次删除一个或者几个文件。

例如：

[user@localhost ~] # rm file
[user@localhost ~] # rm file1 file2 file3
[user@localhost ~] # rm file*

上面的第一个命令行删除了名称为 file 的文件，第二个命令行删除了 3 个文件，而第三个命令行则删除了当前子目录中文件名以字母 file 开头的所有文件。

使用 rm 命令比较安全的办法之一是使用它的-i 交互操作参数，这样在操作过程中会被问到是否真的想删除某个文件，如下所示。

[user@localhost ~] # rm -i file*

删除文件时可以使用通配符，可以一次删除多个符合要求的文件，使用-i 实现交互式删除的实例如图 2.8 所示。

```
[user@localhost ~]$ ls file*
file1   file2   file2~
[user@localhost ~]$ rm -i file*
rm: remove regular empty file 'file1'? y
rm: remove regular empty file 'file2'? y
rm: remove regular empty file 'file2~'? y
[user@localhost ~]$ ls file*
ls: cannot access file*: No such file or directory
```

图 2.8　使用 rm 命令交互式实现删除文件

还可以使用-f 参数强行删除某个文件，如下所示。

[user@localhost ~] # rm -f new*

以超级用户身份登录系统并使用 rm 命令可能造成灾难性后果，因为一个简单的 rm 命令可能毁掉 Linux 系统，甚至毁掉包括 DOS 分区、活动硬盘等在内的任何已安装文件系统，这个命令就是：

[user@localhost ~] # rm –fr /*

-r 选项会从根目录(/)开始递归删除所有的文件和子目录。如果真的想彻底无法恢复，可以使用命令：shred。

2.4　目录及其操作命令

(1) cd 命令
命令格式：

cd [-option] 目录名

命令功能说明：改变当前目录。
当 cd 命令后跟一个路径名，可以将当前目录改为另外一个子目录。
如：

[user@localhost ~] $ cd /usr/bin

在路径表示中 ".″ 表示当前目录，".."表示当前目录的上一层目录。假设当前目录是/usr/bin 子目录中，可以用 cd.进入/usr 子目录，也可以用 cd ..进入上层目录/usr。
当然，无论在哪个路径下，回到自己的默认工作目录的方法是：$ cd 或者$ cd ~。

(2) pwd 命令

命令格式：

pwd [-option]

命令功能说明：显示用户当前所处的目录。
假设执行命令

[user@localhost ~] $ cd /usr/bin

接着输入：

[user@localhost ~] $ pwd

那么看到当前的路径就是：

/usr/bin

(3) ls 命令

命令格式：

ls [-option] Name

命令功能说明：查看文件或目录信息。
常用参数：
- ls –a：列出某目录下的全部文件(Linux 也有隐藏文件);
- ls –l：列举目录内容的细节，包括权限、所有者、建立日期、建立时间、大小。也可以用命令 ll 替代。
- ls –F：在列出文件或目录项后加一个符号表示文件类型，如"/"表示显示项为一个目录，"*"表示显示项为一个可执行文件，"@"表示一个连接文件。
- ls –R：递归显示子目录内容。
- ls –S：按文件大小排序显示(由大到小)。

下面举例说明 ls 命令的使用：

① 使用 ls 命令列出子目录的内容清单，ls 的基本格式列出当前子目录中的文件：

[user@localhost ~] $ ls
news   axhome   nsmail   search   author.msg   documents   reading   vultures.msg   auto   mail   research

② 使用 ls 命令列出用户子目录中的文件，也可以使用-m 选项把文件用逗号分隔显示：

[user@localhost ~] $ ls -m

③ 用 ls -l 显示当前目录下的文件的详细信息：

[user@localhost ~] $ ls -l

命令功能是显示当前目录下所有文件的详细信息。
在 ls 命令中使用-m、-l 参数显示当前文件夹下的文件信息的实例如图 2.9 所示。

```
[user@localhost ~]$ ls -m
a, Desktop, deux, deux~, Documents, Downloads, Music, Pictures, Public,
Templates, test2.txt, test3.txt, test.txt, Videos
[user@localhost ~]$ ls -l
total 12
-rw-rw-r--. 1 user user  0 Feb  7 20:19 a
drwxr-xr-x. 2 user user  6 Feb  7 05:03 Desktop
-rw-rw-r--. 1 user user  0 Feb  7 20:19 deux
-rw-rw-r--. 1 user user  0 Feb  7 20:19 deux~
drwxr-xr-x. 2 user user  6 Feb  7 05:03 Documents
drwxr-xr-x. 2 user user  6 Feb  7 05:03 Downloads
drwxr-xr-x. 2 user user  6 Feb  7 05:03 Music
drwxr-xr-x. 2 user user  6 Feb  7 05:03 Pictures
drwxr-xr-x. 2 user user  6 Feb  7 05:03 Public
drwxr-xr-x. 2 user user  6 Feb  7 05:03 Templates
-rw-rw-r--. 1 user user  6 Feb  7 19:14 test2.txt
-rw-rw-r--. 1 user user 62 Feb  7 19:14 test3.txt
-rw-rw-r--. 1 user user 56 Feb  7 19:07 test.txt
drwxr-xr-x. 2 user user  6 Feb  7 05:03 Videos
```

图 2.9　ls 命令显示文件信息实例

④ 用 ls –F 列出文件类型：

[user@localhost ~] $ ls -F
news/　　axhome/　　nsmail/　　search*　　author.msg　　documents/　　reading/　　vultures.msg　　auto/　　mail/research/

如上所示，–F 选项使 ls 命令在子目录名之后加上斜线("/")字符，在可执行文件 search 后加星号(*)字符。

⑤ 用 ls –a 列出所有文件

假设需要看到当前目录下的所有文件，可以将–a 参数和– F 参数一起使用。

例如：

[user@localhost ~]$ ls -a					
.	.bash_profile	Desktop	.esd_auth	.mozilla	test2.txt
..	.bashrc	deux	example	Music	test3.txt
a	.cache	deux~	file1	Pictures	test.txt
.bash_history	.config	Documents	.ICEauthority	Public	Videos
.bash_logout	.dbus	Downloads	.local	Templates	.viminfo

上面实例的功能是显示当前目录下所有文件的信息，在显示文件中以 "." 开头的文件是隐藏文件。

[user@localhost ~]$ ls -aF					
./	.bash_profile	Desktop/	.esd_auth	.mozilla/	test2.txt
../	.bashrc	deux	example/	Music/	test3.txt
a	.cache/	deux~	file1	Pictures/	test.txt
.bash_history	.config/	Documents/	.ICEauthority	Public/	Videos/
.bash_logout	.dbus/	Downloads/	.local/	Templates/	.viminfo

上面实例使用-aF 参数，功能是显示当前目录下所有文件(包括隐藏文件)，同时显示出文件类型。

(4) mkdir 命令

命令格式：mkdir [-option] 目录名

命令功能说明：创建子目录。

mkdir 命令一次可以建立一个或者几个子目录。mkdir 命令还可以只使用一个命令行一次就建立包括全部的父目录和子目录在内的一个完整的子目录继承结构。目录名可以是绝对路径，也可以是相对路径。

参数选项：

- -p：建立目录时，如果父目录不存在，则此时可以与子目录一起建立。

例如：

[user@localhost ~] # mkdir temp

功能是使用 mkdir 命令建立子目录。

[user@localhost ~] # mkdir temp2 temp3 temp4

功能是一次建立多个子目录。

当使用 mkdir 命令建立子目录时，如果 mkdir 命令提示子目录不存在，表示在建立子目录时，路径中存在没有建立的目录。如果希望 mkdir 命令建立一系列完整的子目录结构，就必须使用它的-p 参数，即父操作参数。

例如下面的例子：

[user@localhost ~] $ mkdir –p　example/test

假设执行这条命令之前没有建立 example 目录，而直接使用 mkdir 命令，系统就会报错；若使用了参数-p, mkdir 命令不仅建立了子目录 example，还在子目录 example 中建立了一个 test 子目录。实例执行过程如图 2.10 所示。

```
[user@localhost ~]$ mkdir example/test
mkdir: cannot create directory 'example/test': No such file or directory
[user@localhost ~]$ mkdir -p example/test
[user@localhost ~]$ ls example/
test
```

图 2.10　创建目录的实例

(5) rmdir 命令

命令格式：

rmdir [-option] 目录名

命令功能说明：删除子目录。

选项-p：表示删除父目录时，父目录下应无其他目录。

删除目录的例子如下：

[user@localhost ~] # rmdir tempdirectory

命令功能是删除当前目录下的子目录 tempdirectory。但是，这个子目录必须是空的。

如果试图删除其中还有文件的子目录，就会得到出错信息。

例如：

[user@localhost ~] # rmdir temp
rmdir:temp:Directory not empty

类似于 mkdir 命令，rmdir 命令用-p 参数删除某个子目录的全部继承结构，但是必须指明子目录完整的结构才能够删除它。

对于有两个或者更多个子目录的情况，使用 rmdir 命令删除子目录时为了删除整个子目录结构，必须使用-p 选项，例如下面的命令，就删除了 temp/parent 目录下的所有文件及目录。

[user@localhost ~] # rmdir –p temp/parent/*

2.5 历史命令、别名命令

(1) history 命令

命令格式：

history   [option] [arg…]

命令功能说明：显示历史命令的清单。

history 命令如果不带任何参数，则 history 命令会显示历史命令的清单；如果给出一个正整数(如 50)，就只显示历史表中的最后 50 行命令；如果 history 后给出一个文件名，就把它作为历史文件名。

选项有：
- -a：在历史文件中添加"新"历史命令行。
- -n：从历史文件中读取尚未读入的历史命令行，添加到当前历史清单中。
- -r：读取历史文件的内容，并把它作为当前的历史命令。
- -w：把当前的历史写到历史文件中，覆盖原有内容。
- -c：删除历史清单中的所有项。

执行以前执行过的历史命令，可以采用命令替换方式快速执行，它以字符"！"开头，后随 1 个或多个字符来定义用户所需的某种类型的历史命令。表 2.1 是历史命令指定字格式。

表 2.1 基本的事件指定字格式

格式	意义
!!	重复上一条命令，也就是!-1
!n	重新执行第 n 条历史命令
!-n	重新执行倒数第 n 条历史命令，!-1 就等于！！
!string	重新执行以字符串 string 开头的最近的历史命令行
!?string?	重新执行最近的、包含字符串 string 的那条历史命令
!#	到现在为止所输入的整个命令行

① 配置历史命令环境。

在默认方式下，bash 使用用户主目录下的文件.bash_history 保存命令历史，改变存放历史命令的文件的方式是修改环境变量 HISTFILE 的内容。历史文件中能够保留的命令个数，默认值为 1000，修改环境变量 HISTSIZE 的值可以重新设定能够保留的命令个数。

② 补全命令。

可以输入目录名或文件名的开头部分，然后按 Tab 键，Linux 根据输入的字母查找以这些字母开头的目录或文件，并自动补全剩余的部分。

(2) alias 命令

命令格式：

alias [name[=value]]…

命令功能说明：对命令、语句定义别名。

如果没有指定参数，将在标准输出(屏幕)上显示别名清单，定义别名时，往往用单引号将它代表的内容括起来，从而防止 Shell 对其中的内容产生歧义，如对空格和特殊字符另作解释。

例如：

[user@localhost ~] $ alias ll = 'ls -l'
[user@localhost ~] $ alias h= 'history'

命令的功能是对 ls -l 定义别名为 ll。定义 h 表示命令 history，此时赋值号两边不能有空格。定义后就可以将 ll 和作为命令来使用了。

如果想取消先前定义的别名，则使用命令：

unalias name…

例如：

[user@localhost ~] $ unalias ll

取消了 ll 表示的含义，取消后，若再次使用 ll，系统会提示错误，显示没有这样的命令。

当然，可以一次将所有的别名都从别名表中删除，使用命令：

unalias -a

2.6 联机帮助命令

Shell 的实质是命令解释器，由 Shell 将命令翻译成计算机可以识别的机器语言给计算机内核，再由计算机内核将结果返还给 Shell，Shell 翻译成用户熟悉的语言并将结果显示出来。Shell 识别的命令分为内建命令和外部命令。Linux 操作系统的联机帮助对每个命令的语法都做了准确说明。

1. 内建命令与外部命令

内建命令：就是 Shell 程序的一部分，包含的是一些比较简单的 Linux 系统命令，这些命令写在 bash 源码的 builtins 里面，由 Shell 程序识别并在 Shell 程序内部完成运行，通常在 Linux 系统加载。运行时 Shell 就被加载并驻留在系统内存中。解析内部命令 Shell 不需要创建子进程，因此其执行速度比外部命令快，比如 history、cd、exit 等。因此执行内部命令的时候执行速度比较快。

外部命令：指 Linux 系统中的实用程序部分。因为实用程序的功能通常都比较强大，所以其包含的程序量也会很大，在系统加载时并不随系统一起被加载到内存中，而是在需要时才将其调入内存。虽然其不包含在 Shell 中，但是其命令执行过程是由 Shell 程序控制的。外部命令是在 Bash 之外额外安装的，通常放在/bin、/usr/bin、/sbin、/usr/sbin 等，比如 ls、vi 等。使用时需要从硬盘读入内存，所以速度相对来说就慢一点。

可以使用 type 命令区分命令是内建的还是外部的，如图 2.11 所示。

```
[user@localhost ~]$ type cd
cd is a shell builtin
[user@localhost ~]$ type vim
vim is /usr/bin/vim
[user@localhost ~]$ type ls
ls is aliased to `ls --color=auto'
[user@localhost ~]$ alias ls="ls -l"
[user@localhost ~]$ type ls
ls is aliased to `ls -l'
```

图 2.11　使用 type 命令查看命令的情况

由于内建命令都是在 bash 源码中的 builtins 的.def 中，因此若对于 type 命令的结果，显示 xxx is a shell builtin，说明是内建命令；显示 xxxx/usr/bin 或/usr/sbin 等，说明是外部命令；显示 xxx is an alias for xx --xxx 说明该指令为命令别名所设定的名称，是命令 alias 的结果得到的命令。

2. help、man、info 帮助命令

(1) help 命令

help 命令只能用于内部命令。

例如：

$help cd

(2) man 命令

利用 man 命令可以得到比用 help 更多更详细的命令使用方法的说明，而且 man 命令没有内建与外部命令的区分，因为 man 工具显示系统手册页中的内容，也就是一本电子版的字典，这些内容大多数都是对命令的解释信息，还有一些相关的描述。可以通过一些参数，快速查询 Linux 帮助手册，并且格式化显示。

参数选项：

- -a 显示所有匹配项。
- -d 显示 man 查照手册文件的时候，搜索路径信息，不显示手册页内容。
- -D 同-d，显示手册页内容。
- -f 命令 whatis，将在 whatis 数据库中查找以关键字开始的帮助索引信息。
- -h 显示帮助信息。
- -k 同命令 apropos，将搜索 whatis 数据库，模糊查找关键字。
- -S list 指定搜索的领域及顺序，如：-S 1:1p httpd，将搜索 man1 然后搜索 man1p 的目录。
- -t 使用 troff 命令格式化输出手册页，默认为 groff 输出格式页。
- -w 不带搜索 title，输出 manpath 变量；带 title 关键字，输出找到的手册文件路径。默认搜索一个文件后停止。

- -W 同-w。

例如：

[user@localhost ~] $ man date

命令功能是查看 date 命令的使用方法，图 2.12 是使用 man 命令显示的 date 命令的详细信息。

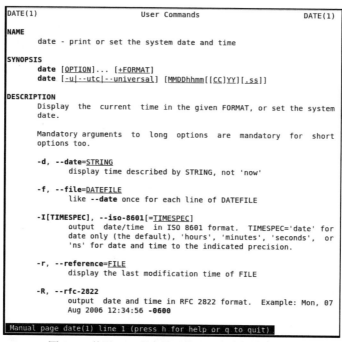

图 2.12 使用 man 命令显示的 date 命令的详细信息

(3) info 命令

info 命令得到的信息比 man 丰富，info 是来自自由软件基金会的 GNU 项目，是 GNU 的超文本帮助系统，能够更完整地显示出 GNU 信息，所以得到的信息当然更多。

例如：

[user@localhost ~] $ info ls

命令是查看 ls 命令的使用方法。

man 和 info 就像两个集合，它们有一个交集部分。但与 man 相比，info 工具可显示更完整的 GNU 工具信息。若 man 页包含的某个工具的概要信息在 info 中也有介绍，man 页中则会有"请参考 info 页更详细内容"的字样。

习题 2

2.1 如果要列出一个目录下的所有文件，需要使用命令行(　　)。

A. ls –l   B. ls   C. ls –a(所有)   D. ls –d

2.2 用 rm –I，系统会提示( )来让用户确认。
  A. 命令行的每个选项   B. 是否真的删除
  C. 是否有写的权限   D. 文件的位置

2.3 用户编写了一个文本文件 a.txt，想将该文件名称改为 txt.a，下列命令( )可以实现。
  A. cd a.txt xt.a   B. echo a.txt > txt.a
  C. rm a.txt txt.a   D. cat a.txt > txt.a

2.4 快速切换到用户 John 的主目录的命令是( )。
  A. cd @John   B. cd #John
  C. cd &John   D. cd ~John

2.5 以下命令中，可以将用户身份临时改变为 root 的是( )。
  A. SU   B. su
  C. login   D. logout

2.6 把当前目录下的 file1.txt 复制为 file2.txt，正确的命令是( )。
  A. copy file1.txt file2.txt   B. cp file1.txt | file2.txt
  C. cat file2.txt file1.txt   D. cat file1.txt > file2.txt

2.7 在当前目录/home/zheng 下新建一个目录 back，将当前目录改为 back，在 back 下新建两个长度为 0 的文件 test1、test2，然后把 test2 移到其父目录中并改名为 file12。

2.8 若执行 rmdir 命令来删除某个已存在的目录，但无法成功，请说明可能的原因。

第 3 章

Linux文件系统

学习要求：本章介绍文件和文件系统的常用操作命令，文件的概念以及类型、文件系统的类型、结构、文件路径的使用、文件和目录的权限管理以及特殊权限的使用等。通过本章的学习，读者可以进一步熟悉 Linux 系统操作的环境，了解文件和文件系统的概念，掌握标准文件的目录结构，理解绝对路径和相对路径的概念以及运用，熟练运用文件和目录的权限管理，为后续系统学习 Linux 打下良好的基础。

3.1 文件和文件系统概述

3.1.1 文件的概念

文件是指具有符号名和在逻辑上具有完整意义的信息集合，通常文件包含两个基本要素：符号名和信息，也可称为文件名和内容。

3.1.2 文件的类型

Linux 根文件系统只包含目录(在 Linux 中一切皆文件，目录也是文件的一种)和文件，文件的类型基本可以是普通文件、目录、链接文件、套接字、命令管道、块设备文件、字符设备文件七种，具体符号描述如表 3.1 所示。

表 3.1 文件的类型

文件类型	符号
普通文件	-
目录	d(directory)
链接文件	l(link)
套接字	s (socket)
命令管道	p (pipe)
块设备文件	b (block)
字符设备文件	c (character)

1. 普通文件（-）

普通文件主要指的是字节序列，Linux 中并没有对其内容规定任何结构。其中文件可以是程序源代码(C、C++、Python、Perl 等)，也可以是可执行文件(文件编辑器、数据库系统、出版工具、绘图工具)、图片、声音、图像等多媒体形式。在 Linux 环境下，系统不会区别对待这些普通文件，只有处理这些文件的应用程序才会根据文件的内容赋予相应的含义。只要是可执行的文件并具有可执行属性就能执行，当然，所有数据文件需要遵循文件名后缀命名规则。

2. 目录(d)

目录文件由一组目录项组成，目录项可以是对其他文件的指向，也可以是其目录下的子目录指向。一个文件的名称存储在它的父目录中，而并非同文件内容本身存储在一起。

通过 ls –l 命令可以查看到当前路径下的文件类型。

```
[user@localhost ~] $ ls –l
total 21460
-rw-rw-r-x    1    user1   user1   13420    2022-1-1 16:23   file1
-r-xr-xr-x    1    user1   user1   335      2022-1-1 16:23   file2
drw-rw-rwx    3    user1   user1   34572    2022-1-1 16:23   zhangsan
```

以上三个文件中，file1 和 file2 的第一列为"-"，属于普通文件；zhangsan 的第一列为"d"，属于目录文件。

3. 链接文件(l)

链接文件分为硬链接文件和软链接文件。

硬链接文件实际上就是在某目录中创建目录项，从而使不止一个目录可以引用同一个文件。这种链接关系由 ln 命令行来建立。硬链接文件并不是一种特殊类型的文件，而是增加一个附加接口引用的单个文件。一个文件系统上的物理文件，每个目录引用相同的 inode 数字，增加链接数，同时也可以通过 rm 命令减少链接数。只要还有一个链接存在，文件就存在，当链接数为零时，文件被删除，硬链接文件的最大特点是不能跨硬盘或分区。实例如图 3.1 所示。

```
[root@station10 ~]# ln httpd.conf /tmp/httpd.conf
[root@station10 ~]# cd /tmp/
[root@station10 tmp]# ls
httpd.conf
[root@station10 tmp]# ls -li
total 8
97944 -rw-r--r-- 2 root root 294 Jan 12 11:54 httpd.co
[root@station10 tmp]# ll
total 8
-rw-r--r-- 2 root root 294 Jan 12 11:54 httpd.conf
[root@station10 tmp]# vim httpd.conf
[root@station10 tmp]# cd
[root@station10 ~]# ls
anaconda-ks.cfg      ks2008.cfg       README.ksupload    scri
Desktop              ks2009.cfg       README.next        serv
httpd.conf           post.log         README.RH253       work
install.log.syslog   README.DHCP      README.vcracker    www.
[root@station10 ~]# vim httpd.conf
[root@station10 ~]# cd /tmp/
[root@station10 tmp]# ls
httpd.conf
[root@station10 tmp]# vim httpd.conf t
2 files to edit
```

图 3.1 硬链接文件

软链接又称为符号链接，是指将一个文件指向另外一个文件的文件名。这种符号链接的关系由 ln -s 命令行建立。链接的内容是名字指向的文件，是两个不同的文件，可以跨越分区。实例如图 3.2 所示。

```
[root@station10 tmp]# ln -s /root/httpd.conf httpd.conf
[root@station10 tmp]# ll
total 4
lrwxrwxrwx 1 root root 16 Jan 12 12:00 httpd.conf -> /root/httpd.co
[root@station10 tmp]# vim httpd.conf
[root@station10 tmp]# cd
[root@station10 ~]# ls
anaconda-ks.cfg    ks2008.cfg     README.ksupload   scripts.sh
Desktop            ks2009.cfg     README.next       server1.ks.cfg
httpd.conf         post.log       README.RH253      workstation.cfg
install.log.syslog README.DHCP    README.vcracker   www.html
[root@station10 ~]# vim httpd.conf
```

图 3.2 软链接文件

综上所述，硬链接和软链接的区别如下。
(1) 硬链接 (符号+内容；链接同一索引点中的文件)
- 链接文件和被链接文件必须位于同一个文件系统内。
- 不能建立指向目录的硬链接。

(2) 软链接(符号链接，仅仅是符号)
- 链接文件和被链接文件可以位于不同文件系统。
- 可以建立指向目录的软链接。

当两个人或多个人共同开发一个项目需要共享信息时，通过为文件创建附加的链接可使其他用户对文件进行访问；链接机制对具有较大文件树结构的单用户也很有帮助。

4. 套接字(s)

套接字(socket)允许运行在不同计算机上的两个进程之间进行相互通信。

5. 命名管道(p)

命名管道(FIFO)文件允许运行在同一台计算机上的两个进程之间进行通信。管道文件就是从一头流入从另一头流出的文件。使用以下命令可以看到文件属性第一个字符是"p"，这就是管道文件。

[root@localhost ~] #ls –l /run/systemd/inhibit/9.ref
Pre------- 1 root root 0 8 月 16 09:20 /run/systemd/inhibit/9.ref

套接字和命名管道是 Linux 环境下实现进程间通信的机制，一般不需要系统管理员特别处理，而是在进程运行时创建或者删除。

6. 块设备文件(b)和字符设备文件(c)

这两个文件都属于设备文件，不需要用后缀区分。和其他文件一样，都是用第一位的字母区分文件类型。用户既可以用设备名使用设备，也可以通过访问文件的形式使用设备，所有的设备文件都会保存在/dev 目录下，例如：

[user@localhost ~] $ ls –la
drwxr-xr-x   4   root user1   100   Jan 13 10:20 file1

```
lrwxrwxrwx   1  root root      13    Jan 14 10:25 file2 -> /proc/self/fd
brw-rw----   1  root disk    7,  0   Jan 22 12:16 loop0
crw-rw----   1  root lp      6,  2   Apr 26 11:05 lp1
```

分别对应每一个文件的第一位，从中可以推断出 loop0 为块设备文件，lp1 为字符设备文件。如果出现/dev/null 和/dev/zero 这样的设备，则/dev/null 和/dev/zero 为特殊的设备。

3.2 文件系统类型

文件系统是操作系统最重要的部分，决定了磁盘上存储文件的方法和数据结构，其主要功能是存储文件的数据，Linux 文件类型和文件名所代表的意义是两个不同的概念，通过应用程序创建的类似于 file.txt 或者 file.tar.gz 这两种文件，虽然通过不同的程序打开，但都属于常规的文件。而文件系统是指文件在存储介质上存放及存储的组织方法和数据结构储存在计算机上的文件和目录。

接下来介绍常见的文件系统类型。

每种操作系统都有自己的文件系统，比如，常用的 Windows 操作系统，所用的文件系统最主要是 FAT16、FAT32、NTFS 这几种，而 Linux 主要使用 ext/2/3/4、xfs 等类型。在磁盘分区上创建文件系统后，就能在磁盘分区上储存与读取文件。

目前常见的可识别的文件系统如下：

1. ext2/3/4、xfs

这几种是 Linux 系统中使用最多的文件系统，日志文件系统是目前 Linux 文件系统发展的方向。

ext 是第一个专门为 Linux 设计的文件系统类型，称为扩展文件系统，在 Linux 发展的早期，起过重要的作用。由于在稳定性、速度和兼容性方面存在许多缺陷，现在已经很少使用。

ext2 是为解决 ext 文件系统存在的缺陷而设计的可扩展、高性能的文件系统，称为二级扩展文件系统。ext2 于 1993 年发布，在速度和 CPU 利用率上具有较突出的优势，是 GNU/Linux 系统中标准的文件系统，支持 256 个字节的长文件名，文件存取性能极好。

ext3 是 ext2 的升级版本，兼容 ext2，在 ext2 的基础上增加了文件系统日志记录功能，称为日志式文件系统，是目前 Linux 默认采用的文件系统。日志式文件系统在因断电或其他异常事件而停机重启后，操作系统会根据文件系统的日志，快速检测并恢复文件系统到正常的状态，并可提高系统的恢复时间，提高数据的安全性。若对数据有较高的安全性要求，建议使用 ext3 文件系统。ext4 是第四代扩展文件系统，ext3 和 ext4 相兼容，ext3 所支持的最大文件系统为 16TB 和最大文件为 2TB，而 ext4 分别支持 1EB 的文件系统以及 16TB 的文件。RHEL6 中使用的是 ext4，RHEL7 中则默认使用 xfs。

2. VFAT

VFAT(虚拟文件分配表)，是扩展的 DOS 文件系统(FAT32)，支持长文件名。这是继 Windows 95/98 以后操作系统的重要组成部分，Linux 也支持这个文件系统。文件分配表是保存文件在硬盘上的保存位置的一张表。原来的 DOS 操作系统要求文件名不能多于 8 个字，因此限制了用户的使用。VFAT 的功能类似于一个驱动器程序，运行于保护模式下，使用 VCACHE 进行缓存。

3. swap

指用户 Linux 磁盘交换分区的特殊文件系统。

4. MSDOS

DOS、Windows 和 OS/2 使用该文件系统。

5. smbfs/cifs

支持 SMB 协议的网络文件系统。

6. ISO9660

CD-ROM 的标准文件系统。

文件系统是文件存放在磁盘等存储设备上的组织方法，一个文件系统的好坏主要体现在对文件和目录的组织上。目录提供了管理文件的一个方便而有效的途径，能够从一个目录切换到另一个目录，而且可以设置目录和文件的权限，设置文件的共享程度。

3.3 文件系统结构

3.3.1 系统目录结构

Linux 的文件结构是以根目录"/"倒置树的形式存在的，通过上下连接的分层目录文件结构来组织文件，每一个目录可能包含了文件和其他目录，子目录下可以有任意多个文件和子目录，用户可以用目录或者子目录形成的路径名对文件进行操作。利用这种目录树结构的形式可以对系统中的文件进行分隔管理，快速搜索文件，解决文件之间命名的冲突，同时也可以提供共享的操作。一般操作系统都采用树形的多级目录结构，包含系统引导和使其他文件系统得以挂载所必须的文件，根文件系统需要有单用户状态所必须的足够的内容，还应该包括修复损坏系统、恢复备份等工具，如图 3.3 所示。

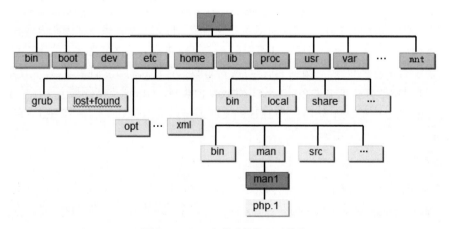

图 3.3　Linux 文件系统的目录结构

(1) /：根目录，文件系统结构的起始点，称为根。

(2) bin：用于存放基本命令程序(任何用户都可以调用)，开机时必备。

(3) sbin：与/bin类似，存放用于系统引导和管理的命令，通常供root使用。

(4) /boot：存放系统启动时所读取的文件，包括系统核心文件。

(5) /dev：device的缩写，存放所有设备文件接口，如打印机、硬盘等外围设备。

(6) /etc：目录下主要存放系统启动和运行所需的配置文件和脚本文件，各种应用程序的配置文件和脚本文件，如用户账号、密码等。这个目录对系统来说比较重要，任意修改文件内容会立即生效，所以如果不是很有必要或者很有把握，一般不随意修改。

(7) /home：存放普通用户的个人目录，比如普通用户user1的个人目录一般为/home/user1。

(8) /lib：存放系统最基本的动态链接共享库文件，例如函数库等。

(9) /proc：存放系统核心，执行程序之间的信息，可以直接访问这个目录来获取系统信息，目录的内容不在硬盘而在内存中。这个目录里面还有一个特殊的子目录/proc/sys，利用这个能显示内核参数并更改它们，更改后立即生效。

(10) /root：系统管理员的专用目录。

(11) /usr：一般文件的主要存放目录，/usr和/usr/local的子目录基本相同，都是存放用户自己编译安装的程序文件。

(12) /var：存放经常变动的文件，如日志文件、临时文件、电子邮件等。

(13) /mnt：挂载其他分区的标准目录，一般情况下这个目录是空的。

(14) /misc：空目录，仅供管理员存放公共杂物。

(15) /tmp：临时目录，供任何用户存放临时文件。

3.3.2 路径

对于这种多级目录系统的结构，文件名由路径名给出，路径名唯一确定一个文件在整个文件系统中的位置。路径一般分为绝对路径和相对路径。

(1) 绝对路径：一般以斜线开始，即"/"根目录开始，是文件的最起始端。

(2) 相对路径：一般不以斜线开始而是从当前目录开始，指定文件相对于当前目录的位置，当前目录是指用户当前在目录树中所处的目录位置，也可以成为工作目录。例如：路径/etc/sysconfig/i18n，它的第一个符号是以"/"开始，代表根目录为起始目录，是一个绝对路径。

每一个目录下都有两个特殊的目录项，即"."".."，第一个代表当前目录，第二个代表当前目录的上一级目录。

3.4 文件和目录权限管理

文件和目录并不是每一个用户或者组都能访问的，为了控制文件和目录的访问，可以设置文件和目录的访问权限，以这样的方法来决定谁能访问，谁能修改。通过权限的设置还可以修改文件和目录的所有者。

3.4.1 文件和目录权限的简介

在 Linux 系统中，用户对一个文件或者目录具有访问权限，这些访问权限决定了谁能访问以及怎么访问。通过设置权限可以实现以下三种用户的访问显示：文件的用户所有者、文件的组群所有者、其他用户。

每一位用户对文件和目录有三种权限：读取、写入、可执行。第一组权限是所有者权限(user)，控制访问自己的文件权限；第二组权限是所有组权限(group)，控制用户组访问其中一个用户的文件的权限；第三组权限是其他用户权限(other)，控制其他所有用户访问一个用户的文件的权限。这三组权限赋予用户不同类型的读取、写入以及执行权限。

3.4.2 文件和目录的基本权限

1. 基本权限

在 Linux 系统中，一般用 ls –l 命令显示文件和目录的详细信息，也包含文件和目录的权限信息。如下所示。

[root@localhost ~]# ls -l						
total 10						
-rw-rw-r--	1	root	family	0	08-28 16:28	pl.txt
drwxr-xr-x	2	root	family	4096	08-28 20:46	test
-rw-rw-r--	1	root	root	1155	08-28 22:44	file.txt
drwxr-xr-x	3	root	root	4096	08-28 09:32	newtest

以上内容中，左侧字符第一位表示文件的类型；第二到第十位表示权限，每三列为一组，共分为三组，分别是拥有人、拥有组和其他用户。示例如图 3.4 所示。

drwxr-xr-x	3	root	root	4096	08-28 09:32	newtest

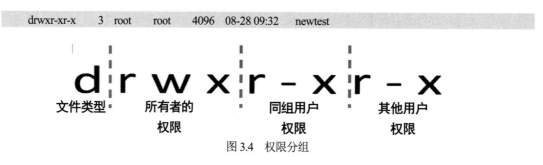

图 3.4　权限分组

其中三种基本权限如表 3.2 所示。

表 3.2　三种基本权限

权限	字符描述	文件	目录
读取	r	读取文件的内容	可以列出目录中的文件列表
写入	w	修改或删除文件内容	可以修改或删除文件或其子目录
执行	x	执行文件内容	允许使用 cd 命令进入目录

如果目录上有读取、执行权限 rx，表示可以进入该目录或其子目录，并执行文件；
如果目录上有读取、执行和写入权限 rwx，表示可以在目录中创建、删除和重命名文件。

2. 设置方法

拥有修改文件和目录权限的只有系统管理员(root)和文件/目录的所有者,通常,更改文件或目录的权限有两种方法。

(1) 数字设定法

数字法的设定相对比较简单,文件和目录的权限表中只有 r、w、x 三个字符来为用户所有者、所有组群和其他用户设置权限。使用数字法,只需要三个数字就能解决麻烦的事情。

数字法中一共包含的数字是 4、2、1,其中 4 表示读取权限,2 表示写入权限,1 表示可执行权限,如果没有任何权限,用 0 表示。需要得知权限是多少时,只需要将上述数字相加求和即可。

所有的数字属性的格式在显示时应该是由对应的三个 0~7 的数字组成,按照所有者、所有组群、其他用户的顺序划分,其顺序为 u、g、o。具体顺序如下:

```
r  --- 4
w  --- 2
x  --- 1
-  --- 0
```

例如,需要让某个目录的所有者具备"可读可写入可执行"的权限,即用 4(可读)+2(写入)+1(可执行)=7(可读可写入可执行)表示。

下面举几个例子来说明数字法的使用。

```
-rwxr-xr-x   :用数字表示为 755
dr-xr-x-wx   :用数字表示为 553
-rwxrwxrwx   :用数字表示为 777
dr-xrwx-wx   :用数字表示为 573
```

当需要给文件或者目录修改权限时,使用 chmod 命令完成。

```
chmod   n1n2n3   文件或目录名
```

其中使用三个数字模式来表示,分别代表用户(n1)、同组群用户(n2)和其他用户(n3)的访问权限。

每个数字模式(n1|n2|n3)由不同权限所对应的数字相加得到一个表示访问权限的八进制数字。

例 1:设置 file 文件权限,只允许用户所有者拥有读取、写入、可执行权限。

```
[root @localhost ~] # ls –l file
-rwxr-xr-x 1 root root 4 8 月 15 17:30 file
[root @localhost ~] # chmod 700 file
#ls –l file
-rwx------ 1 root root 4 8 月 15 17:30 file
```

例 2:设置 file 文件权限,允许所有者可读可写可执行,用户所有组群拥有读取写入权限,其他用户拥有读取执行权限。

```
[root @localhost ~] # chmod 765 file
[root @localhost ~] # ls –l file
-rwxrw-r-x 1 root root 4 8 月 15 17:30 file
```

(2) 文字设定法

通过文字设定法更改权限需要使用 chmod 命令，在一个命令行中可以给出多个权限，中间用逗号隔开。chmod 的语法结构如下：

chmod [操作对象] [操作符号] [权限] [文件|目录]

语法结构中的每一项表达含义如表 3.3 所示。

表 3.3 chmod 命令含义

顺序	可选项	选项含义
操作对象	u	表示用户所有者，即文件或目录的所有者
	g	表示组群所有者，即与文件的用户所有者相同组群 GID 的所有用户
	o	表示其他用户
	a	表示所有用户，一般为系统默认值
操作符号	=	赋予新权限并替换原权限
	+	增加某个权限
	-	减少某个权限
权限	r	读取权限
	w	写入权限
	x	执行权限

例 3：添加用户所有者对 file1 文件的可执行权限。

```
[root @localhost ~] # ls –l
-rw-r-xr-x 1 root root 4 8月 13 14：30 file1
//查看 file1 文件原权限及相关信息
[root @localhost ~] # chmod u+x file1
[root @localhost ~] #   ls –l
-rwxr-xr-x 1 root root 4 8月 13 14：30 file1
//更改权限后，用户对 file1 拥有了可执行权限
```

例 4：取消用户对 file1 的写入权限。

```
 [root @localhost ~] #   ls –l
-rwxr-xr-x 1 root root 4 8月 13 14：30 file1
//查看 file1 文件原权限及相关信息
[root @localhost ~] # chmod u-w file1
[root @localhost ~] #   ls –l
-r-xr-xr-x 1 root root 4 8月 13 14：31 file1
//查看文件的权限，所有者写入的权限已经被取消
```

例 5：更改 file1 权限，添加用户所有者的读取、写入、可执行，所有组群拥有读取写入可执行权限，其他用户拥有读取的权限。

```
[root @localhost ~] # chmod u+w, g+w,o-x file1
[root @localhost ~] # ls –l file1
-rwxrwxr-- 1 root root 4 8月 13 14：32 file1
```

3.4.3 文件和目录的特殊权限

1. 文件和目录的特殊权限

在 Linux 系统中除了基本的读取、写入、可执行三个权限外，分别还有 SUID、SGID、sticky 三个特殊权限。

(1) 可执行文件的特殊权限
- SUID：使用命令的所属用户的权限来运行，而不是命令执行者的权限。
- SGID：使用命令的组权限来运行。

(2) 目录的特殊权限
- SGID：在设置了 SGID 权限的目录中创建的文件会具备该目录的组权限。
- sticky-bit：在带有粘滞位的目录中的文件只能被文件的所属用户和 root 用户删除，而不管该目录的写入权限是如何设置的。

2. 特殊权限的设置方法

特殊权限的设置方法和常规权限的设置方法一样，可以采用数字设定法和文字设定法。
SUID 和 SGID 用 S 表示；sticky-bit 用 T 表示。
SUID 占用属主的 x 位置来表示。
SGID 占用组的 x 位置来表示。
sticky-bit 占用其他人的 x 位置来表示。

(1) 数字设定法

如果非要设置特殊权限，就必须使用四位数才能表示完整，对应关系如下：
- SUID：对应数值 4。
- SGID：对应数值 2。
- sticky：对应数值 1。
- -：对应数值 0。

语法结构如下：

chmod　n0n1n2n3　文件或目录名

使用一个单独的数字模式(n0)由不同权限所对应的数字相加得到一个表示特殊权限的八进制数。

例 6：设置文件 test 具有 SUID 权限。

[root @localhost ~] # ls –l test
-rwxr--r-- 1 zhangsan root 2 8 月 12 11：08 test
[root @localhost ~] # chmod 4000 test
[root @localhost ~] # ls –l test
---S------ 1 zhangsan root 2 8 月 12 11：08 test

例 7：设置文件 test 具有 SGID 权限。

[root @localhost ~] # chmod 2000 test
[root @localhost ~] # ls –l test

------S--- 1 zhangsan root 2 8月 12 11：08 test

例8：设置文件 test 具有 sticky 权限。

[root @localhost ~] # chmod 1000 test
[root @localhost ~] # ls –l test
--------T 1 zhangsan root 2 8月 12 11：08 test

例9：设置文件 test 具有 SUID、SGID、sticky 权限。

[root @localhost ~] # chmod 7000 test
[root @localhost ~] # ls –l test
---S---S--T 1 zhangsan root 2 8月 12 11：08 test

(2) 文字设定法

例10：设置文件 test 具有 SUID 权限。

[root @localhost ~] # ls –l test
---------- 1 zhangsan root 2 8月 12 11：08 test
[root @localhost ~] # chmod u+s test
[root @localhost ~] # ls –l test
---S------ 1 zhangsan root 2 8月 12 11：08 test

例11：设置文件 test 具有 SGID 权限。

[root @localhost ~] # chmod g+s test
[root @localhost ~] # ls –l test
---S--S--- 1 zhangsan root 2 8月 12 11：08 test

例12：设置文件 test 具有 sticky 权限。

[root @localhost ~] # chmod o+t test
[root @localhost ~] # ls –l test
---S--S--T 1 zhangsan root 2 8月 12 11：08 test

习题 3

3.1 简单描述文件与文件系统的概念。
3.2 简单描述文件的几种类型。
3.3 简单描述链接文件的分类及其特点。
3.4 简单描述常见的文件系统有哪些。
3.5 简单描述文件和目录有哪些权限。
3.6 实训题

(1) 创建普通用户 u1 和 u2，并用 u1 的身份登录后，在 tmp 目录下创建 test 目录以及 filename1.txt 文件。

(2) 查看 test 和 filename1.txt 的文件属性。

(3) 切换到 root 用户身份，将 filename1 的拥有者修改为 u2，拥有组改为 root，并查看文件属性。

(4) 修改目录 test，使其拥有者和拥有组具有可读、可写、可执行的权限，而其他用户只有可读权限。

(5) 显示当前路径，并切换到/etc 目录下，观察 u1 和 u2 用户的基本状况。

第 4 章 文本编辑

学习要求：本章介绍 Linux 系统中常见的文本编辑器 VIM。文本编辑器一般用来修改配置文件，也可以用来编辑任何语言的源程序文件或者 Shell 脚本文件。读者可通过本章内容了解 Linux 中文本编辑器的种类，掌握 VIM 编辑器的基本使用，理解 VIM 在字符界面下的功能，熟练运用 VIM 编辑器的几种工作模式。

4.1 VI 编辑器

VI 是 Visual Interface 的首字母缩写，能为用户提供一个全屏幕的窗口编辑器，VI 是 Linux 系统自带的文本编辑软件，窗口中的信息可以一页全屏显示，也可以通过滚动条上下分屏翻页显示。VI 既可以工作在字符界面，也可以工作在图形界面，在系统和服务器管理方面，更胜于其他图形编辑器的使用。

VIM 是 Visual Interface iMproved 的缩写，是 VI 的增强版，可以执行输出、删除、查找、替换、块操作等众多文本操作，虽不能像 Word 那样编辑文字的字体、格式和段落样式，但 VIM 操作简单。界面中没有菜单，全部由命令完成，使用非常方便，程序员可以方便地对其进行扩展设置，以满足自己更多的需求。需要了解更加详细的 VIM 使用过程可以参考 VIM 手册。

4.2 VIM 编辑器的工作模式

VIM 编辑器的工作模式一般分为三种：插入模式、命令模式、末行模式。有时也可合并为插入模式、命令模式这两种，本节主要按照三种工作模式来进行讲解。

1. 插入模式

插入模式也称为编辑模式，在命令模式下，按 "i" "o" "a" "insert" 键可以切换到插入模式，一般在左下角出现 "编辑" 或者 "INSERT" 字样，即表示可以往文档中输入内容。用户只能在插入模式下进行文字的编辑工作，按 "Esc" 键可以返回到命令模式，插入模式如图 4.1 所示。

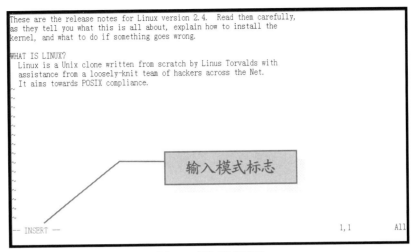

图4.1 插入模式界面

2. 命令模式

进入 VIM 编辑器后，系统默认为命令模式，在命令模式中，可处理屏幕光标的移动、字符或字或行的删除、部分内容的复制和粘贴等。此时屏幕没有任何变化，但会将刚才从键盘上输入的任何字符看做编辑命令来解释执行。例如，需要复制 5 行，即将光标停留在要复制的行的开始处，在键盘上键入 5yy 即可。不管用户目前处于哪一种模式，按 Esc 键即可进入到 VIM 的命令行模式。命令模式如图 4.2 所示。

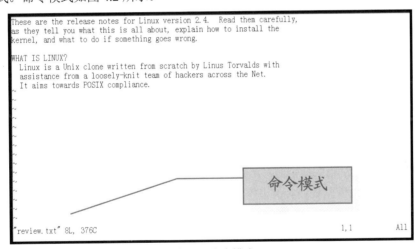

图4.2 命令模式

3. 末行模式

在命令模式下，按":"键即可进入末行模式，此时，VIM 会在显示窗口的最后一行显示":"，作为末行模式的提示符，等待用户输入相关的命令再执行处理文本。大部分文件管理的命令都在这个末行模式下执行完成，例如，对文本的保存退出，只需要在":"后键入 wq，文本内容即被保存。末行模式执行完成后，VIM 也会走动跳转到命令模式等待，也可以按 Esc 键回到命令模式，末行模式如图 4.3 所示。

图 4.3　末行模式

以上三种模式之间的转换方式如图 4.4 所示。

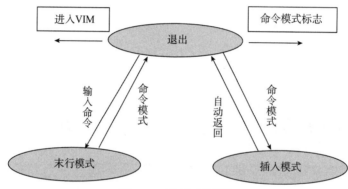

图 4.4　三种模式的转换

4.3　VIM 的基本操作

VIM 的操作非常多，命令也不少，熟练掌握每一个命令并非一件简单的事，但在编辑工作中，熟练掌握主要的、常用的命令，将大大提高文档的编辑效率。下面将 VIM 编辑工作中常用的一些操作命令进行由易到难的实例讲解。

4.3.1　VIM 的进入与退出

1. VIM 的进入

进入 VIM 命令后，便出现全屏编辑环境，需要进入文档编辑，命令又分为文件存在和不存在两种情况：

(1) 如果文件 file1 存在，则输入命令#VIM file1，进入 file1 的命令模式，通过按"i"键可以开始编辑文件，光标定位在第一行第一列的位置。

(2) 如果文件 file1 存在，光标需要定位在最后一行第一列的位置，则输入命令#VIM +file1。

(3) 如果文件 file1 存在，光标需要定位在第 N 行第一列的位置，则输入命令#VIM +#file1，其中#代表相应数字。

(4) 如果文件 file1 存在,光标需要定位在第一次出现字符串的位置,则输入命令#VIM +/new file1,其中 new 代表相应需要搜索的字符串。

(5) 如果文件 file1、file2、file3 都存在,则输入命令#VIM file1 file2 file3,将同时打开 3 个文件,依次进行编辑。

(6) 如果 file1 文件不存在,则输入命令#VIM file1,为建立 file1 新文件。

2. VIM 的退出

在退出 VIM 之前,通常先按 Esc 键,确保当前状态为命令状态,然后需要进行何种保存依次选择:

(1) :w:保存,将当前所编辑文件进行保存,但并不退出文件编辑。

(2) :q:退出,如文件有修改,则会被提示是否放弃修改内容。

(3) :wq:保存并退出,将以上两个步骤合并完成;:x 和 ZZ 同样可以保存并退出,但 ZZ 前没有":"。

(4) :w newfile:另存为 newfile 文件。

(5) :q!、w! 或 wq!:"!"为强行的含义,即强行退出、强行保存、强行保存并退出。

4.3.2 VIM 的编辑

VIM 的编辑器功能非常强大,在使用过程中,很多操作思路和 Windows 中的 Office 办公软件相似,下面将详细介绍 VIM 的光标移动、复制和粘贴、删除和取消、查找和替换、多文件编辑的快捷操作。这样可以大大提高文档的编辑效率。

Shell 提示符下输入"vi 文件名"之后就进入了命令模式,在命令模式下不能输入任何数据,所以需要键入一些字母键来完成文档的编辑,如表 4.1 所示。

表 4.1 命令模式中的基本命令

命令	功能
i	在当前光标所在的位置之前插入内容
I	在当前光标所在的行首插入内容
a	在当前光标所在的位置之后插入内容
A	在当前光标所在的行尾插入内容
o	在当前光标所在行的下一行插入内容
O	在当前光标所在行的上一行插入内容
s	删除光标位置的一个字符,然后插入新的内容
S	删除光标所在的行,然后再插入内容

4.3.3 VIM 的光标移动

在命令模式下,光标的移动命令非常多,熟练掌握下列命令,可以大大提高用户的编辑效率,常用的光标移动命令如表 4.2 所示。

表 4.2 光标的移动

命令	功能
k、j、h、l	上、下、左、右移动一个字符
w/e	移动到下一个字的开始/结尾
Ctrl+ F/B	向上/下翻屏
Ctrl+ u/d	向前/后移动半屏
^/$	移动光标到所在行的行首/行尾
Gg	跳转到文件的第一行
+/-	移动到下一行/上一行的第一个非空白字符
#+/#-	向上/向下移动#行,光标在该行的起始位置(#代表数字)
H/L	移动光标到屏幕最顶端/底端一行的开始处

4.3.4 VIM 的复制和粘贴

复制和粘贴操作是文本编辑最常用的操作之一,在 VIM 中为用户提供了缓冲区,但用户需要选择内容进行复制操作的时候,选中的信息即被存入到缓冲区中,如果多次复制,缓冲区的内容会被刷新为最近一次复制的文本信息。

粘贴命令的使用比较简单,即将缓冲区的内容添加到文档中光标所停留的位置,常用的复制和粘贴命令如表 4.3 所示。

表 4.3 复制和粘贴命令及功能

命令	功能
yw	复制光标所在位置到单词尾字符
#yw	复制光标所停留的位置的#个单词(#代表数字)
yy	复制 1 行
#yy	复制#行,等同于#Y(#代表数字)
yG	复制当前光标所在行到文件尾部的内容到缓冲区
1yG	复制当前光标所在行到文件首的内容到缓冲区
P/P	将缓冲区的内容粘贴到当前光标的左侧/右侧

4.3.5 VIM 的删除和取消

利用 VIM 的删除命令,可以删除一个或者多个字符,也可以删除一行的部分或者全部内容,常用的删除命令如表 4.4 所示。

表 4.4 删除和取消命令及功能

命令	功能
x/X	删除光标所在位置/所在位置的前一个字符
#x/X	删除光标所在位置开始的/前面的#个字符(#代表数字)
dd	删除光标所在行

(续表)

命令	功能
#dd	从光标所在行开始删除#行(#代表数字)
dw	删除一个字
db	删除光标所在位置的前一个单词
d$	删除光标到行尾的内容
D	删除光标到行尾的内容
Ctrl+u	删除所有内容
u	取消上一次操作
U	取消所有操作

4.3.6　VIM 的查找和替换

Windows 环境中有"查找""替换"等功能，同样，VIM 中也提供了查找和替换的相关命令，但完成这些命令，需要在末行模式下进行，用户只需要输入"/"或者"？"，就能直接切换到末行模式，在这两个符号的后面添加需要查找的信息即可。利用查找命令可以全文查找，向前或向后搜索指定关键字。常用的查找和替换的命令如表 4.5 所示。

表 4.5　查找和替换命令及功能

命令	功能
/	先输入"/"，再输入需要查找的关键字，按 n 向后查找下一个，按 N 则向相反方向查找
?	先输入"？"，再输入需要查找的关键字，按 n 向后查找下一个，按 N 则向相反方向查找
/world/+#	将光标停在包含"world"字符行后的第#行上(#代表数字)
/world/—#	将光标停在包含"world"字符行前的第#行上(#代表数字)
r	替换光标所在处的字符，按 r 键后输入要替换的内容
R	替换光标所在处的字符，直到按下 Esc 键为止，按 R 键后输入要替换的内容

4.3.7　VIM 的多文件编辑

在 VIM 中一般打开一个文档，可以直接使用#VIM file1。如需要打开多个文档，则在#VIM 后面添加 file1，file2，…，filen。因工作需要，有时候需要在文档编辑与其他文档之间进行切换或者编辑等操作，则可以利用表 4.6 完成多文件编辑操作。

表 4.6　多文件编辑命令及功能

命令	功能
：n	编辑下一个文件
：3n	编辑下三个文件
：N	编辑前一个文件
：ls	显示当前 VIM 中打开的全部文件
：e file1	在 VIM 工作时，临时编辑 file1

(续表)

命令	功能
gt/gT	跳转到下一页/上一页
：close	关闭当前窗口或当前页
：only	关闭其他所有窗口，只保留当前窗口
：xall	全部保存并退出
：wall	全部保存但不退出
：qall！	强行退出所有窗口和页
Ctrl+w k、j、h、l	同时按住 Ctrl 和 w 键，加上 k、j、h、l 中任意一个字符可以进行窗口上下左右移动
Ctrl+w w	编辑窗口之间的切换
Ctrl+w+/-	增加/减少水平窗口行数

通常情况下一个 VIM 编辑屏可以分为多个编辑页，一个编辑页又可以分为多个编辑窗口，如图 4.5 所示为 VIM 编辑器分页显示多个文件。

图 4.5 VIM 编辑器分页显示多个文件

当前有三个编辑窗口，在第一窗口编辑文件 file1，第二窗口编辑文件 newfile，第三窗口编辑文件 file2。这样，在同一时间段就可以编辑三个不同的文件，每一个文件都处于编辑状态，可以通过按 Ctrl+w 在同一页进行窗口的切换。需要在不同页切换时也可以按 gt 或者 gT 组合。

习题 4

4.1 简单描述 Linux 有哪些文本编辑器。
4.2 简单描述 Linux 中 VI 编辑器的工作模式。
4.3 Linux 中保存、退出、强行保存退出的命令分别是什么？
4.4 VI 编辑器的区域可以分为哪些区？
4.5 实训题
(1) 把/etc/inittab 文件复制到/test 目录并改名为 tab。
(2) 查看 tab 文件共有多少行，第 8 行是什么，并记录在 tab.txt 文件中。
(3) 在第 10 行后添加自己名字的英文缩写。
(4) 把第 13 行分别复制到第 16 行下面与全部内容最后。
(5) 查找多少行有单词 now。
(6) 命令行模式下，在第 10 行前后分别添加一空行。
(7) 删除该修改后内容的第 17 行、第 20 行。
(8) 查看文档的全部内容，保存并退出。

第 5 章
Linux Shell程序设计

学习要求：了解 Shell 的类型、建立和执行的方式，掌握 bash 变量的分类、定义形式及引用规则，理解各种控制语句的格式、功能及流程，熟练运用 Shell 的编程方法完成脚本的编写。

5.1 Shell 概述

5.1.1 Shell 模式类别

在 Linux 系统下，每一个 Shell 程序被称为一个脚本。Shell 能调用所有的 Linux 命令、公共程序。从执行的形式上看，Shell 分成非交互式和交互式。

非交互式 Shell，不需要读取用户的输入，也不用向用户反馈某些信息。每次执行都是可预见的，因为它不读取用户输入，参数是固定的，可以在后台执行。

交互式 Shell，脚本可以读取用户的输入，实时向用户反馈信息(输出某些信息)，这样的脚本更灵活，每次执行时的参数可由用户动态设定，用户界面更友好，但交互式不适用于自动化任务，例如，执行 cron 任务就不适合使用交互式。

5.1.2 Shell 脚本的特点

脚本是一种高级程序设计语言，它有变量、关键字，有各种控制语句，如 if、case、while、for 等语句，支持函数模块，有自己的语法结构。

Shell 具备的特点如下：
- 组合新命令。
- 提供文件名扩展字符。
- 直接使用 Shell 的内置命令。
- 灵活使用数据流。
- 结构化的程序模块。
- 在后台执行命令。
- 可配置的环境。
- 高级的命令语言。

5.1.3 Shell 脚本的建立和执行

Shell 脚本是一个文本文件，其中包含由 Shell 执行的一系列命令。当运行 Shell 脚本时，脚本文件中的每一条命令被传送给 Shell 执行。

执行 Shell 脚本的方式有三种：

(1) 将脚本内容作为 bash 命令执行时的输入内容，使用输入重定向，完成命令的执行。

命令执行形式是：

```
bash < 脚本名
```

假设脚本 example.sh 内容如下：

```
[user@localhost example]$ cat example.sh
#!/bin/bash
echo date+%y
echo "hello Linux"
```

执行时键入：

```
[user@localhost ~] $ bash < example.sh
```

脚本则执行，输出信息为：当前日期的年份以及"hello Linux"。

(2) 将脚本名作为 bash 的参数执行。

命令的一般形式是：

```
bash  脚本名  [参数]
```

在执行时，将脚本名称以及脚本执行的参数(如果执行需要参数)跟在 bash 命令的后面执行。

也可以使用形式：• 脚本名 ［参数］

在这个方式中，符号 • 就表示 bash 命令。

仍以脚本 example.sh 的执行为例：执行时键入[user@localhost ~] $ bash example.sh，或者键入[user@localhost ~] $ • example.sh 均能执行脚本内容。

(3) 将 Shell 脚本的权限设置为可执行，在提示符下直接执行。

执行的形式是：

```
$ chmod  a+x  脚本文件名       //修改脚本的权限为可执行
$ ./脚本文件名                 //直接执行脚本，./表示当前目录下
```

还是以脚本 example.sh 的执行为例：

执行时键入：

```
[user@localhost ~]$ chmod a+x example.sh
[user@localhost ~]$ ./ example.sh    //表示执行当前目录下脚本 example.sh
```

5.2 Shell 的特殊字符

在 Linux 中有部分符号具备特殊的含义，在 Shell 脚本以及命令使用中要特别注意这些符号

的使用方法，在介绍变量符号之前，先集中说明在 Linux 中使用较多的几类特殊字符。

1. 通配符

*(星号)——表示匹配任意字符 0 次或多次。

并列符号?(问号)——表示匹配任意一个字符。

并列符号[ ](一对方括号)——其中有一个字符组，其作用是匹配该字符组所限定的任何一个字符。

并列符号!(惊叹号)——如果它紧跟在一对方括号的左方括号([)之后，则表示不在一对方括号中所列出的字符。

接下来对于以上几个通配符号，简单举几个实例说明：

- test*表示以 test 开头的所有字符串。
- test? 表示以 test 开头，字符串长度为 5 的字符串。
- test[1-3]表示匹配 test1、test2、test3 三个字符串中的任意一个。
- test[!0-9]表示匹配 test 后不接数字，同时字符串长度为 5 的字符串。

另外再选取几个通配符的举例，如表 5.1 所示。

表 5.1 通配符的举例

符号类型	说明
*	当前目录下的所有文件的名称
Text	当前目录下的所有文件名中包含有 Text 的文件的名称
[ab-dm]*	当前目录下所有以 a、b、c、d、m 开头的文件的名称
[ab-dm]?	当前目录下所有以 a、b、c、d、m 开头且后面只跟有一个字符的文件的名称
/usr/bin/??	目录/usr/bin 下的所有名称为两个字符的文件的名称

2. 引号

(1) 单引号(')：转义其中所有的变量为单纯的字符串。

由单引号括起来的字符(除$、倒引号(`)和反斜线(\)外)均作为普通字符对待。

例如：[user@localhost ~] $ echo 'hello'   //在屏幕上显示字符串 hello

　　　[user@localhost ~] $ echo 'hello `pwd`'

　　　　　　　　　　　　　　　　　　//在屏幕上显示字符串 hello`pwd`

　　　[user@localhost ~] $ echo 'hello \"'   //在屏幕上显示字符串 hello \"

(2) 双引号("")：保留其中的变量属性，不进行转义处理。

由双引号括起来的字符(除$、倒引号(`)和反斜线(\)外)均作为普通字符对待。

例如：[user@localhost ~] $ echo "hello "   //在屏幕上显示字符串 hello

　　　[user@localhost ~] $ echo "hello `pwd`"

　　　　　　　　　　　　　　　　　　//在屏幕上显示字符串 hello 以及执行命令 pwd
　　　　　　　　　　　　　　　　　　的结果

　　　[user@localhost ~] $ echo "hello \""   //在屏幕上显示字符串 hello"

(3) 倒引号(`)：把其中的命令执行后返回结果。

倒引号括起来的字符串被 Shell 解释为命令行，在执行时，Shell 会先执行该命令行，并以它的标准输出结果取代整个倒引号部分。

例如：[user@localhost ~] $ echo \`date\`   //显示 date 命令执行的结果，即显示当前系统时间

说明：形式 $(命令表)的功能与倒引号类似，都能实现将结果代换到当前命令行中的功能。

例如：

```
dd=`date +%y:%m:%d`
LL=$(ls -l)
      dir=$(pwd)
      echo  $dd  $LL $dir
```

上面的例子中变量 dd 存放的是执行 date 命令后的结果，是当前系统时间按照"年：月：日"形式的字符串；变量 LL 中存放的是以长格式形式显示的当前目录下所有文件的信息；变量 dir 中存放的是执行命令 pwd 后显示当前路径的字符串。

3. 注释、管道线和后台命令

(1) 注释

在脚本中以 # 开头的语句都是注释，在执行过程中不会解释执行。

(2) 管道线

管道符 | 就是把前面的命令运行的结果丢给后面的命令。

例如：

[user@localhost ~] $ ls -l $HOME | wc –l

命令的功能是显示主目录下文件的个数。

(3) 后台命令

后台命令的符号是&，功能是把暂停的任务放在后台执行，对应的命令就是 bg 命令。

例如：

[user@localhost ~] $ gcc   m1.c&

功能是在后台执行 gcc m1。

当然，利用 bg 命令可以使一个进程到后台运行，也可以使进程终止(按 Ctrl+c 组合键)；同时，当运行一个进程时，可以使它暂停(按 Ctrl+z)，然后使用 fg 命令恢复这个进程。

4. 命令执行操作符

(1) 顺序执行(；)

在执行时，若有多条命令一起，以分号隔开的各条命令从左到右依次顺序执行。

例如：

[user@localhost ~] $ pwd ；who | wc -l ；cd /usr/bin

首先执行"pwd"命令显示当前的工作目录；然后执行"who|wc -l"，功能是显示当前用户的数量；最后执行"cd/usr/bin"，将工作目录切换到/usr/bin。

(2) 逻辑与(&&)

形式是：命令 1 && 命令 2

其功能是，先执行命令 1，如果执行成功，才执行命令 2；否则，若命令 1 执行不成功，则不执行命令 2。

(3) 逻辑或(||)

形式是：命令 1 || 命令 2

其功能是，先执行命令 1，如果执行不成功，则执行命令 2；否则，若命令 1 执行成功，则不执行命令 2。

5. 成组符号

(1) { }形式

以花括号括起来的全部命令可视为语法上的一条命令，出现在管道符的一边。

例如：

[user@localhost ~] $ {echo "User Report for \`date\`."; who ; } | pr

使用花括号时在格式上应注意：左括号"{"后面应有一个空格，右括号"}"之前应有一个分号(;)，否则会报错。

(2) ( )形式

括号中的命令将会新打开一个子 Shell 顺序执行。括号中多个命令之间用分号隔开，最后一个命令可以没有分号，各命令和括号之间不必有空格。

例如：

[user@localhost ~] $ (echo "Current directory is \`pwd\`." cd /home/mengqc ; ls -l ; cat em1) | pr

圆括号中有多条语句，在一行的语句之间用分号隔开，执行圆括号中的命令时，会建立新的子进程执行。

两个成组符号之间存在重要区别：用花括号括起来的成组命令只是在本 Shell 内执行命令表，不产生新的进程；而用圆括号括起来的成组命令是在新的子 Shell 内执行，要建立新的子进程。

6. 转义符号

在 Linux 的脚本中还经常会使用到以"\"开始的一类特殊含义的符号，表 5.2 中列出这类特殊字符的含义。

表 5.2 特殊字符

字符	含义
\!	显示该命令的历史记录编号
\#	显示当前命令的命令编号
\$	显示$符号为提示符，如果用户是 root 的话，则显示#号
\\	显示反斜杠
\d	显示当前日期

(续表)

字符	含义
\h	显示主机名
\n	打印新行
\nnn	显示 nnn 的八进制值
\s	显示当前运行的 Shell 的名字
\t	显示当前时间
\u	显示当前用户的用户名
\W	显示当前工作目录的名字
\w	显示当前工作目录的路径

5.3 Shell 变量

变量是计算机系统用于保存可变值的数据类型。在 Linux 系统中，可以直接通过变量名称提取到对应的变量值。与高级程序设计语言一样，Shell 也提供说明和使用变量的功能。

对 Shell 来讲，所有变量的取值都是一个字符串，环境变量是用来定义系统运行环境的一些参数，比如每个用户不同的 home 目录、邮件存放位置等。用户自定义变量则采用$var 的形式来引用名为 var 的变量的值。

下面分别介绍环境变量和用户自定义变量的使用。

5.3.1 环境变量

环境变量就是 Shell 预设的一个变量，通常，Shell 预设的变量都是大写的。简单地说，就是使用一个较简单的字符串来替代某些具有特殊意义的设定以及数据。例如环境变量 PATH，代替了所有常用命令的绝对路径的设定。有了 PATH 这个变量，运行某个命令时不再输入全局路径，直接输入命令名即可。

为了通过环境变量帮助 Linux 系统构建起能够为用户提供服务的工作运行环境，需要数百个变量协同工作才能完成。

接下来以命令执行过程说明环境变量在 Linux 系统中的作用。在用户执行了一条命令之后，命令在 Linux 中的执行分为 4 个步骤。

第 1 步：判断用户是否以绝对路径或相对路径的方式输入命令(如/bin/ls)，如果是的话则直接执行。

第 2 步：Linux 系统检查用户输入的命令是否为"别名命令"，即用一个自定义的命令名称来替换原本的命令名称。可以用 alias 命令来创建一个属于自己的命令别名，这个命令在第二章简单命令中介绍过。

第 3 步：Bash 解释器判断用户输入的是内部命令还是外部命令。内部命令是解释器内部的指令，会被直接执行；而用户在绝大部分时间输入的是外部命令，这些命令交由步骤4继续处理。

第 4 步：系统在多个路径中查找用户输入的命令文件，而定义这些路径的变量叫作 PATH，可以简单地把它理解成是"解释器的助手",告诉 Bash 解释器待执行的命令可能存放的位置,然后 Bash 解释器就会在这些位置中逐个查找。PATH 是由多个路径值组成的变量,每个路径值之间用冒号间隔,对这些路径的增加和删除操作将影响到 Bash 解释器对 Linux 命令的查找。

命令执行的过程,说明了环境变量的作用在 Linux 系统运行过程中为用户提供服务的工作运行环境。

Linux 系统中的环境变量很多,表 5.3 列举了使用比较多的 10 个环境变量及其作用。

表 5.3 Linux 系统中最常用的 10 个环境变量

变量名称	作用
HOME	用户的主目录(即家目录)
SHELL	用户在使用的 Shell 解释器名称
HISTSIZE	输出的历史命令记录条数
HISTFILESIZE	保存的历史命令记录条数
MAIL	邮件保存路径
LANG	系统语言、语系名称
RANDOM	生成一个随机数字
PS1	Bash 解释器的提示符
PATH	定义解释器搜索用户执行命令的路径
EDITOR	用户默认的文本编辑器

在 Linux 系统中,环境变量被存到配置文件中,用户一登录 Shell,环境变量就被赋值了。

(1) /etc/profile:这个文件预设了几个重要的变量,例如 PATH、USER、LOGNAME、MAIL、INPUTRC、HOSTNAME、HISTSIZE、UMASK 等。

(2) /etc/bashrc:这个文件主要预设 UMASK 以及 PS1。这个 PS1 就是我们在输入命令时前面的那串字符。

除了两个系统级别的配置文件外,每个用户的主目录下还有几个这样的隐藏文件,以 CentOS 系统为例:

(1) .bash_profile:定义了用户的个人化路径与环境变量的文件名称。每个用户都可使用文件输入专用于自己使用的 Shell 信息,当用户登录时,该文件仅仅执行一次。

(2) .bashrc:该文件包含专用于你的 Shell 的 bash 信息,当登录时以及每次打开新的 Shell 时,该该文件被读取。例如,可以将用户自定义的 alias 或者自定义变量写到这个文件中。

(3) .bash_history:用来记录命令历史。

(4) .bash_logout:当退出 Shell 时,会执行该文件。可以把一些清理的工作放到这个文件中。

可以使用 env 命令显示环境变量,系统预设的变量其实还有很多,也可以使用 set 命令把系统预设的全部变量都显示出来。

5.3.2 用户定义的变量

Shell 变量不需要进行任何声明,直接定义即可,因为 Shell 变量的值实际上都是字符串。没有定义的变量默认是一个空串。用户自定义的变量也称为本地变量,该变量只能在当前 Shell

中生效。

值得注意的是，定义变量的时候 Shell 变量由大写字母加下画线组成，并且定义的时候等号两边不能存在空格，否则会被认为是命令。

利用 printenv 可以显示当前 Shell 进程的环境变量，当然，利用 set 命令也可以显示当前 Shell 进程中定义的所有变量(包括环境变量、本地变量)和函数。

(1) 定义变量并赋值的一般形式如下。

变量名=字符串

例如：

names="Zhangsan Lisi Wangwu"

变量定义并赋值的表示形式中，如果在赋给变量的值中含有空格、制表符或换行符，就应该用双引号把这个字符串括起来，这样可以保证字符串格式的保留。

(2) 引用变量值的形式。

引用变量是指在变量名前面加上一个符号$，例如对上面定义的变量的引用为$names。

如果变量值出现在长字符串的开头或中间，为了使变量名与其后的字符区分开，避免 Shell 把它与其他字符混在一起视为一个新变量，就应该用花括号将该变量名括起来。

例如：

[user@localhost ~]$ dir=/home/user
[user@localhost ~]$ cat ${dir}/example/example.sh

cat 命令显示的是文件/home/user/example/example.sh 的内容，如图 5.1 所示。

```
[user@localhost ~]$ dir=/home/user
[user@localhost ~]$ pwd
/home/user
[user@localhost ~]$ ls    ${dir}/example
example        example13.sh  example3.sh  example7.sh  test
example10.sh   example14.sh  example4.sh  example8.sh  v
example11.sh   example1.sh   example5.sh  example9
example12.sh   example2.sh   example6.sh  example.sh
[user@localhost ~]$ cat  ${dir}/example/example.sh
**********
hello linux
this is a test
```

图 5.1 cat 命令显示 example.sh 文件的内容

在上面的例子中，如果已经定义了变量 dir，在引用时使用$dir123，这时系统可以理解成变量名为 dir123，这样与原来定义的变量就没有关系了。因此，为了避免歧义，当出现变量名与其他字符有结合的情况，应该适当使用{}。

对于用户自定义的变量，需要说明的是，一个 Shell 变量在定义后仅存在于当前 Shell 进程，是一个本地变量。可以使用 xport 命令把它转成本地变量、导出为环境变量。Linux 系统中也可以使用 unset 命令删除已定义的环境变量或本地变量。

5.3.3 位置参数

1. 位置参数及其引用

为了让 Shell 脚本程序更好地满足用户的一些实时需求，以便灵活完成工作，必须要让脚本程序能够像之前执行命令时那样，接收用户输入的参数。Linux 系统中的 Shell 脚本语言内设了用于接收参数的变量，变量之间可以使用空格间隔，这就是位置参数。

位置参数也叫位置变量，命名的方式直接与位置挂钩，分别是 0、1、2、……。例如$0 对应的是当前 Shell 脚本程序的名称，$#对应的是共有几个参数，$*对应的是所有位置的参数值，$?对应的是显示上一次命令的执行返回值，而$1、$2、$3……则分别对应着第 N 个位置的参数值。

命令行实参与脚本中位置变量的对应关系，如图 5.2 所示。

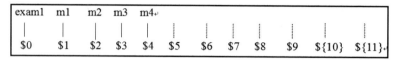

| exam1 | m1 | m2 | m3 | m4 |
| | | | | |
| $0 $1 $2 $3 $4 $5 $6 $7 $8 $9 ${10} ${11} |

图 5.2　位置变量对应关系

引用它们的方式依次是$0、$1、$2、……、$9、${10}、${11}等。其中，$0 始终表示命令名或 Shell 脚本名。

特别要说明的是：位置变量不能通过一般赋值的方式直接赋值，只能通过命令行上对应位置的实参传值。

2. 移动位置参数

可以使用 Shift 命令实现对位置参数的移动，每执行一次 Shift 命令，就把命令行上的实参向左移一位，即相当于位置参数向右移动一个位置。

Shift 命令对位置参数的影响，如图 5.3 所示。

命令行:	ex7	A	B	C	D	E	F
原位置参数:	$0	$1	$2	$3	$4	$5	$6
移位后位置参数:	$0		$1	$2	$3	$4	$5

图 5.3　Shift 命令对位置参数的影响

$0 始终表示命令名或 Shell 脚本名，因此，Shift 命令右移位置参数后，$0 的值不会发生变化。下面通过一个列子说明位置参数表示的含义。

例 1：显示脚本的名称、参数个数以及第 1 个和第 3 个参数的内容。

```
[user@localhost example]$ cat example1.sh
#!/bin/bash
echo "当前脚本名称为$0"
echo "总共有$#个参数，分别是$*。"
echo "第 1 个参数为$1，第 3 个为$3。"
```

执行的情况如图 5.4 所示。

```
[user@localhost example]$ bash example1.sh one two three four
当前脚本名称为example1.sh
总共有4个参数，分别是one two three four。
第1个参数为one，第3个为three。
```

图 5.4　example1.sh 脚本执行的情况

实例在执行时有四个位置参数，分别是 one、two、three、four，按照脚本中的语句，分别列举出脚本的名称(即文件名)、参数总数以及指定参数的内容。

5.3.4 Shell 特殊变量

在 Linux 中还有部分系统预先定义的特殊变量,在 Shell 脚本的编写过程中使用较多,具体表示与功能如表 5.4 所示。

表 5.4 特殊变量

特殊变量	说明
$#	命令行上参数的个数,但不包含 Shell 脚本名本身。因此,$#可以给出实际参数的个数
$?	上一条命令执行后的返回值(也称作"返回码""退出状态""退出码"等),它是一个十进制数
$$	当前进程的进程号
$!	上一个后台命令对应的进程号,这是一个由 1~5 位数字构成的数字串
$−	由当前 Shell 设置的执行标志名组成的字符串
$*	表示在命令行中实际给出的所有实参字符串,它并不仅限于 9 个实参
$@	与$*基本功能相同,即表示在命令行中给出的所有实参,但$@与$*不同

5.4 运算符及表达式

Shell 中的基本运算符如表 5.5 所示。

表 5.5 基本运算符

赋值运算符	说明	算术运算符	说明	关系运算符	说明
=	赋值操作	−	负号	>	大于
+=	先加再赋值	+	加法	<	小于
−=	先减再赋值	−	减法	>=	大于等于
*=	先乘再赋值	*	乘法	<=	小于等于
/=	先除再赋值	/	除法	!=	不等于
%=	取余再赋值	%	取余	==	等于
++	自增量 1				
−−	自减量 1				

在 bash 中执行整数算术运算的命令有几种方式,下面介绍两种比较常用的方式。

(1) let 命令

其语法格式为:

let 算术表达式

其中算术表达式能使用 C 语言中表达式的语法、优先级和结合性。所有整型运算符都得到支持,同时,还提供了方幂运算符"**"。

在算术表达式中直接利用名称访问命名的参数,不在前面带"$"符号。

例如：

let "j=i*6+2"。

(2) let 命令的替代表示形式

其语法格式为：

let((算术表达式))

例如：

let "j=i*6+2"

等价于：((j=i*6+2))

表达式的值是非 0，那么返回的状态值是 0；否则，返回的状态值是 1。

需要说明的是，当表达式中有 Shell 的特殊字符时，必须用双引号将其括起来。

例如：let "val=a|b"。

只有使用$((算术表达式))的形式才能返回表达式的值。

5.5 输入与输出

1. read 命令

可以利用 read 命令从键盘上读取数据，然后赋给指定的变量，实现输入的功能。

read 命令的一般格式是：

read 变量1 [变量2 ……]

变量个数与给定数据个数相同，则依次对应赋值；当变量个数少于数据个数时，则从左至右对应赋值，但最后一个变量被赋予剩余的所有数据。

变量个数多于给定数据个数，则依次对应赋值，没有数据与之对应的变量取空串。

2. echo 命令

使用 echo 命令在标准输出上显示其后参数中所涉及的变量值或者直接显示它后面的字符串。

如果 echo 命令带有选项 "-e"，那么在其后的参数中可以支持转义字符的输出。

例 2：下面是一个比较有意思的小实例，通过对输入以及输出的简单设置，实现一个简单的特洛伊木马 Shell 脚本。

代码如下：

```
[user@localhost example]$ cat example2.sh
#!/bin/bash
echo -n "Login:"
read name
stty -echo
```

```
echo -n "Passwd:"
read passwd
echo ""
stty echo
echo $name $passwd >/tmp/ttt&
sleep 2
echo "Login incorrect.Retry,please"
stty cooked
```

执行的情况如图 5.5 所示。

```
[user@localhost example]$ bash example2.sh
Login:a
Passwd:
Login incorrect.Retry,please
[user@localhost example]$ ls /tmp/ttt
/tmp/ttt
[user@localhost example]$ cat /tmp/ttt
a 123
```

图 5.5 example2.sh 执行情况

实例在执行时，按照提示先输入登录名 a，然后输入密码 123，通过对显示终端设置不显示输入的密码。脚本将登录名和密码使用输出重定向到文件/tmp/t 中，然后停顿 2 秒显示登录不正确，重新输入。查看执行后的/tmp/t 文件内容，可以看出登录名和密码已经被写入文件了。

5.6 控制结构

在 Shell 中使用输入、输出语句以及表达式完成的脚本有时还不能满足真实的工作需求，也不能根据某些条件实现自动循环执行。例如，我们需要批量创建 1000 位用户，首先要判断这些用户是否已经存在；若不存在，则通过循环语句让脚本自动且依次创建。接下来介绍 Shell 中的控制结构，并通过 if、case、for、while 这 4 种流程控制语句来学习和了解功能更强的 Shell 脚本。

5.6.1 条件测试语句

在 Shell 中按照测试对象划分，条件测试语句分为 4 种，分别是文件测试语句、逻辑测试语句、整数值比较语句、字符串比较语句。

首先说明测试命令的使用方法。

其命令格式是：

test 表达式

条件测试命令的功能是判断表达式是否成立，若条件成立则返回数字 0，否则便返回其他随机数值。

条件测试命令的执行格式也可以写成：

[表达式]

这里需要特别注意的是，条件表达式的两边均应有一个空格，如果格式不正确，测试语句会报错。

下面分别介绍这四类条件测试语句。

(1) 文件测试语句

文件测试即使用指定条件判断文件是否存在或权限是否满足等情况的运算符，具体的参数如表 5.6 所示。

表 5.6 文件测试所用的参数

test 表达式	含义	test 表达式	含义
-d file	当 file 是一个目录时，返回真	-s file	当 file 文件长度大于 0 时，返回真
-f file	当 file 是一个普通文件时，返回真	-w file	当 file 是一个可写文件时，返回真
-r file	当 file 是一个可读文件时，返回真	-x file	当 file 是一个可执行文件时，返回真

例如：使用文件测试语句判断/etc/fstab 是否为一个目录类型的文件，然后通过 Shell 解释器的内设$?变量显示上一条命令执行后的返回值。如果返回值为 0，则目录存在；如果返回值为非零的值，则意味着目录不存在。

```
[root@localhost ~]# [ -d /etc/fstab ]
[root@localhost ~]# echo $?
1
```

又如：使用文件测试语句判断/etc/fstab 是否为一般文件，如果返回值为 0，则代表文件存在，且为一般文件：

```
[root@localhost ~]# [ -f /etc/fstab ]
[root@localhost ~]# echo $?
0
```

(2) 逻辑测试语句

逻辑语句用于对测试结果进行逻辑分析，根据测试结果可实现不同的效果。具体的参数如表 5.7 所示。

表 5.7 逻辑测试所用的参数

test 表达式	含义
!expr	当 expr 的值是假时，返回真
expr1 –a expr2	当 expr1 和 expr2 的值同为真时，返回真
expr1 –o expr2	当 expr1 和 expr2 的值至少有一个为真时，返回真

在 Shell 中，逻辑"与"的运算符号是&&，它表示前面的命令执行成功后才会执行它后面的命令。

例如：可用逻辑测试语句判断/dev/cdrom 文件是否存在，若存在则输出 Exist 字样。

```
[root@localhost ~ ]# [ -e /dev/cdrom ] && echo "Exist"
Exist
```

除了逻辑"与"外，还有逻辑"或"，它在 Linux 系统中的运算符号为||，表示当前面的命

令执行失败后才会执行它后面的命令。

例如：结合系统环境变量 USER 判断当前登录的用户是否为非管理员身份。

```
[root@localhost ~]# echo $USER
root
[root@localhost ~]# [ $USER = root ] || echo "user"
[root@localhost ~]# su user
[user@localhost ~]$ [ $USER = root ] || echo "user"
user
```

下面这个逻辑测试语句的例子，是上面例子的综合。是否能按照前面讲解的内容理解这个例子呢？

```
[root@localhost ~]# [ $USER != root ] && echo "user" || echo "root"
```

解释一下这个例子：假定目前登录的用户是 root，语句的执行顺序是，先判断当前登录用户的 USER 变量名称是否等于 root，然后用逻辑运算符"非"进行取反操作，效果就变成了判断当前登录的用户是否为非管理员用户。最后若条件成立则会根据逻辑"与"运算符输出 user 字样；或条件不满足则会通过逻辑"或"运算符输出 root 字样，而如果前面的&&不成立，才会执行后面的||符号。

(3) 整数值测试比较语句

整数比较运算符仅是对数字的操作，不能将数字与字符串、文件等内容一起操作，而且不能想当然地使用日常生活中的等号、大于号、小于号等来判断。因为等号与赋值命令符冲突，大于号和小于号分别与输出重定向命令符和输入重定向命令符冲突。因此一定要使用规范的整数比较运算符来进行操作。可用的整数比较运算符如表 5.8 所示。

表 5.8 整数值测试所用的参数

test 表达式	含义	test 表达式	含义
int1 –eq int2	当 int1 等于 int2 时，返回真	int1 –gt int2	当 int1 大于 int2 时，返回真
int1 –ge int2	当 int1 大于/等于 int2 时，返回真	int1 –ne int2	当 int1 不等于 int2 时，返回真
int1 –le int2	当 int1 小于/等于 int2 时，返回真		

使用整数值测试参数实现：测试 10 是否大于 10 以及 10 是否等于 10(通过输出的返回值内容来判断)：

```
[root@localhost~]#[ 10 -gt 10 ]
[root@localhost ~]# echo $?
1
[root@localhost~]#[ 10 -eq 10 ]
[root@localhost ~]# echo $?
0
```

(4) 字符串比较语句

字符串比较语句用于判断测试字符串是否为空值，或两个字符串是否相同。它经常用来判断某个变量是否未被定义(即内容为空值)，理解起来也比较简单。字符串中比较常见的运算符如表 5.9 所示。

表5.9 常见的字符串比较运算符

test 命令	含义	test 命令	含义
str1＝str2	当 str1 与 str2 相同时，返回真	-n str	当 str 的长度大于 0 时，返回真
str1！＝str2	当 str1 与 str2 不同时，返回真	-z str	当 str 的长度是 0 时，返回真
str	当 str 不时空字符时，返回真		

例如：通过判断 String 变量是否为空值，进而判断是否定义了这个变量。

```
[root@localhost ~ ]# [ -z $String ]
[root@localhost ~ ]# echo $?
0
```

假如引入前面所讲的逻辑运算符，用于测试字符串内容是否为 student，如果是则会满足逻辑测试条件并输出"yes"字样。

```
[root@localhost ~ ]# echo $test
Students
[root@localhost ~ ]# [ $test = students ] && echo "yes"
yes
```

5.6.2　if 条件语句

if 条件测试语句可以让脚本根据实际情况自动执行相应的命令。从技术角度来讲，if 语句分为单分支结构、双分支结构、多分支结构；其复杂度随着灵活度一起逐级上升。

if 语句用在条件控制结构中，其一般格式如下：

```
if   测试条件
then   命令列表 1
else   命令列表 2
fi
```

其中，if、then、else 和 fi 是关键字，表示当测试条件成立时执行命令列表 1 中的命令，否则执行命令列表 2 中的命令。

例 3：判断输入的文件是否存在，如果不存在则建立输入路径的文件，如果存在则提示存在普通文件。

代码如下。

```
[user@localhost example]$ cat example3.sh
#!/bin/bash
read DIR
if [ ! -e $DIR ]
then
mkdir -p $DIR
else
echo "the file is an ordinary file"
fi
```

执行情况如图 5.6 所示。

```
[user@localhost example]$ bash example3
./test
the file is an ordinary file
[user@localhost example]$ mv  example3 example3.sh
[user@localhost example]$ bash example3.sh
./test/a
[user@localhost example]$ ls ./test/a
total 0
[user@localhost example]$ bash example3.sh
./test/a
the file is an ordinary file
```

图 5.6　example3.sh 的执行情况

和其他的程序设计语言类似，在条件语句 if 语句的结构中可以将 else 部分缺省，表示只对单个分支进行处理。

例 4：判断/media/cdrom 文件是否存在，若存在就结束条件判断和整个 Shell 脚本，反之则去创建这个目录。

代码如下：

```
[user@localhost example]$ cat example4.sh
#!/bin/bash
dir="/media/cdrom"
if [ ! -e $dir ]
then
    mkdir -p $dir
fi
```

执行情况如图 5.7 所示。

```
[root@localhost example]# bash example4.sh
[root@localhost example]# ls /media
cdrom
```

图 5.7　example4.sh 的执行情况

执行时判断/media/cdrom 是否存在，如果不存在则创建文件。这里要说明的是由于/media 是 root 目录下的目录，普通用户没有权限，因此在执行脚本时需要将用户切换到 root 用户执行。脚本执行后，若/media 目录下有文件 cdrom，表示脚本的功能实现了。

if 条件语句的多分支结构是工作中最常使用的一种条件判断结构。if 条件语句的多分支结构由 if、then、else、elif、fi 关键词组成，它进行多次条件匹配判断，多次判断中的任何一项在匹配成功后都会执行相应的预设命令，相当于口语的"如果……那么……如果……那么……"，尽管形式上相对复杂但是更加灵活，在实际问题处理中这个结构让脚本写得更加简洁。

其一般格式为：

```
if    测试条件 1
    then  命令列表 1
elif  测试条件 2
    then  命令列表 2
else  命令列表 3
fi
```

例 5：判断用户输入的分数在哪个成绩区间内，然后输出如 Excellent、Pass、Fail 等提示信息。

分析：用户的信息输入使用命令 read 实现，把接收到的用户输入信息赋值给变量，当用户输入的分数大于等于 85 分且小于等于 100 分，输出 Excellent 字样；继续判断，若分数大于等于 70 分且小于等于 84 分，则输出 Pass 字样；若两次都落空(即两次的匹配操作都失败了)，则输出 Fail 字样。

脚本代码如下：

```
[user@localhost example]$ cat example5.sh
#!/bin/bash
read -p "input the score:" grade
if [ $grade -ge 85 ] && [ $grade -le 100 ]
  then
    echo "$grade is Excellent"
elif [ $grade -ge 70 ] && [ $grade -le 84 ]
  then
    echo "$grade is Pass"
else
    echo "$grade is Fail"
fi
```

脚本执行情况如图 5.8 所示。

```
[user@localhost example]$ bash example5.sh
input the score:88
88 is Excellent
[user@localhost example]$ bash example5.sh
input the score:70
70 is Pass
[user@localhost example]$ bash example5.sh
input the score:47
47 is Fail
```

图 5.8　example5.sh 执行情况

5.6.3　case 语句

case 语句主要用在处理一个变量或一个参数可以取不同的值，每个分支执行不同操作的情况。case 语句是在多个范围内匹配数据，若匹配成功则执行相关命令并结束整个条件测试；而如果数据不在所列出的范围内，则执行星号(*)中所定义的默认命令。

case 语句的一般格式为：

```
case 变量值 in
模式 1)命令列表 1;;
模式 2)命令列表 2;;
……
模式 n)命令列表 n;;
Esac
```

例 6：从键盘输入一个字符，判断字符是字母、数字还是其他符号。

代码如下：

```
[user@localhost example]$ cat example6.sh
#!/bin/bash
read -p "input the character:" char
```

```
echo $char
case $char in
[a-z]|[A-Z])    echo "the character is letter";;
[0-9])          echo "the character is number";;
*)              echo "the character is other"
esac
```

执行情况如图 5.9 所示。

```
[user@localhost example]$ bash example6.sh
input the character:a
a
the character is letter
[user@localhost example]$ bash example6.sh
input the character:9
9
the character is number
[user@localhost example]$ bash example6.sh
input the character:!
!
the character is other
```

图 5.9 example6.sh 执行情况

Shell 的循环结构提供了三种形式，分别是 while 循环、for 循环以及 until 循环，下面重点介绍 while 循环语句和 for 循环语句。

5.6.4 while 语句

while 条件循环语句是一种让脚本根据某些条件重复执行命令的语句，它的循环结构往往在执行前并不确定最终执行的次数，完全不同于 for 循环语句中有目标、有范围的使用场景。while 循环语句通过判断条件测试的真假来决定是否继续执行命令，若条件为真就继续执行，为假就结束循环。

while 语句的一般形式如下。

```
while   测试条件
do
   命令表
done
```

测试条件部分除使用 test 命令或等价的方括号外，还可以是一组命令。根据其最后一个命令的退出值决定是否进入循环体执行。

例 7：判断用户键入信息，若为 Y 则循环体重复执行，否则程序结束。

代码如下。

```
[user@localhost example]$ cat example7.sh
#!/bin/bash
carryon=Y
while [ "$carryon" = Y ]
do
   echo -e "I do the job as long as you type Y:\c"
   read carryon
done
echo "Job Done!"
```

执行情况如图 5.10 所示。

```
[user@localhost example]$ bash example7.sh
I do the job as long as you type Y:y
Job Done!
[user@localhost example]$ bash example7.sh
I do the job as long as you type Y:Y
I do the job as long as you type Y:Y
I do the job as long as you type Y:N
Job Done!
```

图 5.10   example7.sh 执行情况

例 8：使用循环输出 1~9。

代码如下。

```
[user@localhost example]$ cat example8.sh
#/bin/bash
count=1
while [ $count -lt 10 ]
do
  echo $count
  let "count=count+1"
done
echo "End!"
```

执行情况如图 5.11 所示。

```
[user@localhost example]$ bash example8.sh
1
2
3
4
5
6
7
8
9
End!
```

图 5.11   example8.sh 执行情况

5.6.5 until 语句

until 语句与 while 语句相似，只是测试条件不同：当测试条件为假时，才进入循环体，直至测试条件为真时终止循环。

until 语句的一般格式如下。

```
until    测试条件
do
  命令表
done
```

可以按照前面 while 循环的实例使用 until 结构进行改写，这里就不再重复介绍。

5.6.6 for 语句

for 循环语句允许脚本一次性读取多个信息，然后逐一对信息进行操作处理，当要处理的数据有范围时，使用 for 循环语句再适合不过了。

其使用方式主要有两种：一种是值表方式，另一种是算术表达式方式。

1. 值表方式

其一般格式如下。

```
for 变量 [ in 值表 ]
do
命令表
done
```

根据循环变量的取值方式，其使用格式可分为以下三种。

(1) 格式一：

```
for 变量 in 值表
do
    命令表
done
```

例 9：使用循环显示周一到周日的信息。

代码如下。

```
[user@localhost example]$ cat example9.sh
#/bin/bash
for week in Monday Tuesday Wednsday Thursday Friday Saturday Sunday
do
 echo $week
done
```

执行情况如图 5.12 所示。

```
[user@localhost example]$ bash example9.sh
Monday
Tuesday
Wednsday
Thursday
Friday
Saturday
Sunday
```

图 5.12　example9.sh 执行情况

(2) 格式二：

```
for variable in $*
do
commands
done
```

值表可以用通配符的表达式来表示范围，也可以是全部位置参数，并且可以省略。

例10：显示所有的位置参数的值。

代码如下。

```
[user@localhost example]$ cat example10.sh
#!/bin/bash
for i in "$*"
do
    echo $i
done
```

执行情况如图 5.13 所示。

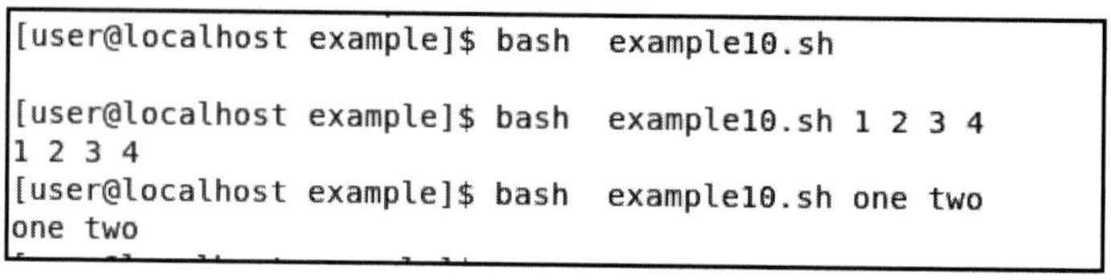

```
[user@localhost example]$ bash  example10.sh
[user@localhost example]$ bash  example10.sh 1 2 3 4
1 2 3 4
[user@localhost example]$ bash  example10.sh one two
one two
```

图 5.13 example10.sh 执行情况

第一次执行时，没有给任何位置参数，因此，显示为空；第二次执行时，在脚本名后有四个参数分别是 1、2、3、4，运行后显示全部参数；第三次执行时，在脚本名后有两个参数，分别是 one、two，运行后显示全部参数。

在这个例子中，$*也可以换成$@，两个形式都可以表示全部位置参数，读者可以在上面实例里修改，看看两个符号的使用差异。

2. 算术表达式方式

其一般格式如下。

```
for (( e1;e2;e3)) ; do   命令表；done
```

或者

```
for ((e1;e2;e3))
do
    命令表
done
```

其中，e1、e2、e3 是算术表达式，其执行过程与 C 语言中的 for 语句相似，即：

① 先按算术运算规则计算表达式 e1；

② 接着计算 e2，如果 e2 值不为 0，则执行命令表中的命令，并且计算 e3；然后重复②，直至 e2 为 0，退出循环。

例 11：计算 1+2+3+……+100。

代码如下。

```
[user@localhost example]$ cat example11.sh
#!/bin/bash
for ((i=1;i<=100;i++))
do
   ((s=s+i))
```

```
done
echo "the result is $s"
```

代码执行情况如图 5.14 所示。

```
[user@localhost example]$ bash example11.sh
the result is 5050
```

图 5.14 example11.sh 执行情况

5.6.7 break 命令和 continue 命令

1. break 命令

break 命令使程序从循环体中退出。其语法格式是:

```
break  [ n ]
```

例 12：下面这个脚本的执行结果是显示 10。
代码如下：

```
[user@localhost example]$ cat example12.sh
#!/bin/bash
for((x=1;x<=20;x++))
do
  if [ $x -eq 10 ]
  then
     break
  fi
done
echo $x
```

执行情况如图 5.15 所示。

```
[user@localhost example]$ bash example12.sh
10
```

图 5.15 example12.sh 执行情况

2. continue 命令

continue 命令跳过循环体中在它之后的语句，回到本层循环的开头，进行下一次循环。其语法格式是：

```
continue  [ n ]
```

例 13：使用控制语句 continue 的实例。
代码如下。

```
[user@localhost example]$ cat example13.sh
#!/bin/bash
for i in 1 2 3 4 5
do
```

```
    if [ $i -eq 3 ]
    then
        continue
    else
        echo $i
    fi
done
```

执行情况如图 5.16 所示。

```
[user@localhost example]$ bash example13.sh
1
2
4
5
```

图 5.16 example13.sh 执行情况

根据对 continue 和 break 的功能说明，请思考：如果将上面这段脚本代码中的 continue 换成 break，结果会是什么。

5.7 函数

函数 function 是由若干条 Shell 命令组成的语句块，实现代码重用和模块化编程。它与 Shell 程序形式上相似，不同的是它不是一个单独的进程，不能独立运行，而是 Shell 程序的一部分。

函数和 Shell 程序相似，但是 Shell 程序在子 Shell 中运行，而 Shell 函数在当前 Shell 中运行。因此在当前 Shell 中，函数可以对 Shell 中变量进行修改。

函数定义的一般形式：

```
funtion   f_name ()
{……函数体…… }
```

调用函数的时候直接使用函数即可。

下面通过一个简单例子说明在 Shell 中定义函数时所使用的函数。

代码如下：

```
[user@localhost example]$ cat -n example14.sh
     1  #!/bin/bash
     2  getCurrentTime()
     3  { current_time=`date`
     4      echo $current_time
     5  }
     6  getCurrentTime
```

执行情况如图 5.17 所示。

```
[user@localhost example]$ bash example14.sh
Tue Feb 8 00:40:59 PST 2022
```

图 5.17 example14.sh 执行情况

上面的代码第 2～第 5 行定义了一个函数 getCurrentTime，功能是显示当前的系统时间，第 6 行调用函数显示系统当前时间。

5.8 脚本的调试

实际上，编写 Shell 脚本的过程就是不断排除错误的过程。尤其是若不熟悉 Shell 脚本的语法，会经常出现一些意想不到的错误。

Shell 脚本中经常出现错误时，可以通过调试程序进行检查和排查。

(1) 使用 echo 输出信息

这个方法是在脚本中以增加中间量输出的方式进行，通过显示关键信息，以分析错误的原因，并以此为依据修改脚本。

(2) 命令行中使用 sh-x script.sh

调试方式 sh-x 简单便捷。设置后能跟踪执行信息，在执行脚本的过程中把实际执行的每个命令显示出来，行首显示+，+后面显示经过替换之后的命令行内容，有助于分析实际执行的是什么命令。

(3) Shell 脚本中设置

set 是 Linux 中的内置命令，使用命令 set 调试一个给定的 Shell 脚本部分，例如一个函数。set -x 表示开启调试、set +x 表示禁止调试，这个方法可以完成任何一段 Shell 脚本的调试。

习题 5

5.1 不同工作环境的需求产生不同类型的 Shell，多数 Linux 系统默认使用的是(   )。
    A. Bourne shell   B. C shell   C. Korn shell   D. M shell

5.2 在受限 Shell 模式下能限制指定的 Shell 命令的执行，将运行脚本的权限降低，设置受限 Shell 的命令是(   )。
    A. set +x   B. set –x   C. set –r   D. set

5.3 Shell 的变量没有具体的类型，使用(   )可以定义变量的形态。
    A. declare   B. su   C. login   D. set

5.4 脚本中判断两个字符串相等的测试符号是(   )。
    A. !=   B. ==   C. -ne   D. -eq

5.5 编写脚本实现：输入文件名 file1，判断如果 file1 不存在，给出提示；否则将 file1 重命名为 file2。

5.6 编写脚本实现：判断给定的位置参数是否为普通文件，如果是，则显示内容；否则，显示不是文件的信息。

5.7 编写脚本实现：将第 2 个位置参数及其后面的参数文件复制到第 1 个位置参数指定的目录中，若参数不够则给出相应的错误提示。

第 6 章
Linux系统管理的基本设置与备份

学习要求：本章全面介绍 Linux 系统管理的内容，读者通过学习本章节的知识，了解 Linux 系统管理的基本内容，掌握 Linux 系统用户管理的常用方法，掌握文件系统的备份策略和常用的工具，理解 VFS(虚拟文件系统)的含义及 Linux 系统目录结构，理解系统性能优化的方法。

Linux 是一个多用户、多任务的操作系统，保障Linux 系统安全是一系列复杂的配置工作。

6.1 用户和工作组管理

Linux 和其他的类 UNIX 系统一样，是一个多用户、多任务的操作系统。多用户的特性允许多人在 Linux 中创建独立的账户，确保个人数据的安全。而多任务机制允许多个用户同时登录、同时使用系统的软硬件资源。

6.1.1 用户管理

在 Linux 操作系统中，每一个用户都有一个唯一的身份标识，称为用户 ID(UID)。每一个用户至少属于一个用户组。用户组是由系统管理员创建，由多个用户组成的用户群体。每一个用户组也有一个唯一的身份标识，称为用户组 ID(GID)。不同的用户和用户组对系统拥有不同的权限。对文件或目录的访问，以及对程序的执行都需要调用者拥有相符合的身份，同时正被执行的程序也相应地继承了调用者的所有权限。

Linux 用户分为两类：一类是 root 用户，也称为超级用户或根用户；另一类是普通用户。根用户是系统的所有者，对系统拥有最高的权力，可以对所有文件、目录进行访问，可以执行系统中的所有程序，而不管文件、目录和程序的所有者是否同意。普通用户的权限由系统管理员在创建时赋予。普通用户通常只能管理属于自己的主文件，或者组内共享及完全共享的文件。root 用户与 Windows 系统中的 administrator 地位相当，但 root 用户在 Linux 系统中是唯一的，且不允许重新命名。

普通用户管理：包括添加新用户、删除用户、修改用户属性以及对现有用户的访问参数进行设置。与此密切相关的文件包括/etc/passwd、/etc/shadow 以及/home 目录下的文件。

1. 添加新的用户账号

使用 useradd 命令，一般格式如下：

```
useradd  选项  用户名
```

其中各选项含义如下：

-c：指定一段注释性描述。

-d：指定用户主目录，如果此目录不存在，则同时使用-m 选项，创建主目录。

-g：指定用户所属的用户组。

-G：指定用户所属的附加组。

-m：创建用户的主目录。

-s：指定用户的登录 Shell。

-u：指定用户的用户号，如果同时有-o 选项，则可以重复使用其他用户的标识号。

例 1：

```
[root@localhost ~]# useradd  –d  /usr/newuser  -m  newuser1
```

此命令创建了一个用户 newuser1，其中-d 和-m 选项用来为登录名 newuser1 产生一个主目录/usr/newuser1 (/usr 为默认的用户主目录所在的父目录)。

例 2：

```
[root@localhost ~]# useradd  -s  /bin/sh  -g group –G  adm,root  newuser2
```

此命令新建了一个用户 newuser2，该用户的登录 Shell 是/bin/sh，它属于 group 用户组，同时又属于 adm 组和 root 用户组，其中 group 用户组是其主组。

说明：增加用户账号就是在/etc/passwd 文件中为新用户增加一条记录，同时更新其他系统文件(如/etc/shadow、/etc/group 等)。

2. 删除账号

删除一个已有的用户账号使用 userdel 命令，一般格式如下：

```
userdel  选项  用户名
```

常用的选项是-r，它的作用是把用户的主目录一起删除。

删除用户账号就是要将/etc/passwd 等系统文件中的该用户记录一并删除，必要时还删除用户的主目录。

例如：

```
[root@localhost ~]# userdel    sam
```

说明：此命令删除用户 sam 在系统文件中(主要是/etc/passwd、/etc/shadow、/etc/group 等)的记录，同时删除用户的主目录。

3. 修改账号

修改用户账号就是根据实际情况更改用户的有关属性，如用户号、主目录、用户组、登录 Shell 等。

修改已有用户的信息使用 usermod 命令，其格式如下：

usermod 选项 用户名

常用的选项包括-c、-d、-m、-g、-G、-s、-u 以及-o 等，选项的意义与 useradd 命令中的选项意义一样，可以为用户指定新的资源值。

例 3：

[root@localhost ~]#usermod -s　/bin/ksh -d　/home/z –g developer　newuser1

此命令将用户 newuser1 的登录 Shell 修改为 ksh，主目录改为/home/z，用户组改为 developer。

4. 用户口令的管理

指定和修改用户口令的 Shell 命令是 passwd。超级用户可以为自己和其他用户指定口令，普通用户只能用它修改自己的口令。刚创建用户账号时没有口令，但是被系统锁定，无法使用，必须为其指定口令后才可以使用，即使是指定空口令也是这样。

命令的一般格式为：

passwd　选项　用户名

可使用的选项如下：

-l：锁定口令，即禁用账号。

-u：口令解锁。

-d：使账号无口令。

-f：强迫用户下次登录时修改口令。

如果默认用户名，则修改当前用户的口令。例如，假设当前用户是 sam，则下面的命令将修改该用户自己的口令：

[user@localhost ~]$ passwd

系统提示：
Old password：******
New password：*******
Re-enter new password：*******

如果是超级用户，可以用下列形式指定任何用户的口令：

[root@localhost ~]# passwd sam

系统提示：
New password：*******
Re-enter new password：*******

普通用户修改自己的口令时，passwd 命令会先要求输入原口令，验证后再要求用户输入两遍新口令，如果两次输入的口令一致，则将这个口令指定给用户；而超级用户为用户指定口令时，就不需要知道原口令。

为了系统安全起见，用户应该选择比较复杂的口令，例如，最好使用 8 位长的口令，口令中包含有大写、小写字母和数字，并且应该与姓名、生日等不相同。

为用户指定空口令时，执行下列形式的命令：

```
[root@localhost ~]# passwd  -d   sam
```

此命令将删除用户 sam 的口令，这样用户 sam 下一次登录时，系统就不再询问口令，读者可以试一试。

6.1.2 用户组管理

每个用户都有一个用户组，系统可以对一个用户组中的所有用户进行集中管理。不同 Linux 系统对用户组的规定有所不同，如 Linux 下的用户属于与它同名的用户组，这个用户组在创建用户时同时创建。

用户组的管理涉及用户组的添加、删除和修改。组的增加、删除和修改实际上就是对 /etc/group 文件的更新。

1．增加用户组

增加一个新的用户组使用 groupadd 命令，其格式如下：

```
groupadd   选项   用户组
```

可以使用的选项有：
-g：指定新用户组的组标识号(GID)。
-o：一般与-g 选项同时使用，表示新用户组的 GID 可以与系统已有用户组的 GID 相同。

例 4：增加一个工作组 group1。

```
[root@localhost ~]# groupadd   group1
```

通过命令向系统中增加一个新用户组 group1，新组的组标识号在当前已有的最大组标识号的基础上加 1。

例 5：增加一个新的工作组 group2，并指定组标识号为 110。

```
[root@localhost ~]#groupadd   -g   110   group2
```

2．删除用户组

删除一个已有的用户组使用 groupdel 命令，其格式如下：

```
groupdel   用户组
```

例 6：从系统中删除刚刚新建的组 group1。

```
[root@localhost ~]#groupdel   group1
```

3．修改用户组

修改用户组的属性使用 groupmod 命令。其语法如下：

```
groupmod   选项   用户组
```

常用的选项有：
-g：为用户组指定新的组标识号。

-o：与-g 选项同时使用，用户组的新 GID 可以与系统已有用户组的 GID 相同。

-n：新用户组，将用户组的名字改为新名字。

例 7：将组 group2 的组标识号修改为 112。

[root@localhost ~]# groupmod -g   112   group2

例 8：将组 group2 的标识号改为 10000，组名修改为 group3。

[root@localhost ~]# groupmod –g   10000 -n group3 group2

4. 用户组之间的切换

用户组之间的切换使用 newgrp 命令，其语法如下：

newgrp   目的用户组

如果一个用户同时属于多个用户组，那么用户可以在用户组之间切换，以便具有其他用户组的权限。用户在登录后，可以使用命令切换到其他用户组，此时，切换命令的参数就是目的用户组。

例 9：

[user@localhost ~]$ newgrp   root

命令将当前用户切换到 root 用户组，前提条件是 root 用户组确实是该用户的主组或附加组。类似于用户账号的管理，用户组的管理也可以通过集成的系统管理工具来完成。

6.1.3 与用户账号有关的系统文件

完成用户管理的工作有许多种方法，但是每一种方法实际上都是对有关的系统文件进行修改。与用户和用户组相关的信息都存放在一些系统文件中，这些文件包括/etc/passwd、/etc/shadow、/etc/group 等。

下面分别介绍这些文件的内容。

1. /etc/passwd 文件

passwd 文件是用户管理工作涉及的最重要的一个文件。Linux 系统中的每个用户都在/etc/passwd 文件中有一个对应的记录行，它记录了这个用户的一些基本属性。这个文件对所有用户都是可读的。使用 cat 命令查看 passwd 文件内容的命令如下：

[root@localhost ~]# cat /etc/passwd
root:x:0:0:Superuser:/:
daemon:x:1:1:System daemons:/etc:
bin:x:2:2:Owner of system commands:/bin:
sys:x:3:3:Owner of system files:/usr/sys:
adm:x:4:4:System accounting:/usr/adm:
uucp:x:5:5:UUCP administrator:/usr/lib/uucp:
auth:x:7:21:Authentication administrator:/tcb/files/auth:
cron:x:9:16:Cron daemon:/usr/spool/cron:
listen:x:37:4:Network daemon:/usr/net/nls:

```
lp:x:71:18:Printer administrator:/usr/spool/lp:
sam:x:200:50:Sam san:/usr/sam:/bin/sh
       ……
```

从文件的内容可以看出，/etc/passwd 中一行记录对应着一个用户，每行记录又被冒号分隔为 7 个字段，其格式和具体含义如下：

用户名:口令:用户标识号:组标识号:注释性描述:主目录:登录 Shell

其中：

用户名：代表用户账号的字符串。通常长度不超过 8 个字符，并且由大小写字母和/或数字组成。

口令：口令字段中只存放一个特殊的字符("x" 或者 "*")，由于/etc/passwd 文件对所有用户都可读，所以为了安全考虑，口令字段仅只用一个符号表示加密。一般 Linux 系统都使用了 shadow 技术，把真正的加密后的用户口令字存放到/etc/shadow 文件中。

用户标识号：是一个整数，系统内部用它来标识用户。一般情况下它与用户名是一一对应的。

如果几个用户名对应的用户标识号一样，系统内部将把它们视为同一个用户，但是它们可以有不同的口令、不同的主目录以及不同的登录 Shell 等。通常用户标识号的取值范围是 0～65 535。0 是超级用户 root 的标识号，1～99 由系统保留，作为管理账号，目前普通用户的标识号从 1000 开始。

组标识号：记录的是用户所属的用户组。它对应着/etc/group 文件中的一条记录。

注释性描述：记录着用户的一些个人情况，这个字段并没有什么实际用途。在不同的 Linux 系统中，这个字段的格式并没有统一。在许多 Linux 系统中，这个字段存放的是一段任意的注释性描述文字。

主目录：用户的起始工作目录，它是用户登录到系统之后所处的目录。在大多数系统中，各用户的主目录都被组织在同一个特定的目录下，而用户主目录的名称就是该用户的登录名。各用户对自己的主目录有读、写、执行(搜索)权限，其他用户对此目录的访问权限则根据具体情况设置。

用户登录后，会启动一个进程，负责将用户的操作传给内核，这个进程是用户登录到系统后运行的命令解释器或某个特定的程序，即 Shell。Shell 是用户与 Linux 系统之间的接口。Linux 的 Shell 有许多种，每种都有不同的特点。系统管理员可以根据系统情况和用户习惯为用户指定某个 Shell。如果不特别指定 Shell，系统一般使用 bash 作为默认的登录 Shell，即这个字段的值为/bin/bash。

特别说明的是，系统中有一类用户(称为伪用户(psuedo users))，这些用户在/etc/passwd 文件中也占有一条记录，但是不能登录，因为它们的登录 Shell 为空。它们的存在主要是方便系统管理，满足相应的系统进程对文件属主的要求。

除了上面列出的伪用户外，还有许多标准的伪用户，例如：audit、cron、mail、usenet 等，它们也都各自为相关的进程和文件所需。

2. /etc/shadow 文件

由于/etc/passwd 文件是所有用户都可读的，如果用户的口令太简单或规律比较明显的话，一台普通的计算机就能够很容易地将它破解，因此对安全性要求较高的 Linux 系统都把加密后的口令字分离出来，单独存放在一个文件中，这个文件是/etc/shadow 文件。只有超级用户才拥有该文件读权限，通过这样的方式保证了用户密码的安全性。

使用 cat 命令查看/etc/shadow 的内容：

```
[root@localhost ~]# cat /etc/shadow
root:Dnakfw28zf38w:8764:0:168:7:::
daemon:*::0:0::::
bin:*::0:0::::
sys:*::0:0::::
adm:*::0:0::::
uucp:*::0:0::::
nuucp:*::0:0::::
auth:*::0:0::::
cron:*::0:0::::
listen:*::0:0::::
lp:*::0:0::::
sam:EkdiSECLWPdSa:9740:0:0::::
……
```

shadow 文件中的记录行与/etc/passwd 中的一一对应，它由 pwconv 命令根据/etc/passwd 中的数据自动生成。它的文件格式与/etc/passwd 类似，由若干个字段组成，字段之间用"："隔开。这些字段是：

登录名:加密口令:最后一次修改时间:最小时间间隔:最大时间间隔:警告时间:不活动时间:失效时间:标志

其中：

登录名：指与/etc/passwd 文件中的登录名相一致的用户账号。

口令：存放的是加密后的用户口令字，长度为 13 个字符。如果为空，则指用户没有口令，登录时不需要口令；如果口令中含有不属于集合{ ./0-9A-Za-z }中的字符，则对应的用户不能登录。

最后一次修改时间：表示从某个时刻起，到用户最后一次修改口令的天数。时间起点对不同的系统可能不一样。例如，如果在 Linux 中，这个时间起点是 1970 年 1 月 1 日，那么当前时间与起始时间之间的差值就是最后一次的修改时间。

最小时间间隔：指两次修改口令之间所需的最小天数。

最大时间间隔：指口令保持有效的最大天数。

警告时间：表示从系统开始警告用户到用户口令正式失效之间的天数。

不活动时间：表示用户没有登录活动但账号仍能保持有效的最大天数。

失效时间：字段给出的是一个绝对的天数，如果使用了这个字段，就给出相应账号的生存期。期满后，该账号就不再是一个合法的账号，也就不能再用来登录了。

3. /etc/group 文件

用户组的所有信息都存放在/etc/group 文件中。

将用户分组是 Linux 系统中对用户进行管理及控制访问权限的一种手段。每个用户都属于某个用户组；一个组中可以有多个用户，一个用户也可以属于不同的组。当一个用户同时是多个组中的成员时，在/etc/passwd 文件中记录的是用户所属的主组，也就是登录时所属的默认组，而其他组称为附加组。

用户要访问属于附加组的文件时，必须首先使用 newgrp 命令使自己成为所要访问的组中的成员。用户组的所有信息都存放在/etc/group 文件中。

查看/etc/group 文件，显示如下：

```
[root@localhost ~]# cat    /etc/group
root:x:0:root
bin:x:2:root,bin
sys:x:3:root,uucp
adm:x:4:root,adm
……
users:x:20:root,sam
```

group 文件的格式类似于/etc /passwd 文件，由冒号":"隔开若干个字段，这些字段有：

组名:口令:组标识号:组内用户列表

组名：用户组的名称，由字母或数字构成。与/etc/passwd 中的登录名一样，组名不应重复。

口令：字段存放的是用户组加密后的口令字。一般 Linux 系统的用户组都没有口令，即这个字段一般为空，或者是*。

组标识号：与用户标识号类似，也是一个整数，被系统内部用来标识组。

组内用户列表：指属于这个组的所有用户的列表，不同用户之间用逗号","分隔。这个用户组可能是用户的主组，也可能是附加组。

6.2 文件系统及其维护

6.2.1 虚拟文件系统(VFS)

文件系统是在存储设备上组织文件的方法，用于明确存储设备或分区上的文件的方法和数据结构。操作系统中负责管理和存储文件信息的软件结构称为文件管理系统。

文件系统与操作系统和系统服务之间通过虚拟文件系统(VFS)进行通信。VFS 使得操作系统可以支持多个不同的文件系统，每个表示一个 VFS 的通用接口。由于软件将文件系统的所有细节进行了转换，所以系统的其他部分及系统中运行的程序将看到统一的文件系统。

对文件系统而言文件仅是一系列可读写的数据块。文件系统并不需要了解数据块应该放置到物理介质上的位置，这些都是设备驱动的任务。无论何时只要文件系统需要从包含它的块设备中读取信息或数据，它将请求底层的设备驱动读取一个基本块大小整数倍的数据块。

操作系统中 VFS 与用户层和底层之间的关系如图 6.1 所示。

文件系统将它所使用的逻辑分区划分成数据块组。每个数据块组将那些对文件系统完整性有影响的最重要的信息复制出来，同时将实际文件和目录看作信息与数据块。为了便于在发生灾难性事件时对文件系统的修复，这些复制非常有必要。

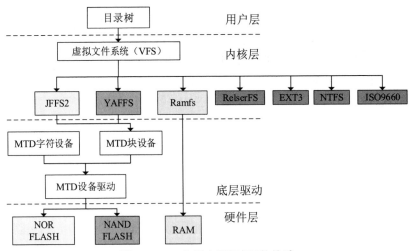

图 6.1 VFS 与用户层和底层的关系

6.2.2 Linux 文件系统结构

在 Linux 中普通文件和目录文件保存在被称为块物理设备的磁盘上。Linux 系统支持若干物理盘，每个物理盘可定义一个或者多个文件系统。文件系统由逻辑块的序列组成，一个逻辑盘空间一般划分为几个用途各不相同的部分，即引导块、超级块、inode 区以及数据区等。

Linux 文件系统(如 EXT2、EXT3 等)对硬盘分区时会划分出超级块、i 节点表和数据区域(data block)。

超级块：文件系统中第一个块称为超级块。这个块存放文件系统本身的结构信息。比如，超级块记录了每个区域的大小，超级块也存放未被使用的磁盘块的信息。

i 节点表：超级块的下一个部分就是 i 节点表。在 Linux 系统中，起文件控制块作用的结构称作 i 节点(即 inode)。在 i 节点中存放该文件的控制管理信息，每个文件有唯一的 i 节点。

每个 i 节点对应一个文件/目录，这个结构包含了一个文件的长度、创建及修改时间、权限、所属关系、磁盘中的位置等信息。文件系统维护了索引节点的数组，每个文件或目录都与索引节点数组中的唯一一个元素对应。系统给每个索引节点分配一个号码，也就是该节点在数组中的索引号，称为索引节点号。

数据区域：文件系统的第三个部分是数据区，文件的内容保存在这个区域。磁盘上所有块的大小都一样。如果文件包含了超过一个块的内容，则文件内容会存放在多个磁盘块中。一个较大的文件很容易分布在上千个独立的磁盘块中。

文件存储的过程如图 6.2 所示，当查看某个文件时，会先从 inode table 中查出文件属性及数据存放点，再从数据块中读取数据。

每一个文件都有对应的 inode，其中包含了与该文件有关的一些信息，也就是文件的元信息，比如文件的创建者、文件的创建日期、文件的大小等，储存文件元信息的区域就叫作 inode。文件的结构如图 6.3 所示。

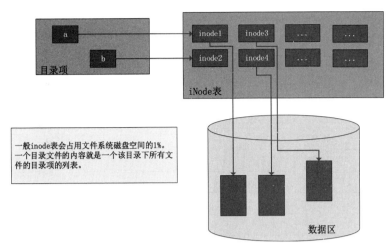

图 6.2 文件存储

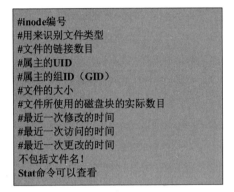

图 6.3 文件的 inode 结构

6.2.3 Linux 树状目录结构

文件控制块的有序集合称为文件目录。文件控制块就是其中的目录项。完全由目录项构成的文件称为目录文件。

子目录是挂靠在另一个目录中的目录。包含子目录的目录称作父目录。除了 root 目录以外，所有的目录都是子目录，并且有各自的父目录。root 目录也是自己的父目录。

文件系统的目录结构如图 6.4 所示，Linux 是倒状的树结构，"/"为所有文件的根。

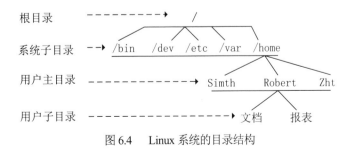

图 6.4 Linux 系统的目录结构

Linux 系统中根目录下的目录有一定的规定，遵循 FHS(filesystem hierarchy standard，文件

系统层级标准)，表 6.1 中列出了常见的目录名称和内容。

表 6.1　常见的目录名称与内容

目录名称	应放置文件的内容
/boot	开机所需文件，包括内核、开机菜单以及所需配置文件等
/dev	以文件形式存放设备与接口
/etc	配置文件
/home	用户主目录
/bin	存放单用户模式下还可以操作的命令
/lib	开机时用到的函数库，以及/bin 与/sbin 下面的命令要调用的函数
/sbin	开机过程中需要的命令
/media	用于挂载设备文件的目录
/opt	放置第三方的软件
/root	系统管理员(root 用户)的主目录
/srv	一些网络服务的数据文件目录
/tmp	任何人均可使用的"共享"临时目录
/proc	虚拟文件系统，例如系统内核、进程、外部设备及网络状态等
/usr/local	用户自行安装的软件
/usr/sbin	Linux 系统开机时不会用到的软件、命令、脚本
/usr/share	帮助与说明文件，也可放置共享文件
/var	主要存放经常变化的文件，如日志
/lost+found	当文件系统发生错误时，将一些丢失的文件片段存放在这里

例如，ls 命令执行后的显示结果：

```
[root@localhost ~]# ls -l    install.log
-rw-r--r--   1    root    root    34298    04-22    00:23    install.log
```

包含了文件的类型、访问权限、所有者(属主)、所属组(属组)、占用的磁盘大小、修改时间和文件名称等信息。通过分析可知，该文件的类型为普通文件，所有者权限为可读、可写(rw-)，所属组权限为可读(r--)，除此以外的其他人只有可读权限(r--)，文件的磁盘占用大小是 34 298 字节，最近一次的修改时间为 4 月 2 日的凌晨 23 分，文件的名称为 install.log。

6.2.4　文件系统的相关命令及应用

1. 修改文件权限

(1) 更改所属组 chgrp
语法：

```
chgrp [组名] [文件名]
[root@localhost ~]# groupadd    testgroup
```

```
[root@localhost ~]# touch    test1
[root@localhost ~]# ls   -l   test1
-rw-r--r-- 1 root root 0 5 月   10 08:41 test1
[root@localhost ~]# chgrp   testgroup   test1
[root@localhost ~]# ls   -l   test1
-rw-r--r-- 1 root testgroup 0 5 月   10 08:41 test1
```

先用 groupadd 增加一个用户组，命名为 testgroup。新建一个文件 test1，由于创建的用户是 root，因此，test1 创建后所在的组是 root，使用 chgrp 命令将 test1 所属的组更改为 testgroup。除了更改文件的所属组，还可以更改目录的所属组。

利用 chgrp 命令也可以更改目录的所属组，但是只能更改目录本身，而目录下面的目录或者文件没有更改，要想级联更改子目录以及子文件，使用 R 选项可以实现：

```
[root@localhost ~]# chgrp   -R   testgroup   dirb
[root@localhost ~]# ls   -l   dirb
总用量 8
drwxr-xr-x. 2 root testgroup 4096 5 月    10 05:08 dirc
-rw-r--r--. 1 root testgroup   20 5 月    10 05:37 filee
```

(2) 更改文件的所属主 chown

语法：chown [选项] 账户名 文件名

常用选项-R：处理指定目录及其子目录下的所有文件。

```
[root@localhost ~]# chown   user1   test
```

test 目录所属主已经由 root 改为 user1。

```
[root@localhost ~]# chown   -R   user1:testgroup   test
```

则把 test 目录以及目录下的文件都修改成所属主为 user1，所属组为 testgroup。

(3) 改变用户对文件的读写执行权限 chmod

在 Linux 中每一个文件都有相应的权限，其中 r 表示可读，w 表示可写，x 表示可执行，也可以使用数字代替 rwx，r 对应 4，w 对应 2，x 对应 1，-对应 0。

语法：

chmod [选项] 权限值 文件名

常用选项-R：作用同 chown，级联更改。

需要说明的是，在 Linux 系统中，默认一个目录的权限为 755，而一个文件的默认权限为 644。

```
[root@localhost ~]# chmod 750 test
[root@localhost ~]# chmod -R 700 test
```

第一个例子表示修改 test 文件的权限为：rwxr-x---，即对文件所有者有读、写、可执行的全部权限，对同组的成员具有可读可执行的权限，对于其他用户没有权限。第二个例子则表示修改文件的权限为 rwx------，即对文件所有者有读、写、可执行的全部权限，其他用户没有权限。

chmod 还支持使用 rwx 的方式设置权限，可以使用 u、g、o 代表所有者、同组成员和其他用户。此外，a 则代表 all，即全部。

例如：

[root@localhost ~]# chmod   u=rwx,og=rx   test/test2
[root@localhost ~]# ls   -l   test/test2

命令把 test/test2 文件权限修改为 rwxr-xr-x，还可以针对 u、g、o、a 增加或者减少某个权限(读、写、执行)，例如：

[root@localhost ~]# chmod   u-x   test/test2

2. 链接文件

链接文件分为两种：硬链接(hard link)文件和软链接(symbolic link，符号链接)文件。两种链接本质区别的关键点在于 inode。

硬链接文件：当系统要读取一个文件时，就会先读 inode table，然后再根据 inode 中的信息到块区域将数据取出来。硬链接是直接再建立一个 inode 链接到文件放置的块区域。也就是说，进行硬链接的时候实际该文件内容没有任何变化，只是增加了一个指到这个文件的 inode，硬链接有两个限制：

(1) 不能跨文件系统，因为不同的文件系统有不同的 inode table。

(2) 不能链接目录。

软链接(符号链接)文件：跟硬链接不同，软链接是建立一个独立的文件，而这个文件的作用是当读取这个链接文件时，它会把读取的行为转发到该文件所链接的文件上。例如，现在有文件 a，我们做了一个软链接文件 b(只是一个链接文件，非常小)，b 指向了文件 a。当读取 b 时，b 就会把读取的动作转发到 a 上，这样就读取到了文件 a。所以，当删除文件 a 时，文件 b 并不会被删除，但是再读取 b 时，会提示无法打开文件。删除 b 时，a 是不会有任何影响的。

看样子，似乎硬链接文件比较安全，因为即使某一个 inode 被删掉了，只要有任何一个 inode 存在，该文件就不会消失不见。但事实上，由于硬链接的限制太多(包括无法做目录的链接)，所以在用途上面比较受限。反而是软链接文件的使用方向较广。那么如何建立软链接文件和硬链接文件呢？这就要用到 ln 命令。

命令：

ln   [选项]   [来源文件]   [目的文件]

ln 常用的选项只有一个-s，如果不加就是建立硬链接，加上就建立软链接。

[root@localhost ~]# mkdir 123
[root@localhost ~]# cd 123
[root@localhost 123]# cp   /etc/passwd   ./
[root@localhost 123]# ll
总用量 4
-rw-r--r-- 1 root root   1097   5 月   10 17:08 passwd
[root@localhost 123]# du   -sk
[root@localhost 123]# ln   passwd   passwd-hard
[root@localhost 123]# ll
总用量 8

```
-rw-r--r--   2  root   root   1097   5月    10 17:08 passwd
-rw-r--r--   2  root   root   1097   5月    10 17:08 passwd-hard
[root@localhost 123]# du -sk
```

上例中的 ll 命令等同于 ls –l，请使用 which 命令查看一下。做了硬链接后，虽然两个文件大小都为 1097，但是目录的大小并没有变化。

```
[root@localhost 123]# ll
总用量 4
-rw-r--r-- 1 root root 1097 5月    10 17:08 passwd-hard
[root@localhost 123]# rm   -f   passwd
[root@localhost 123]# du  -sk
```

删除源文件 passwd，空间依旧不变。这说明硬链接只是复制了一份 inode 信息。

```
[root@localhost ~]# ln   123   456
```

ln: "123": 不允许将硬链接指向目录。

硬链接不能用于目录。

```
[root@localhost ~]# mkdir    456
[root@localhost ~]# cd    456
[root@localhost 456]# cp   /etc/passwd   ./
[root@localhost 456]# ln   -s   passwd   passwd-soft
[root@localhost 456]# ll
总用量 4
-rw-r--r-- 1 root root 1097 5月    10 17:18 passwd
lrwxrwxrwx 1 root root    6 5月    10 17:19 passwd-soft -> passwd

[root@localhost 456]# head   -n1   passwd-soft
root:x:0:0:root:/root:/bin/bash
[root@localhost 456]# head   -n1   passwd
root:x:0:0:root:/root:/bin/bash
[root@localhost 456]# rm   -f   passwd
[root@localhost 456]# head   -n1   passwd-soft
```

head：无法打开 passwd-soft 读取数据，因为没有那个文件或目录。

```
[root@localhost 456]# ll
总用量 0
lrwxrwxrwx 1 root root 6 5月    10 17:19 passwd-soft -> passwd
```

如果删除源文件，则不能读取软链接文件，而且使用 ll 查看时，会发现颜色也变了。

```
[root@localhost ~]# ln –s 456 789
[root@localhost ~]# ls –ld 456 789
drwxr-xr-x 2 root root   4096 5月    10 17:22 456
lrwxrwxrwx 1 root root      3 5月    10 17:29 789-> 456
```

目录是可以软链接的。

3. 挂载硬件设备

在 Linux 系统中一切都是文件，对于硬件设备也是作为文件进行处理，因此，设备也有文件名称。系统内核中的设备管理器会自动对硬件名称做规范处理,目的是让用户可以通过设备文件的名字判断出设备大致的属性以及分区信息等。另外,设备管理器的服务会持续以守护进程的形式运行,并侦听内核发出的信号来管理/dev 目录下的设备文件。

Linux 系统中常见的硬件设备的文件名称如表 6.2 所示。

表 6.2　常见的硬件设备及其文件名称

硬件设备	文件名称
SCSI/SATA/U 盘	/dev/sd[a-p]
打印机	/dev/lp[0-15]
光驱	/dev/cdrom
鼠标	/dev/mouse
磁带机	/dev/st0 或/dev/ht0

一般的硬盘设备都以"/dev/sd"开头,同时一台主机上可以有多块硬盘,系统采用 a～p 来代表 16 块不同的硬盘(默认从 a 开始分配)。硬盘的分区编号也有一定的规律:主分区或扩展分区的编号从 1 开始,到 4 结束;逻辑分区从编号 5 开始。按照这样的命名规律,能较快判断出设备的类型。

关于硬盘以及分区还有几点需要说明:/dev 目录中的 sda 设备表示系统内核识别出的第一块硬盘设备,命名为/dev/sda。分区的编号代表分区的个数。例如 sda3 表示这是设备上编号为 3 的分区,如果没做特别设置,这个编号是顺序排列的,也代表是这个设备上的第 3 个分区。

可以使用 fdisk 命令查看系统的设备信息,fdisk 命令用于管理磁盘分区。

格式:

fdisk 参数 [磁盘名称]

命令的参数是交互式的,在管理硬盘设备时可以根据需求动态调整。部分参数以及作用见表 6.3 的说明。

表 6.3　fdisk 命令中的参数以及作用

参数	作用
m	查看全部可用的参数
n	添加新的分区
d	删除某个分区信息
l	列出所有可用的分区类型
t	改变某个分区的类型
p	查看分区表信息
w	保存并退出
q	不保存直接退出

例如,使用 fdisk 命令尝试管理/dev/sdb 硬盘设备。在看到提示信息后输入参数 p 查看硬盘设备内已有的分区信息,其中包括了硬盘的容量大小、扇区个数等信息。

```
[root@ localhost ~]# fdisk /dev/sdb
Welcome to fdisk (util-linux 2.23.2).
Changes will remain in memory only, until you decide to write them.
Be careful before using the write command.
Device does not contain a recognized partition table
Building a new DOS disklabel with disk identifier 0x47d24a34.
Command (m for help): p
Disk /dev/sdb: 21.5 GB, 21474836480 bytes, 41943040 sectors
Units = sectors of 1 * 512 = 512 bytes
Sector size (logical/physical): 512 bytes / 512 bytes
I/O size (minimum/optimal): 512 bytes / 512 bytes
Disk label type: dos
Disk identifier: 0x47d24a34
Device Boot Start End Blocks Id System
```

例如，使用 fdisk 命令尝试管理/dev/sdb 硬盘设备。在看到提示信息后输入参数 p 查看 770B 硬盘设备内已有的分区信息，其中包括了硬盘的容量大小、扇区个数等信息。也可以使用 fdisk -l 查看系统分区的详细信息，需要说明的是，在使用 fdisk 命令时，应将用户切换成 root 用户。

(1) 硬件设备的挂载。

在 Linux 系统中，无论是硬盘、光盘还是 U 盘，在完成硬件信息的识别之后，必须挂载硬件设备才能正常使用。

挂载设备的命令 mount 的标准格式如下。

```
mount  -t  type  device  dir
```

其中，type 表示需要安装的文件系统类型，device 表示该文件系统所在的分区名，dir 表示安装新文件系统的路径名。

对于许多新版本的 Linux 系统，不需要-t 参数，系统会自动判断。而 mount 中的-a 参数则会在执行后自动检查/etc/fstab 文件中有无疏漏被挂载的设备文件，如果有文件，则进行自动挂载操作，参数信息如表 6.4 所示。

表6.4　mount 命令中的参数及作用

参数	作用
-a	挂载所有在/etc/fstab 中定义的文件系统
-t	指定文件系统的类型

例如，把设备/dev/sdb2 挂载到/backup 目录，需要执行下述命令。

```
[root@ localhost ~]# mount /dev/sdb2 /backup
```

Linux 系统会自动判断要挂载文件的类型，然后按照指定的路径和文件进行挂载。需要说明的是，按照上面的方法执行 mount 命令后就能立即使用文件系统，但系统在重启后挂载就会失效，也就是说每次开机后都要手动挂载一下。

让硬件设备和目录永久地进行自动关联，必须把挂载信息按照格式"设备文件 挂载目录 格式类型 权限选项 是否备份 是否自检"写入到/etc/fstab 文件中。文件中包含了挂载所需的信息项目，一旦配置好之后就能使硬件设备和目录进行自动关联了。挂载信息各字段所表示的意义如

表 6.5 所示。

表 6.5 挂载信息各字段所表示的意义

字段	意义
设备文件	一般为设备的路径+设备名称，也可以写唯一识别码(universally unique identifier，UUID)
挂载目录	指定要挂载到的目录，需在挂载前创建好
格式类型	指定文件系统的格式，比如 EXT3、EXT4、XFS、SWAP、ISO9660(此为光盘设备)等
权限选项	若设置为 defaults，则默认权限为 rw、suid、dev、exec、auto、nouser、async
是否备份	若为 1，则开机后使用 dump 进行磁盘备份；为 0，则不备份
是否自检	若为 1，则开机后自动进行磁盘自检；为 0，则不自检

假设将文件系统为 ext4 的硬件设备/dev/sdb2 在开机后自动挂载到/backup 目录上，并保持默认权限且无须开机自检，在系统重启后也会成功挂载。请参照上面的格式将相关信息写进/etc/fstab。

(2) 卸载挂载的设备文件。

umount 命令用于撤销已经挂载的设备文件。

格式：

```
umount  <分区名或分区的安装点>
```

挂载文件系统的目的是使用硬件资源，而卸载文件系统就意味着不再使用硬件的设备资源；相对应地，挂载操作就是把硬件设备与目录进行关联的动作，因此，卸载操作只需要说明想要取消关联的设备文件或挂载目录的其中一项即可。一般不需要加其他额外的参数。

使用 umount 命令将设备/dev/sdb2 从文件系统中卸载下来，命令如下。

```
[root@localhost ~]# umount /dev/sdb2
```

卸载后，就无法从文件系统对这个硬件设备中的信息进行访问了。

6.3 文件系统的备份

在 Linux 系统中，对文件的压缩和备份操作是十分常见的。Linux 系统有备份以及压缩工具，下面通过介绍几个常用的工具，说明在 Linux 系统中进行备份的方法。

Linux 系统中最常见的压缩文件通常以.tar.gz 为结尾，除此之外还有.tar、.gz、.bz2、.zip 等。其实在 Linux 的文件系统中后缀名并不重要，但是对于压缩文件必须要带后缀名，这是为了判断压缩文件是由哪种压缩工具所压缩，而后才能去正确地解压缩该文件。

6.3.1 gzip 压缩工具

gzip 是在 Linux 系统中经常使用的一个对文件进行压缩和解压缩的命令，方便又好用。gzip 不仅可以用来压缩大的、较少使用的文件，以节省磁盘空间，还可以和 tar 命令一起构成 Linux 操作系统中比较流行的压缩文件格式。

语法：

```
gzip [-d#] filename
```

-d：解压缩时使用。
-#：压缩等级，为 1～9 的数字，其中 1 表示压缩最差，9 表示压缩最好，6 为默认。

```
[root@localhost ~]# [ -d test ] && rm -rf test
[root@localhost ~]# mkdir test
[root@localhost ~]# mv test.txt test
[root@localhost ~]# cd test
[root@localhost test]# ls
test.txt
[root@localhost test]# gzip test.txt
[root@localhost test]# ls
test.txt.gz
```

程序中的第一节其实是两条命令，[ ] 内是一个判断，-d test 判断 test 目录是否存在，&& 为连接命令符号，当前面的命令执行成功后，后面的命令才执行。gzip 后面直接跟文件名，即在当前目录下压缩该文件，而原文件也会消失。

```
[root@localhost test]# gzip -d test.txt.gz
[root@localhost test]# ls
test.txt
```

gzip –d 后面跟压缩文件，会解压压缩文件。gzip 不支持压缩目录。

```
[root@localhost ~]# gzip test
gzip: test is a directory -- ignored
[root@localhost ~]# ls test
test/   test1   test2/ test3
[root@localhost ~]# ls test
test.txt
```

至于-#选项，因为平时很少用，使用默认压缩级别足够了。

6.3.2 bzip2 压缩工具

语法：

```
bzip2 [-dz] filename
```

bzip2 只有两个选项需要掌握。
-d：解压缩。
-z：压缩。
压缩时，可以加-z 也可以不加，都可以压缩文件，-d 则为解压的选项。

```
[root@localhost ~]# cd test
[root@localhost test]# bzip2 test.txt
[root@localhost test]# ls
test.txt.bz2
```

```
[root@localhost test]# bzip2 -d test.txt.bz2
[root@localhost test]# bzip2 -z test.txt
[root@localhost test]# ls
test.txt.bz2
```

bzip2 同样也不可以压缩目录。

```
[root@localhost test]# cd ..
[root@localhost ~]# bzip2 test
bzip2: Input file test is a directory.
```

6.3.3 tar 工具

tar 最初是为了制作磁带备份而设计的，作用是把文件和目录备份到磁带中，然后从磁带中提取或恢复文件。现在可以使用 tar 把数据备份到任何存储介质上。

tar 命令备份数据的格式如下：

tar [选项]　创建文件名　要归档文件名

tar 命令的功能比较强大，对应的选项较多，下面将常用的选项列举出来：

-z：同时用 gzip 压缩。
-j：同时用 bzip2 压缩。
-x：解包或者解压缩。
-t：查看 tar 包里面的文件。
-c：建立一个 tar 包或者压缩文件包。
-v：可视化。
-f：后面跟文件名，压缩时跟 "-f 文件名"，意思是压缩后的文件名为 filename，解压时跟 "-f 文件名"，意思是解压 filename。

对于选项要特别说明：如果在多个参数组合的情况下带有-f，则把-f 写到最后面。

例如：备份/home 目录及其子目录，把它存为 home.tar。

```
[root@localhost ~]# tar cvf  home.tar  /home
```

查看 home.tar 中的文件目录。

```
[root@localhost ~]# tar  tvf  home.tar
```

抽取 home.tar 文件中的文件 abc。

```
[root@localhost ~]#tar  xvf  home.tar  abc
```

tar 命令非常好用的一个功能就是在打包的时候直接压缩，它支持 gzip 压缩和 bzip2 压缩。

例如：

```
[root@localhost ~] # tar -czvf  test111.tar.gz test111
```

执行命令后，生成一个名为 test111.tar.gz 的文件，.tar.gz 类型的文件在许多 Linux 资源下载时十分常见。

也可以在 tar 命令中使用选项-zxvf 解压.tar.gz 的压缩包。

例如：

[root@localhost ~]# tar -zxvf test111.tar.gz

使用 tar 命令打包的同时也可以使用 bzip2 压缩，此时，与 gzip 压缩不同的是，需要使用-cjvf 选项来压缩。

例如：

[root@localhost ~]# tar -cjvf test111.tar.bz2 test111

执行命令后生成一个文件 test111.tar.bz2，对文件进行解压时使用参数选项-jxvf 实现。
若对上例的文件进行解压，则使用命令：

[root@localhost ~]tar -jxvf test111.tar.bz2

6.4 系统安全管理

本节将详细讲解如何在 Linux 系统中使用 SUID、SGID 与 SBIT 特殊权限，以更加灵活地设置系统权限功能，弥补对文件设置一般操作权限时带来的不足。隐藏权限能够给系统增加一层隐形的防护层，让黑客最多只能查看关键日志信息，而不能进行修改或删除。而文件的访问控制列表(access control list，ACL)可以进一步让单一用户、用户组对单一文件或目录进行特殊的权限设置，让文件具有能满足工作需求的最小权限。本节还将讲解如何使用 su 命令与 sudo 服务让普通用户具备管理员的权限，不仅满足日常的工作需求，还可以确保系统的安全性。

6.4.1 设置系统权限

文件除了重要的三种权限 rwx(读写执行)外，还有其他的一些权限，例如：

[root@localhost ~]# ls -ld /tmp ; ls -l /usr/bin/passwd
drwxrwxrwt. 14 root root 4096 Jun 16 01:27 /tmp
-rwsr-xr-x. 1 root root 27832 Jun 10 2014 /usr/bin/passwd

接下来讲述 s 和 t 的所代表权限的含义。

1. Set UID

当 s 这个标志出现在文件拥有者的 x 权限上时，如上文/usr/bin/passwd 这个文件的权限状态："-rwsr-xr-x"，此时就被称为 Set UID，简称为 SUID 的特殊权限。SUID 的权限对于一个文件的特殊功能是什么呢？基本上 SUID 有这样的限制与功能：

(1) SUID 权限仅对二进制程序(binary program)有效。
(2) 执行者对于该程序需要具有 x 的可执行权限。
(3) 本权限仅在执行该程序的过程中有效(run-time)。
(4) 执行者将具有该程序拥有者(owner)的权限。

举例说明，在 Linux 系统中，所有账号的密码都记录在/etc/shadow 这个文件中，这个文件的权限为："---------- 1 root root"，意思是这个文件仅有 root 可读且仅有 root 可以强制写入。既然这个文件仅有 root 可以修改，那么一般账号使用者 dmtsai 也可以修改自己的密码，那么也可以修改这个文件里的密码，这就是 SUID 的功能。根据上述的功能，可以知道：

(1) dmtsai 对于/usr/bin/passwd 这个程序来说具有 x 权限，表示 dmtsai 能执行 passwd。
(2) passwd 的拥有者是 root 这个账号。
(3) dmtsai 执行 passwd 的过程中，会暂时获得 root 的权限。
(4) /etc/shadow 可以被 dmtsai 所执行的 passwd 修改。

但如果 dmtsai 使用 cat 去读取/etc/shadow 时，能够读取吗？因为 cat 不具有 SUID 的权限，所以 dmtsai 执行 cat /etc/shadow 时，是不能读取/etc/shadow 的。

2. Set GID

当 s 标志在文件拥有者的 x 项目为 SUID 时，s 在群组的 x 时称为 Set GID，即 SGID。举例来说，观察到具有 SGID 权限的文件：

```
[root@localhost ~]# ls -l /usr/bin/locate
-rwx--s--x. 1 root slocate 40496 Jun 10  2014 /usr/bin/locate
```

与 SUID 不同的是，SGID 可以针对文件或目录来设定。对文件来说，SGID 有如下的功能：
(1) SGID 对二进制程序有用。
(2) 程序执行者对于该程序来说，需具备 x 的权限。
(3) 执行者在执行的过程中将会获得该程序群组的支持。

当一个目录设定了 SGID 的权限，它将具有如下的功能：
(1) 用户若对于此目录具有 r 与 x 的权限，该用户能够进入此目录。
(2) 用户在此目录下的有效群组(effective group)将会变成该目录的群组。
(3) 用途：若用户在此目录下具有 w 的权限(可以新建文件)，则使用者建立的新文件的群组与此目录的群组相同。

3. SBIT

SBIT(sticky bit)目前只针对目录有效，对于文件已经没有效果了。SBIT 对于目录的作用是：
(1) 当用户对于此目录具有 w、x 权限，亦即具有写入的权限。
(2) 当用户在该目录下建立文件或目录时，仅有自己与 root 才有权力删除该文件。

举例说明：当甲这个用户对于 A 目录是具有群组或其他人的身份，并且拥有该目录 w 的权限，表示甲用户对该目录内任何人建立的目录或文件均可进行删除/更名/移动等动作。如果将 A 目录加上了 SBIT 的权限项目，则甲只能够针对自己建立的文件或目录进行删除/更名/移动等动作，而无法删除他人的文件。

4. SUID/SGID/SBIT 权限设定

在之前的学习中，文件权限的数字法表示基于字符表示(rwx)的权限计算，例如，若某个文件的权限为 7，则代表可读、可写、可执行(4+2+1)。如果在这三个数字之前再加上一个数字，最前面的那个数字就代表 SUID/SGID/SBIT 的权限了。其中，4 SUID，2 为 SGID，1 为 SBIT。

假设要将一个文件的权限改为"-rwsr-xr-x",由于 s 在拥有者权限中,所以是 SUID,在原先的 755 之前还要加上 4,使用 chmod 4755 filename 来设定。

```
[root@localhost ~]# cd /tmp
[root@localhost tmp]#touch test
[root@localhost tmp]# chmod 4755 test; ls -l test <==加入具有 SUID 的权限
wsr-xr-x 1 root root 0 Jun 16 02:53 test
[root@localhost tmp]# chmod 6755 test; ls -l test <==加入具有 SUID/SGID 的权限
rwsr-sr-x 1 root root 0 Jun 16 02:53 test
[root@localhost tmp]# chmod 1755 test; ls -l test <==加入具有 SBIT 的权限
-rwxr-xr-t 1 root root 0 Jun 16 02:53 test
```

6.4.2 su 和 sudo

日常操作中为了避免一些误操作,以更加安全地管理系统,通常使用的用户身份都为普通用户,而非 root。当需要执行一些管理员命令操作时,再切换成 root 用户身份去执行。

普通用户切换到 root 用户的方式有 su 和 sudo 两种。

1. su

命令的一般格式为:

```
su    选项    用户名
```

-、-l、--login:登录并改变到所切换的用户环境。

-c、--commmand=COMMAND:执行一个命令,然后退出所切换到的用户环境。

su 在不加任何参数时,默认为切换到 root 用户,但没有转到 root 用户家目录下,也就是说这时虽然是切换为 root 用户了,但并没有改变 root 登录环境;用户默认的登录环境可以在 /etc/passwd 中查到,包括家目录、Shell 定义等。例如:

```
[user1@localhost~]$su
Password:
[root@localhost~]#pwd
/home/user1
```

su 加参数"-",表示默认切换到 root 用户,并且改变到 root 用户的环境。

例如:

```
[user1@localhost~]$ pwd
/home/user1
[user1@localhost~]$ su -
Password:
[root@localhost~]# pwd
/root
[user1@localhost~]$ su    - root      <==这个和 su - 是一样的功能
[user1@localhost~]$ su    - user01    <==这是切换到 user01 用户
```

su 的确为管理带来了方便,通过切换到 root 下,能完成所有系统管理工具。只要把 root 的密码交给任何一个普通用户,他都能切换到 root 来完成所有的系统管理工作。但通过 su 切换到 root 后,也有不安全因素。例如,系统有 10 个用户,而且都参与管理,如果这 10 个用户都有root权限，通过root权限可以做任何事，这在一定程度上就对系统的安全造成了威胁。所以su工具在多人参与的系统管理中，并不是最好的选择，su只适用于一两个人参与管理的系统，超级用户root的密码应该掌握在少数用户手中。

2. sudo

sudo表示superuser do，它允许已验证的用户以其他用户的身份运行命令。其他用户可以是普通用户或超级用户。然而，大部分时候用它来提权运行命令，以替代直接使用root用户的操作。sudo命令与安全策略配合使用，安全策略可以通过文件/etc/sudoers配置。其安全策略具有高度可拓展性，支持插件扩展。

命令的一般格式为：

sudo 选项 命令

-u，username：以指定用户的身份执行命令。后面的用户是除root以外的，可以是用户名，也可以是#uid。
-k，Kill：清除"入场券"上的时间，下次再使用sudo时要再输入密码。
-l：显示出用户的权限。
-b，command：在后台执行指定的命令。

例如：

[user1@localhost~]$ sudo -u uggc vi ~www/index.html

以特定用户身份进行编辑文本，通过sudo可以把某些超级权限有针对性地下放，并且不需要普通用户知道root的密码，所以sudo相对于权限无限制的su来说，还是比较安全的，所以sudo也能被称为受限制的su；另外sudo是需要授权许可的，所以也被称为授权许可的su。

6.5 系统性能优化

系统的性能是指操作系统完成任务的有效性、稳定性和响应速度。Linux系统管理员可能经常会遇到系统不稳定、响应速度慢等问题。操作系统完成一个任务时，与系统自身设置、网络拓扑结构、路由设备、路由策略、接入设备、物理线路等多个方面都密切相关，任何一个环节出现问题，都会影响整个系统的性能。本节将讲述如何查看CPU负载、内存运行状态、网络运行状态，在实际过程中找到系统处理中的瓶颈，从而进行优化，提升系统的性能。

6.5.1 查看CPU负载的工具

使用uptime命令查看系统运行情况的命令如下。

[root@localhost user]# uptime
 23:32:08   up 23:46,   2 users,   load average: 0.03,   0.09,   0.09

显示信息中，依次是：当前时间23:32:08；up 23:46表示系统已经运行的时间；2 users为当前用户连接数；load average表示系统平均负载，统计最近1分钟、5分钟、15分钟的系统平均负载为 0.03、0.09、0.09。

如果系统平均负载是 2，那意味着：在有 2 个 CPU 的系统上，所有 CPU 刚好被全部占满；在有 4 个 CPU 的系统上，CPU 有 50%的空闲；在有 1 个 CPU 的系统上，有 50%的进程竞争不到 CPU。

系统平均负载大于 CPU 个数 70%的时候，就需要排查问题，因为一旦负载过高，就会导致系统响应过慢，影响服务功能。

系统平均负载高不一定意味着 CPU 使用率高，系统平均负载不仅包括正在使用 CPU 的进程，还有等待 CPU 和 IO 的进程，而 CPU 使用率的定义是单位时间内 CPU 处于占用情况的统计。

可能有以下几种情况：

(1) CPU 密集型进程，由于大量使用 CPU 必然导致平均负载很高。
(2) IO 密集型进程，等待也会导致平均负载很高，但是 CPU 的使用率不一定高。
(3) 大量等待 CPU 进程调度的进程，也会导致平均负载很高，CPU 使用率也会很高。

进一步可以使用 stress 工具进行系统压力测试，使用 mpstat 查看 CPU 的运行情况。如果要查看哪个进程占用 CPU，可以使用 pidstat 命令。

```
[root@localhost ~]# mpstat
Linux   3.10.0.862.el7.x86_64 (localhost.localdomain) 07/27/2019 _x86_64   1(CPU)
11:27:05 AM   CPU   %user   %nice %sys %iowait %irq %soft %stral %guest %gnice %idle
11:27:05 AM   all    0.86    0.00  0.73  0.56   0.00  0.03  0.00   0.00   0.00   97.75
```

每列参数说明如下：

user：用户空间 CPU 使用的占比。
nice：低优先级进程使用 CPU 占比，nice 值大于 0。
sys：内核空间 CPU 使用占比。
iowait：CPU 等待 IO 占比。
irq：CPU 处理硬中断占比。
soft：CPU 处理软中断占比。
gnice：CPU 运行低优先级进程时间占比。
idle：CPU 空闲时间占比。
guest 和 stral 与虚拟机有关，暂不涉及。

6.5.2 内存使用情况分析

内存(memory)是计算机的重要部件之一，也称为内存储器或主存储器，它用于暂时存放 CPU 中的运算数据，以及与硬盘等外部存储器交换的数据。它是外存与 CPU 进行沟通的桥梁，计算机中所有程序的运行都在内存中进行，内存性能的强弱影响计算机整体水平的发挥。只要计算机开始运行，操作系统就会把需要运算的数据从内存调到 CPU 中进行运算，当运算完成后，CPU 再将结果传送出来。内存的运行也决定计算机整体运行快慢的程度。

在 Linux 系统中，free 命令查看内容的使用情况，包括实体内存，虚拟的交换文件内存，共享内存区段，以及系统核心使用的缓冲区等。

命令格式：

free　[选项]

-b：以 Byte 为单位显示内存使用情况。
-k：以 KB 为单位显示内存使用情况。
-m：以 MB 为单位显示内存使用情况。
-h：以合适的单位显示内存使用情况，最大为三位数，自动计算对应的单位值。
-o：不显示缓冲区调节列。
-s：<间隔秒数>持续观察内存使用状况。
-t：显示内存总和。
-V：显示版本信息。

```
[root@localhost user]# free -s 10    //每10s执行一次命令
              total       used       free     shared  buff/cache   available
Mem:         995672     581856      73472                 80556      340344     188724
Swap:       2097148     269976    1827172
```

在显示结果中分为两行，第一行 Mem，显示的是物理内存的参数信息，第二行 Swap 显示的是虚拟内存的参数信息。

具体参数为：total 表示系统总内存大小，used 表示已经被使用的内存大小(包括 cache、buffer 和 shared)，free 表示空闲的内存大小，shared 表示进程间共享使用的内存大小(一般不会用，可以忽略)，buff/cache 表示被 buffer 和 cache 使用的内存大小，available 表示还可以被应用程序使用的物理内存大小。

如果发现内存被缓存占用掉，导致系统使用 SWAP 空间影响性能，例如当在 Linux 下频繁存取文件后，物理内存会很快被用光，当程序结束后，内存不会被正常释放，而是一直作为 caching。此时就需要执行释放内存(清理缓存)的操作了。

```
[root@localhost ~]sync                    #执行下 sync 命令，防止丢失数据
 [root@localhost ~]echo   3   > /proc/sys/vm/drop_caches
#释放内存，数字可为 0～3，0：不释放(系统默认值)，1：释放页缓存，2：释放 dentries 和 inodes，3：释放所有缓存
```

6.5.3　网络运行状态

网络监测是所有 Linux 子系统中最复杂的操作，延迟、阻塞、冲突、丢包情况都有可能发生，与 Linux 主机相连的路由器、交换机、无线信号都会影响到整体网络，遇到瓶颈要分析是 Linux 网络子系统的问题还是别的设备的问题。查看网络的运行状态有好几个命令，例如，netstat 查看网络状况、iptraf 查看实时网络状况监测、netperf 查看网络带宽工具等，常用的有 nestat 命令。

命令格式：

netstat　[选项]

a 或-all：显示所有连线中的 Socket。

-r 或-route：显示 Routing Table。

-s 或-statistics：显示网络工作信息统计表。

-p 或-programs：显示正在使用 Socket 的程序识别码和程序名称。

-u：显示 UDP 传输协议的连线状况。

-t：显示 TCP 传输协议的连线状况。

```
[root@localhost ~]# netstat  -au
Active Internet connections (servers and established)
Proto Recv-Q Send-Q    Local Address         Foreign Address      State
udp      0     0       192.168.2.107:33502   192.168.1.1: domain  ESTABLISHED
udp      0     0       0.0.0.0:bootpc        0.0.0.0:*
udp      0     0       0.0.0.0:39460         0.0.0.0:*
udp      0     0       192.168.2.107:44644   192.168.2.1: domain  ESTABLISHED
udp6     0     0       [::]:54733            [::]: *
```

根据网络的状态判断异常情况，进而限制或关闭某些进程，或者利用提升带宽、更换设备等方式，提升系统的性能。

习题 6

6.1 /etc/shadow 文件中包含的信息有(　　)。
　　A. 文件大小　　　B. 用户密码　　　C. 用户主目录　　　D. 用户组

6.2 为了修改文件 test 的许可模式，使其文件属主具有读、写的权限，组和其他用户可以读，可以采用的方法是(　　)。
　　A. chmod　g-w　　test　　　　　　B. chmod　644　test
　　C. chmod　ux+rwx　test　　　　　　D. chmod　755　test

6.3 在 Linux 目录结构中用来存放系统配置文件的是(　　)目录。
　　A. /lib　　　　　B. /dev　　　　　C. /proc　　　　　D. /etc

6.4 简述 Linux 中的用户账号管理的常见文件有哪些，分别有什么作用。

6.5 文件系统是 Linux 内核的一个重要部分，请简述什么是文件系统，并总结除了常见的普通文件外，Linux 系统还有哪几种类型的文件。

6.6 根据题目要求写成完成操作的命令。

(1) 增加两个组账号 group1、group2，并指定组账号 ID 分别为 10100、10101。

(2) 增加两个用户账号 user1(UID 为 2045，属于组 group1)、user2(UID 为 2046，属于组 group2)。

6.7 请按下列要求写出每一步骤的命令：

(1) 新建普通用户 ray，并转为 ray 用户登录。

(2) 查看/etc/boot 路径下的所有内容。

(3) 查看文件/etc/hosts 的内容。

6.8 常见的系统性能分析使用命令有哪些？

第 7 章

服务器管理

学习要求：通过对本章的学习，了解 IP 地址、网络接口、网关等基本概念，掌握 Linux 网络基本配置的方法；了解 FTP 协议及传输模式，掌握 Vsftpd 服务器配置方法；了解 DNS 工作原理，掌握 BIND 软件配置方法；了解 Apache Web 服务器工作原理，掌握 Apache Web 服务器配置方法。

7.1 网络配置管理

Linux 最为重要的应用之一就是为网络服务器提供安全而可靠的操作系统平台。在学习搭建和维护各种基于 Linux 的网络服务器之前，需要具备一定的 Linux 网络配置知识和技能。本节主要讨论如何配置和维护 Linux 的网络功能，其中包括各种网络参数的配置、一些重要的网络配置命令和工具的使用等。在介绍每个方面的内容之前，先回顾一些关于计算机网络的基本概念。

7.1.1 网络接口

1. IP 地址概念

一般把连接在网络中的计算机及相关设备称为主机(host)，把运行 Windows 或 Linux 系统的主机分别简称为 Windows 主机和 Linux 主机。IP 地址是 TCP/IP 网络中用于识别主机的唯一地址，可分为 IPv4 地址和 IPv6 地址两种。传统的 IPv4 地址更为常用，它由 32 个 0 或 1 的数字构成，每 8 位以十进制数字(0～25)表示并通过点号分隔。每个地址实际分配给某个网络接口，如以太网卡接口、无线网卡接口等，因此一台计算机可以因为安装有多个网络接口而拥有多个 IP 地址，每个分配有 IP 地址的网络接口即被视为 TCP/IP 网络上的一个结点。IP 地址不仅用于标识主机，同时本身也可以用于标识网络。IP4 地址被分为 A～E 共 5 类，最常用的是 A、B、C 3 类 IP 地址，如表 7.1 所示。

表 7.1 A、B、C 类 IP 地址

分类	起始地址	结束地址	子网掩码
A 类	0.0.0.0	127.255.255.255	255.0.0.0(/8)
B 类	128.0.0.0	191.255.255.255	255.255.0.0(/16)
C 类	192.0.0.0	223.255.255.255	255.255.255.0(/24)

如表 7.1 所示，利用子网掩码对 IP 地址进行逻辑与运算，能够把每个 IP 地址划分为网络号(network number)和主机号(host number)两部分。例如，对于一个 C 类网络的 IP 地址，假设它的格式为"192.x.y.z"，默认子网编码为"255.255.255.0"，两者按位进行逻辑与运算后，可知 192.x.y 是网络号，而 z 则为主机号。需要注意的是，A～C 类地址划分部分区间作为私有 IP 地址，如下这些地址并不使用在互联网上：

A 类：10.0.0.0~10.255.255.255。

B 类：172.16.0.0~172.31.255.255。

C 类：192.168.0.0~192.168.255.255。

例如，在一般小型局域网中使用得最多的 IP 地址格式为 192.168.x.y，它实际属于私有 IP 地址，不同局域网中的计算机分配了同一个私有 IP 地址并不会引起冲突。除上述私有 IP 地址范围被保留外，还有一个称为 link-local 的 IP 地址范围(169.254.1.0~169.254.254.255)同样也被保留，主要用在当主机无法通过 DHCP 服务自动获取 IP 地址时，从上述地址范围内分配一个 IP 地址给主机。

上述 IP 地址的分类方法实际上固定了每个类别的网络所能拥有的 IP 地址。例如，默认一个 C 类网络的子网掩码是 255.255.255.0，因此 IP 地址范围可以是 192.168.2.0~192.168.2.255，即最多拥有 256 个 IP 地址。为了更为灵活地划分网络以及避免网络划分过细，经常会采取一种称为 CIDR(classless inter-domain routing)的方法来划分子网。根据 CIDR 方法，上述 C 类网络被表示为 192.168.2.0/24，即网络中的每个 IP 地址前 24 位为网络号，剩余 8 位为主机号，而数字 24 实际对应了子网掩码 255.255.255.0 中的 24 个数字(表 7.1)。CIDR 打破了原来的按类别来划分网络的方法，例如上述 C 类网络可以重新划分为 192.168.2.0/23，这时网络已不再是 C 类网络，IP 地址的主机号共 9 位，因此该网络拥有 512 个 IP 地址。而如果网络被划分为 192.168.2.0/25，则该网络的 IP 地址范围是 192.168.2.0~192.168.2.127。

关于 IP 地址，还需要回顾如下概念。

网络地址：如果某 IP 地址的主机号全部为 0，则此 IP 地址表示的是对应的整个网络。例如，网络地址 192.168.2.0/24 表示的是网络号为 192.168.2 的整个网络。

环回(loop back)地址：整个 127.0.0.0/8 网络的 IP 地址都被用作环回地址，发往这些地址的信息实际将回送至本机(local host)接收。按默认在 Linux 系统中使用的环回地址是 127.0.0.1。

广播地址：如果某 IP 地址的主机号全部为 1，则此 IP 地址是其所在网络的广播地址。发往该地址的信息实际将向网络中所有的计算机广播。例如，对应网络 192.168.2.0/24，其广播地址即为 192.168.2.255。

由网络地址和广播地址的概念可知，为某个主机分配的 IP 地址不应是网络地址或广播地址。例如，对于网络 192.168.2.0/24 中的主机，实际能够分配的 IP 地址范围为 192.168.2.1~192.168.2.254。

2. 网络接口 lo

Linux 的网络功能直接由内核处理，网络设备在/dev 目录中并没有对应的设备文件，而是以网络接口(network interface)的形式供用户使用和管理。在内核安装了合适的设备驱动后，对应的网络接口才可以使用。网络接口可以对应于某个物理网络设备，但也可以仅仅是一个虚拟的网络设备，它们分别以某种方式连接计算机网络。下面介绍 lo 以及 eth 这两种较为重要的网络接口，除此之外，Linux 系统还提供了 ppp、wlan 等网络接口，分别用于提供以拨号方式连接网络和无线网络连接等网络功能。lo 被称为本地环回接口(local loopback)，它是一种虚拟网络设备，默认配置的 IP 地址为 127.0.0.1。本地环回接口主要用于本地计算机的内部通信，它也经常被用于各种网络及服务器功能的内部测试。实际上，即使计算机无法连接其他计算机，由于存在本地环回接口，仍然能够测试计算机内部的网络功能以及服务器工作是否正常。

例 1：在 Linux 系统连接本地 SSH 服务。

这里首先断开了整个虚拟机的网络连接，单击 VMware 中的菜单"虚拟机"→"设置"并在"虚拟机设置"对话框的硬件列表中选择"网络适配器"选项，然后在右边的"设备状态"栏中取消勾选"已连接"项。假设虚拟机只有一个网络适配器(如有多个则重复上述操作)，原本以桥接模式连接物理网络，所配置的 IP 地址为 192.168.2.5，这时由于系统的物理网卡已经断开连接，因此用户在系统中不能连接自己的 SSH 服务器：

```
[ root@localhost~]# ssh root@ 192.168.2.5
ssh: connect to host 192. 168. 2.5 port 22: Network is unreachable
```

但是仍然可以利用 lo 网络接口测试本地的 SSH 服务。

```
[ root@localhost~]# ssh root(@ 127.0.0.1
root@127.0.0.1's password:
Last login: Sat Oct 4 15:18:16 2018 from localhost.localdomain
[ root@localhost~]# exit
Logout
Connection to 127.0.0.1 closed.
```

3. 网络接口 eth

网络接口 eth 用于提供以太网络(ethernet network)连接功能。为了连接多个网络，计算机系统中可以添加多块以太网卡，分别连接到不同的网络上，这时就需要在 Linux 中有对应的多个以太网络接口。以太网络接口以 eth 命名，eth0 对应第一块以太网卡，eth1 对应第二块以太网卡，以此类推。这些网络接口需要分别设置不同的 IP 地址，以使它们都能连接到 TCP/IP 网络上。网络接口 eth0 获取 IP 地址的方式有两种：静态(static)分配和动态分配(DHCP，动态主机配置协议)。

可以使用 ifconfig 命令查看、设置、启动或关停某个网络接口。下面以对 eth0 网络接口进行配置为例，介绍 ifconfig 命令的基本使用。其命令格式如下。

```
ifconfig 网络接口][IP 地址]  [netmask 子网掩码]  [ up/down]
```

其中 up/down 用于启动/关停对应的网络接口。

例 2：在系统中查看网络接口 eth0 的配置。

从配置结果上可以看到 IP4 地址(inet addr)，还可以获知网络接口对应的以太网卡 MAC 地址(HWaddr)、广播地址(bcast)、子网掩码(mask)以及 IPv6 地址(inet6 addr)。

```
[ root@localhost~]# ifconfig eth0
  eth0   Link encap: Ethernet  HWaddr 00: 0C: 29: 11: 3C: 4E
  inet addr: 192.168.1.103 Bcast: 192.168.1.255 Mask: 255.255.255.0
  Inet6 addr: fe80:: 20c:: 29ff: fe11:: 34ce/64 Scope:  Link
  UP BROADCAST RUNNING MULTICAST  MTU: 1500 Metric: 1
  RX packets: 5 errors: 0 dropped: 0 overruns: 0 frame: 0
```

TX packets: 13 errors: 0 dropped: 0 overruns: 0 carrier: 0
collisions: 0 txqueuelen: 1000
RX bytes: 45837(44.7 KB) TX bytes: 17389(16.9 KB)
Interrupt: 19   Base address: 0x2424

例 3：停用 eth0 网络接口。

[root@localhost~]# ifconfig eth0 down
[root@localhost~]# ifconfig eth0   <==再次查看 eth0 的配置信息
eth0   Link encap: Ethernet **HWaddr 00：0C：29：11：3C：4E**
BROADCAST MULTICAST   MTU： 1500   Metrie: 1
RX packets: 5 errors: 0 dropped: 0 overruns: 0 frame: 0
TX packets: 13 errors: 0 dropped: 0 overruns: 0 carrier: 0
collisions: 0 txqueuelen: 1000
RX bytes: 45837(44.7 KB) TX bytes: 17389(16.9 KB)
Interrupt: 19   Base address: 0x2424

例 4：启用 eth0 网络接口并重新配置它的 IP 地址为 192.168.1.10。

[roo@localhost~]# ifconfig eth0 192. 168. 1. 10 up
[roo@localhost~]# ifconfig eth0
eth0   Link encap: Ethernet **HWaddr 00：0C：29：11：3C：4E**
inet addr: 192.168.1.10 Bcast: 192.168.1.255 **Mask:** 255.255.255.0
Inet6 addr: fe80:: 20c: 29ff: fe11: 3c4e/64   Scope: Link

(省略部分显示结果)

需要注意的是，为 eth0 配置的新地址立即生效，但在系统重新启动网络时该地址配置将会失效。

例 5：通过 service 命令重启网络服务。

[root@localhost etc]# service network restart
正在关闭接口 eth0：   [确定]
关闭环回接口：   [确定]
弹出环回接口：   [确定]
弹出界面 eth0：   [确定]
[root@localhost etc]# ifconfig   <==eth0 的地址又改为原来的
eth0   Link encap: Ethernet **HWaddr 00：0C：29：11：3C：4E**
inet addr: 192.168.1.103   Bcast: 192.168.1.255   Mask: 255.255.255.0

这是因为新的 IP 地址并未记录在 eth0 的配置文件中。下面介绍网络接口的配置文件及启动/关停脚本。

4. 配置文件及启动/关停脚本

前面介绍了利用 ifconfig 命令设置 eth0 的 IP 地址。然而为了永久保存设置，系统中的网络接口的配置参数实际都被记录在"/etc/sysconfig/network-scripts/"中，其中以"ifcfg-网络接口名"格式命名的文件为对应的网络接口的参数配置文件。

vi 编辑网卡配置文件，默认为 DHCP 方式，配置如下：

DEVICE= eth0
BOOTPROTO=dhcp

```
HWADDR=00：0C：29：11：3C：4E
ONBOOT= yes
TYPE=Ethernet
```

vi 编辑网卡配置文件，修改 BOOTPROTO 为 static 方式，同时添加 IPADDR、NETMASK、GATEWAY 信息如下：

```
DEVICE= eth0
BOOTPROTO=static
HWADDR=00：0C：29：11：3C：4E
ONBOOT=yes
TYPE= Ethernet
IPADDR=192.168.1.103
NETMASK=255.255.255.0
GATEWAY=192.168.1.1
```

服务器网卡配置文件的详细参数如下：

DEVICE=eth0：物理设备名。

ONBOOT=yes：[yes|no](重启网卡是否激活网卡设备)。

BOOTPROTO= static：[none|static|bootp|dhcp](不使用协议|静态分配| BOOTP 协议|DHCP 协议)。

TYPE= Ethernet：网卡类型。

IPADDR=192.168.1.103：IP 地址。

NETMASK=255.255.255.0：子网掩码。

GATEWAY=192.168.1.1：网关地址。

服务器网卡配置完毕后，重启网卡服务/etc/init.d/network restart 即可，然后查看 IP 地址，命令为 ifconfig 或者 ip addr show，以查看当前服务器所有网卡的 IP 地址。

CentOS 7 Linux 中，如果没有 ifconfig 命令，可以用 ip addr list/show 查看，也可以安装 ifconfig 命令，但需安装软件包 net-tools，安装命令为 yum install net-tools -y。

需要说明的是，/etc/init.d/network(即 network 服务程序)每次启动网络时都会运行或读取 /etc/sysconfig/ netwok-scripts 目录中的网络接口配置信息和相关脚本，以实现网络接口的启用或停用。

7.1.2 默认网关与主机路由

1. 网关的概念

在前面对 eth0 文件内容的讲解中，并没有详细介绍 GATEWAY 这个参数的设置，它对应主机的默认网关(default gateway)。默认网关是一个网络的出入口，同一网络中的主机会将发往网络外的数据包送给默认网关，再由它转发到其他网络结点。例如，对于网络 192.168.2.0/24，网络内的主机之间可以根据网卡 MAC 地址直接通信，然而 192.168.2.0/24 网络中的主机如果需要访问网络 192.168.1.0/24 中的主机，就需要将数据包发给默认网关，并由它来转发该数据包。

路由器(route)是指用在跨网络间传递数据包的网络设备。处于不同网络区间的主机需要借助路由器进行通信。可以通过图 7.1 理解关于路由的概念。在图 7.1 中有三个局域网，分别是 192.168.0.0/24、192.168.5.0/24 和 192.16.10.0/24，它们通过两个路由器和一个交换机相连，每个路由器处于两个局域网之中。这时主机 PC1 设置其默认网关 IP 地址为 192.168.5.254，主机 PC2

设置其默认网关 IP 地址为 192.168.10.254，即路由器本身就充当了两个局域网的网关。如果路由器已经接入到互联网，它将会把访问互联网上某台主机的数据包转发到其他路由器上，由它们决定如何将数据包传递到目标主机上。

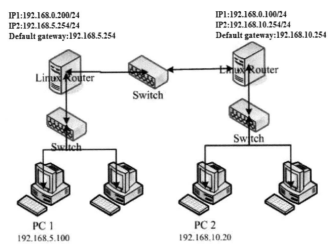

图 7.1 路由的概念示意图

2. 设置主机路由

连在网络上的每台主机内部都需要存储并管理自己的路由表。例如，在图 7.1 中，当主机 PC1 需要跨网络向主机 PC2 发送数据包时，主机 PC1 需要检查自己的路由表，根据数据包的目标地址得知需要将数据包发往路由器。当路由器接收到主机 PC1 发来的数据包时，它将读取数据包的目标地址信息，并根据其内部存储的路由表决定将数据包转发到主机 PC2。

如前所述，网络上的每台主机均有自己的路由表，用于决定所发出的数据包将要转发到哪一个网络结点上。此处介绍的 route 命令用于查看和更改主机的路由表。

命令名：

> route

功能：查看和管理路由表。
格式：

> route [选项]

重要选项如下：

-n(numeric)：一般单独使用该选项以查看路由表，路由表中的内容以数字形式显示 IP 地址，不将 IP 地址解释为名称。

add：增加路由，该选项需要配合-net 或-host 选项使用。

del：删除路由，该选项需要配合-net 或-host 选项使用。

netmask：为网络地址设置子网掩码，该选项需要配合-net 选项使用，选项后面需要指定子网掩码参数。

dev：指定网络接口，该选项后面需要指定网络接口参数。

-net：指定目标网络，该选项需要配合 add/del 选项使用，选项后面需要指定网络地址参数。
-host：指定目标主机，选项后面需要指定 IP 地址参数。
查看路由表：

[roo@localhost~]# route							
Kernel IP routing table							
Destination	Gateway	Genmask	Flags	Metric	Ref	Use	Iface
192.168.2.0	*	255.255.255.0	U	0	0	0	eth0
link-local	*	255.255.0.0	U	1020	0	0	eth0
default	192.168.2.1	0.0.0.0	UG	0	0	0	eth0

这是一个简单的主机路由，路由表中部分字段的含义如下。

(1) Destination：表示目标地址。一般以网络地址来表示，如 192.168.2.0(结合 Genmask 字段中的子网掩码)。0.0.0.0 表示默认路由(这里以 default 表示)，即当以上所有路由表规则都不匹配时默认采用这条规则，这里实际将数据包发至默认网关 192.168.2.1。link-local 表示的是网络 169.254.0.0/16。

(2) Gateway：表示默认网关。0.0.0.0(这里表示为*)表示直接通过 Iface 字段中的网络接口发送数据包而不经过默认网关。

(3) Genmask：表示子网掩码。

(4) Flags：U 表示路由可用，G 表示发往目标地址的数据包需要经由网关。

(5) Iface(Interface)：发送数据包的网络接口。

7.1.3 网络连接

1. 服务及其端口号

在 Linux 系统中有很多守护进程和系统服务，相当一部分属于网络服务(如 SHH 服务、FTP 服务、DNS 服务和 WWW 服务等)，它们同时在同一台主机上为网络客户端提供服务。因此当系统接收到来自某个网络客户端的服务请求时，它必须能够区分这是属于何种网络服务的请求，对应的守护进程才能够获取属于它的数据包并为客户端服务。

服务端口号是一种用于区分各种网络服务的数字标识，它的取值范围为 0~65 535(0 表示未被使用)。国际上有互联网数字分配机构(internet assigned numbers authority，IANA)专门负责分配和管理包括这些服务端口号在内的各类重要的互联网资源。对于较为重要的网络服务，如 SSH 等服务，它们会被分配一个从 1~1024 的固定数字作为默认的服务端口号，而对于其他网络服务程序，它可以再占用一些未被分配的服务端口号。绑定某个端口号后，每种服务的守护进程将会监听它的端口号，并获取来自网络的服务请求数据包。

/ete/ services 文件列出系统中所有可用服务及其端口号等基本信息。例如，通过如下操作查看 SSH 服务所占用的端口号：

[root@localhost ~]# grep ssh /etc/services		
ssh	22/tcp	# The Secure Shell (SSH) Protocol
ssh	22/udp	#The Secure Shell (SSH) Protocol

(省略部分显示结果)

表 7.2 列出了一些较为重要的网络服务端口分配情况，如果要获取最新的 IANA 端口分

配情况，可以访问网址"https://www.iana.org/assignments/service- names-port- numbers/service-names-port- numbers.xml"查询。

表7.2 重要的网络服务端口号

服务名称	服务内容解释	默认端口号
FTP	文件传输服务	21
SSH	Secure Shell 服务	22
DNS	域名服务	53
HTTP	WWW 服务	80
HTTPS	安全的 WWW 服务	443

2. 套接字

一台网络服务器显然需要同时为多个客户端服务，这时服务器的守护进程与远程主机中的客户端进程通过网络进行通信，相应地服务器进程与客户端进程都需要建立关于对方的套接字(socket)。套接字也有属于它的地址，格式为"IP 地址：端口号"。如果一个远程主机中的多个客户端进程与某个服务器连接，则在这个远程主机内部也需要分别占用一些临时的网络端口。

互联网所使用的传输协议主要有 UDP(user datagram protocol)和 TCP(transmission control protocol)两种。其中，UDP 协议主要面向一些轻量的、对可靠性要求不高的数据传输任务，如 DNS 服务使用的是 UDP 协议。相反，TCP 协议主要面向一些传送数据量较大，对可靠性要求高的数据传输任务，如 SSH 服务、FTP 服务、HTTP 服务等均使用 TCP 协议。互联网套接字也主要有以下两种。

(1) 数据报套接字(datagram socket)：也称为无连接套接字，使用 UDP 协议传输数据。
(2) 流套接字(stream socket)：也称为有连接套接字，使用 TCP 协议传输数据。

Linux 系统中的套接字可分为互联网套接字和系统内部使用的套接字两种。相应地，系统内部使用的套接字同样也可分为数据报套接字和流套接字两种。

3. netstat 命令

netstat 命令是一个用于监控系统中的网络连接、路由表等状态的重要工具。值得一提的是，不仅 Linux 等 UNIX 类型的操作系统中有 netstat 命令，Windows 系列的操作系统也同样有该命令。它的详细定义如下：

netstat [选项]

功能：显示并统计系统中的各类网络信息，如果不加入选项，默认显示所有网络连接套接字信息。

重要选项：

-a(all)：列出所有活动的网络连接以及主机所监听的 TCP/UDP 端口。

-n(numeric)：以数字显示网络地址和端口号，否则将地址及端口号解释为某个符号标志并将其显示。

-p(process)：列出某个进程所使用的套接字。

-l(listen)：列出所有正在监听的网络连接。

-u(UDP)：列出 UDP 类型的网络连接。
-t(TCP)：列出 TCP 类型的网络连接。
-s(statics)：显示各个协议的统计信息。

7.2 vsftpd 服务器

一般来讲，人们将计算机联网的首要目的就是获取资料，而文件传输是一种非常重要的获取资料的方式。今天的互联网是由几千万台个人计算机、工作站、服务器、小型机、大型机、巨型机等具有不同型号、不同架构的物理设备共同组成的，而且即便是个人计算机，也可能会装有 Windows、Linux、UNIX、Mac 等不同的操作系统。为了能够在如此复杂多样的设备之间解决文件传输问题，文件传输协议(file transfer protocol，FTP)应运而生。

基于文件传输协议(FTP)，客户端与服务端可以实现共享文件、上传文件、下载文件。FTP 基于 TCP 协议生成一个虚拟的连接，主要用于控制 FTP 连接信息，同时再生成一个单独的 TCP 连接用于 FTP 数据传输，用户可以通过客户端向 FTP 服务器端上传、下载、删除文件，FTP 服务器端可以同时提供给多人共享使用。

FTP 服务是 Client/Server(简称 C(客户)/S(服务器))模式，基于 FTP 协议实现 FTP 文件对外共享及传输的软件称为 FTP 服务器端，客户端程序基于 FTP 协议，则称为 FTP 客户端，FTP 客户端可以向 FTP 服务器上传、下载文件。

7.2.1 FTP 传输模式

按照数据连接建立的方式不同，可把 FTP 分成两种模式：主动模式(active FTP)和被动模式(passive FTP)。

在主动模式下，FTP 客户端随机开启一个大于 1024 的端口 N 向服务器的 21 号端口发起连接，然后开放 N+1 号端口进行监听，并向服务器发出 PORT N+1 指令。服务器接收到指令后，会用其本地的 FTP 数据端口(默认是 20)连接客户端指定的端口 N+1，进行数据传输。在主动传输模式下，FTP 的数据连接和控制连接的方向相反，也就是说，是服务器向客户端发起一个用于数据传输的连接。

在被动模式下，FTP 客户端随机开启一个大于 1024 的端口 N 向服务器的 21 号端口发起连接，同时会开启 N+1 号端口。然后向服务器发送 PASV 指令，通知服务器自己处于被动模式。服务器收到指令后，会开放一个大于 1024 的端口 IP 进行监听，然后用 PORT P 指令通知客户端自己的数据端口是 P。客户端收到指令后，会通过 N+1 号端口连接服务器的端口 P，然后在两个端口之间进行数据传输，在被动传输模式下，FTP 的数据连接和控制连接的方向是一致的。也就是说，是客户端向服务器发起一个用于数据传输的连接。客户端的连接端口是发起这个数据连接请求时使用的端口号。

被动模式的 FTP 通常用在处于防火墙之后的 FTP 客户访问外界 FTP 服务器的情况，因为在这种情况下，防火墙通常配置为不允许外界访问防火墙之后的主机，只允许由防火墙之后的主机发起的连接请求通过，因此，在这种情况下不能使用主动模式的 FTP 传输，而被动模式的 FTP 可以良好地工作。

7.2.2　vsftpd 服务器简介

目前主流的 FTP 服务器端软件包括 vsftpd、ProFTPD、PureFTPd、Wuftpd、ServerU FTP、FileZilla Server 等，其中 UNX/Linux 使用较为广泛的 FTP 服务器端软件为 vsftpd(非常安全的 FTP 服务进程，very secure FTP daemon)，vsftpd 是在 UNIX/Linux 发行版中最主流的 FTP 服务器程序，优点是小巧轻快、安全易用、稳定高效，能满足企业跨部门、多用户的使用等。

vsftpd 基于 GPL 开源协议发布，在中小企业中得到广泛的应用，vsftpd 可以快速上手，基于 vsftpd 虚拟用户方式，访问验证更加安全，vsftpd 还可以基于 MySQL 数据库作安全验证，多重安全防护。

7.2.3　vsftpd 服务器的安装配置

vsftpd 服务器端的安装有两种方法：一是基于 YUM 方式安装；二是基于源码编译安装，最终实现效果完全一样，本文采用 YUM 安装 vsftpd，具体步骤如下。

(1) 在 Shell 命令行执行如下命令，如图 7.2 所示。

```
yum install vsftpd* -y
```

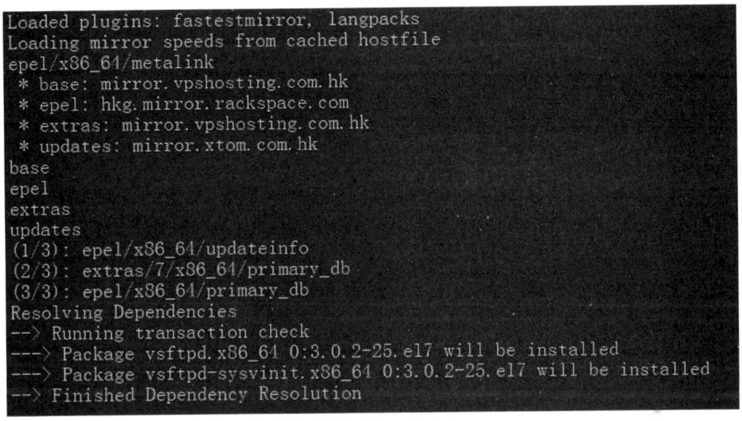

```
Loaded plugins: fastestmirror, langpacks
Loading mirror speeds from cached hostfile
epel/x86_64/metalink
 * base: mirror.vpshosting.com.hk
 * epel: hkg.mirror.rackspace.com
 * extras: mirror.vpshosting.com.hk
 * updates: mirror.xtom.com.hk
base
epel
extras
updates
(1/3): epel/x86_64/updateinfo
(2/3): extras/7/x86_64/primary_db
(3/3): epel/x86_64/primary_db
Resolving Dependencies
--> Running transaction check
---> Package vsftpd.x86_64 0:3.0.2-25.el7 will be installed
---> Package vsftpd-sysvinit.x86_64 0:3.0.2-25.el7 will be installed
--> Finished Dependency Resolution
```

图 7.2　YUM 安装 vsftpd 服务端

(2) vsftpd 安装后的配置文件路径、启动 vsftpd 服务及查看进程是否启动，如图 7.3 所示。

```
rpm -ql vsftpd | more
systemctl restart vsftpd.service
ps -ef | grep vsftpd
```

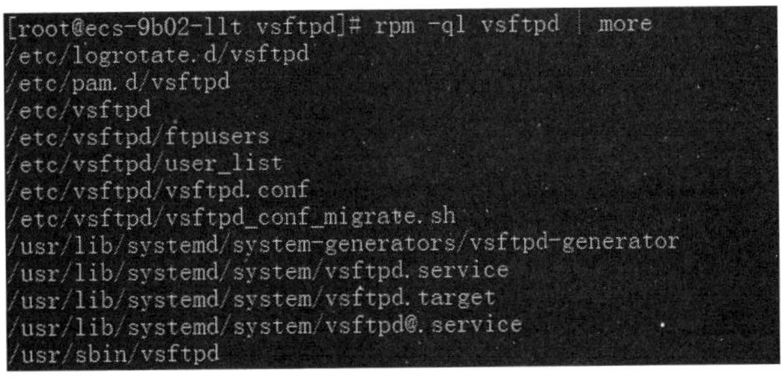

```
[root@ecs-9b02-11t vsftpd]# rpm -ql vsftpd | more
/etc/logrotate.d/vsftpd
/etc/pam.d/vsftpd
/etc/vsftpd
/etc/vsftpd/ftpusers
/etc/vsftpd/user_list
/etc/vsftpd/vsftpd.conf
/etc/vsftpd/vsftpd_conf_migrate.sh
/usr/lib/systemd/system-generators/vsftpd-generator
/usr/lib/systemd/system/vsftpd.service
/usr/lib/systemd/system/vsftpd.target
/usr/lib/systemd/system/vsftpd@.service
/usr/sbin/vsftpd
```

图 7.3　显示 vsftpd 软件安装后的路径

(3) vsftpd.conf 默认的配置文件如下：

anonymous_enable=YES：开启匿名用户访问。
local_enable=YES：启用本地系统用户访问。
write_enable=YES：本地系统用户写入权限。
local_umask=022：本地用户创建文件及目录默认权限掩码。
dirmessage_enable=YES：输出目录显示信息，通常用于用户第一次访问目录时，信息提示。
xferlog_enable=YES：启用上传/下载日志记录。
connect_from_port_20=YES：使用 20 端口进行数据传输。
xferlog_std_format=YES：日志文件将根据 xferlog 的标准格式写入。
listen=NO：vsftpd 不以独立的服务启动，通过 Xinetd 服务管理，建议改成 YES。
listen_ipv6=YES：启用 IPv6 监听。
pam_service_name=vsftpd：登录 FTP 服务器，依据/etc/pam.d/ vsftpd 中的内容进行认证。
userlist_enable=YES：vsftpd.user_list 和 ftpusers 配置文件里用户禁止访问 FTP。
tcp_wrappers=YES：设置 vsftpd 与 tcp_wrapper 结合进行主机的访问控制，vsftpd 服务器检查/etc/hosts.allow 和/etc/hosts.deny 中的设置，决定请求连接的主机是否允许访问该 FTP 服务器。

FTP 主被动模式的选择默认为主动模式，设置为被动模式的方法如下：

```
pasv_enable=YES
pasv_min_port= 60000
pasv_max_port= 60100
```

7.2.4　vsftpd 匿名用户配置

vsftpd 默认以匿名用户访问，匿名用户默认访问的 FTP 服务器发布端路径为/var/ftp/pub，匿名用户只有查看权限，无法创建、删除、修改。如需关闭 FTP 匿名用户访问，需修改配置文件/etc/vsftpd/vsftpd.conf，将 anonymous_enable=YES 修改为 anonymous_enable=NO，重启 vsftpd 服务即可。

如果允许匿名用户能够上传、下载、删除文件，需在/etc/vsftpd/vsftpd.conf 配置文件中加入以下代码，详解如下：

anon_upload_enable=YES：允许匿名用户上传文件。
anon_mkdir_write_enable=YES：允许匿名用户创建目录。
anon_other_write_enable=YES：允许匿名用户具有其他写入权限。

匿名用户完整的 vsftpd.conf 配置文件代码如下：

```
anonymous_enable= YES
local_enable= YES
write_enable= YES
local_umask= 022
upload_enable= YEs
anon_mkdir_write_enable= YES
anon_other_write_enable= YES
dirmessage_enable=YES
xferlog_enable= YES
connect_from_port_20 YES
```

```
xferlog_std_format= YES
listen=NO
listen_ipv6= YES
pam_service_name=vsftpd
userlist_enable= YES
tcp_wrappers= YES
```

由于默认 vsftpd 匿名用户有两种：anonymous、ftp，所以匿名用户如果需要上传文件、删除及修改等权限，需要 vsftpd 用户对/var/ftp/pub 目录有写入权限，使用 chown 和 chmod 任意一种命令均可设置权限，具体设置命令如下：

```
chown -R ftp pub/
chmod o + w pub/
```

如上 vsftpd.conf 配置文件配置完毕，同时权限设置完毕，重启 vsftpd 服务即可，通过 Windows 客户端访问，能够上传文件、删除文件、创建目录等操作。

7.2.5 vsftpd 系统用户配置

vsftpd 匿名用户设置完毕，任何人都可以查看 FTP 服务器端的文件、目录，甚至可以修改、删除文件和目录，如何存放私密文件在 FTP 服务器端，并保证文件或者目录专属于拥有者呢？vsftpd 系统用户可以实现该需求，解决上述问题。

实现 vsftpd 系统用户方式验证，只需在 Linux 系统中创建多个用户即可，创建用户使用 useradd 指令，同时给用户设置密码，即可通过用户和密码登录 FTP，进行文件上传、下载、删除等操作。vsftpd 系统用户实现步骤如下：

(1) 在 Linux 系统中创建系统用户 fa、fb，分别设置密码为 123456。

```
useradd fa
useradd fb
echo 123456 | passwd   --stdin fa
echo 123456 | passwd   --stdin fb
```

(2) 修改 vsftpd.conf 配置文件代码如下。

```
anonymous_enable=NO
local_enable= YES
write_enable= YES
local_umask=022
dirmessage_enable=YES
xferlog_enable= YES
connect_from_port_20=YES
xfer_log_std_format=YES
listen= YES
listen_ipv6= YES
pam_service_name=vsftpd
userlist_enable= YES
tcp_wrappers=YES
```

(3) 通过 Windows 资源客户端验证，使用 fa、fb 用户登录 FTP 服务器，即可上传文件、删除文件、下载文件，fa、fb 系统用户上传文件的家目录在/home/fa/、/home/fb/下。

7.2.6 vsftpd 虚拟用户配置

vsftpd 基于系统用户访问 FTP 服务器，系统用户越多越不利于管理，而且不利于系统安全，为了能更加安全地使用 vsftpd，可以使用 vsftpd 虚拟用户方式。

vsftpd 虚拟用户并没有实际的真实系统用户，而是通过映射到其中一个真实用户以及设置相应的权限来实现访问验证，虚拟用户不能登录 Linux 系统，从而让系统更加安全可靠。

vsftpd 虚拟用户企业案例配置步骤如下：

（1）安装 vsftpd 虚拟用户需要用到的软件及认证模块如下。

```
yum install pam* libdb -utils li0062db* --skip -broken -y
```

（2）创建虚拟用户临时文件/etc/vsftpd/ftpusers.txt，新建虚拟用户和密码，其中 fa、fb 为虚拟用户名，123456 为密码，如果有多个用户，依此格式填写即可。

```
fa
123456
fb
123456
```

（3）生成 vsftpd 虚拟用户数据库认证文件，设置权限为 700。

```
db_load -T -t hash -f /etc/vsftpd/ftpusers.txt /etc/vsftpd/vsftpd_login.db
chmod 700 /etc/vsftpd/vftpd_login.db
```

（4）配置 PAM 认证文件，etc/pam.d/vsftpd 行首加入如下两行代码：

```
auth required pam_userdb.so db= /etc/vsftpd/vsftpd_login
account required pam_userdb.so db= /etc/vsftpd/vsftpd_login
```

（5）vsftpd 虚拟用户需要映射到一个系统用户，该系统用户不需要密码，也不需要登录，主要用于虚拟用户映射使用，创建用户命令如下：

```
useradd -s /sbin/ nologin ftpuser
```

（6）完整的 vsftpd.conf 配置文件代码如下：

```
#global config Vsftpd 2017
anonymous_enable=NO
local_enable= YES
write_enable= YES
local_umask=022
dirmessage_enable=YES
xferlog_enable= YES
connect_from_por_20=YES
xfer_log_std_format=YES
listen= NO
listen_ipv6= YES
userlist_enable= YES
tcp_wrappers=YES
```

```
#config virtual user FTP
pam_service_name=vsftpd
guest_enable=YES
guest_username= ftpuser
user_config_dir=/etc/vsftpd/vsftpd_user_conf
virtual_user_local_privs=YES
```

虚拟用户配置文件参数详解如下：

pam_service_name=vsftpd：虚拟用户启用 pam 认证。

guest_enable=YES：启用虚拟用户。

guest_username= ftpuser：映射虚拟用户至系统用户 ftpuser。

user_config_dir=/etc/vsftpd/vsftpd_user_conf：设置虚拟用户配置文件所在的目录。

virtual_user_local_privs=YES：虚拟用户使用与本地用户相同的权限。

（7）至此，所有虚拟用户共同使用/home/ftpuser 主目录实现文件的上传与下载，可以在 etc/vsftpd/ vsftpd_user_conf 目录创建虚拟用户各自的配置文件，创建虚拟用户配置文件主目录，代码如下：

```
mkdir -p /etc/vsftpd/vsftpd_use_conf/
```

（8）以下为虚拟用户 fa 创建配置文件。

```
vim /etc/ vsftpd/ vsftpd_use_conf/fa。
```

同时创建私有的虚拟目录，代码如下：

```
local_root=/home/ftpuser/fa
write_enable= YES
anon_world_readable_only=YES
anon_upload_enable=YES
anon_mkdir_write_enable= YES
anon_other_write_enable= YES
```

对虚拟用户配置文件内容详解如下。

local_root=/home/ftpuser/fa：fa 虚拟用户配置文件路径。

write_enable= YES：允许登录用户有写权限。

anon_world_readable_only=YES：允许匿名用户下载，然后读取文件。

anon_upload_enable=YES：允许匿名用户上传文件权限，只有在 write_enable=YES 时该参数才生效。

anon_mkdir_write_enable= YES：允许匿名用户创建目录，只有在 write_enable=YES 时该参数才生效。

anon_other_write_enable= YES：允许匿名用户的其他权限，例如删除、重命名等。

（9）创建虚拟用户各自的虚拟目录，代码如下：

```
mkdir -p /home/ftpuser/{fa, fb}; chown -R ftpuser: ftpuser   /home/ftpuser
```

重启 vsftpd 服务，通过 Windows 客户端资源管理器登录 vsftpd 服务端。

7.3 DNS 服务器

7.3.1 DNS 简介

1. 主机名与域名

DNS 服务是大家非常熟悉的网络服务之一，这是因为用户利用计算机访问互联网之前，一个重要的步骤就是需要指定所要使用的 DNS 服务器，它把用户所请求的互联网地址中的主机名解析成为 IP 地址。实际上，网址的正式名称是"统一资源定位符"(uniform resource locator, URL)。例如：http://www.example.com/index.html。

其中 www.example.com 是主机名，example.com 是域名，index.html 则是在主机 www.example.com 中的一个文件。此处的主机名和域名只是一种便于区分的说法，把能够对应某个 IP 地址的域名称为主机名，也就是说主机名和域名其实都可以统称为域名。上面的 example.com(包括 example.net、example.org)是可用的域名，它被 ICANN(互联网名称与数字地址分配机构)保留作为域名使用。另外需要指出的是，当我们称 www.example.com 为主机时，并不是意味着它只有一台计算机负责提供服务，特别是对于大型网站，主机名 www.example.com 的背后往往有多台服务器主机同时提供服务。总之，当用户给出一个网址时，DNS 服务需要为用户提供网址包含的主机名所对应的那组 IP 地址。

2. 域名系统

什么是 DNS 服务器？它是如何工作的？这些都需要从 DNS 这个基本概念开始谈起。DNS 是 domain name system 的缩写，即指域名系统。从字面上理解，DNS 就是一个由域名构成的系统。对于计算机网络中的某台主机来说，它往往并非一个孤立的存在而是属于某个主机的集合，这个主机的集合称为域。为了标识不同的主机集合，有必要赋予它们名字，这就是域名的由来。正如现实世界中的许多事物都可以组织成为一个具有树状结构的系统一样，同样可以对互联网上的每个域赋予一个特定的域名，并将这些域名组织成为具有树状结构的系统,这个系统就是域名系统。

图 7.4 表示了互联网上的域名系统所具有的树状结构。域名系统的顶端是根区(root zone)，它被表示为根区之下的一级域名集，也被称为顶级域(top-level domains，TLDs)，其中包括了.com(商业组织)、.org(非营利组织)、.gov(政府部门)、.net(网络服务商)、.edu(教研机构)等通用顶级域以及.cn(中国)等国家代码顶级域。顶级域之下是二级域乃至三级域，例如 kernel.org 就是一个二级域名，在该域中可以有 www.kernel.org 等提供网络服务的主机。

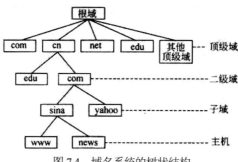

图 7.4 域名系统的树状结构

域名系统的管理也跟其他具有树状结构的系统的管理方式类似。根区和顶级域受一个称为"互联网名称与数字地址分配机构"(Internet Corporation for Assigned Names and Numbers，ICANN)的国际组织管理。二级和三级域名则接受上一级的对应顶级域的管理机构管理，如 tsinghua.edu.cn 是一个三级域名，它受二级域 edu.cn 的相关管理机构管理，而包括 edu.cn 在内的二级域则受 cn 域的国家管理机构管理。每个组织可以通过域名注册商(domain name registrar)申请一个未被注册的二级域名或三级域名。域名注册商是商业的或非盈利的组织，它们被上述域管理机构授权负责管理和分配未被注册的域名。

7.3.2 DNS 服务器的工作原理

1. 主机名的查询过程

DNS 服务器的作用是将某个主机名称解析成为对应的 IP 地址。在 Linux 系统中，通过 /etc/hosts 文件，可以建立主机名与 IP 地址映射关系。然而当系统在 hosts 文件中查找不到对应关系时，就需要向记录在/etc/resolv.conf 文件中的 DNS 服务器提交互联网地址解析请求。不过，直接为用户提供服务的 DNS 服务器不可能记录所有的网址解析结果，这是因为互联网的域及其主机不仅数量庞大，而且分散在世界各地，经常发生变动，没有任何一台 DNS 服务器能够记录互联网中所有域的每台主机与 IP 地址之间的映射关系。域名系统是通过分布式存储的方法来解决上述问题的。当某个组织申请了一个域名(如 kernel.org)之后，该组织必须通过一个 DNS 服务器记录它的域中某台主机(ww.kernel.org)与 IP 地址之间的映射关系，当 DNS 服务器接收到相关查询请求时，它应该能够返回对应的映射关系记录。也就是说，世界上的所有域名实际都由拥有该域名的组织通过 DNS 服务器来维护域名在互联网上的有效性和权威性。如果一个域的 DNS 服务器停止服务，实际上这个域的主机就无法通过网址访问，这可见 DNS 服务器的重要性。现在的问题是，人们日常所使用的 DNS 服务实际往往是由互联网服务提供商(internet service provider，ISP)提供的，ISP 的 DNS 服务器又是如何找到诸如 kernel.org 的 DNS 服务器？这时同样需要依靠前面介绍的 DNS 树状结构来进行。可以将图 7.4 中从根区开始往下的顶级域、二级域和三级域的每一个结点看作是一台 DNS 服务器，既然每个域中的主机解析任务由该域的 DNS 服务器负责，那么根区和顶级域以及二级域结点所对应的 DNS 服务器只需要记录它们下一级域的 DNS 服务器的所在位置，然后从根区开始沿着树状结构一层一层往下查询，最终就能找到某个域的 DNS 服务器。以查询主机 www.kernel.org 的 IP 地址为例，整个查询过程是这样的。

(1) 如果/etc/hosts 文件中没有对应的主机 IP 地址映射记录，DNS 客户端将向 ISP 的 DNS 服务器提交请求查询 www.kernel.org 的 IP 地址。

(2) 如果 ISP 的 DNS 服务器中的缓存有相关记录，则直接向 DNS 客户端返回该记录，否则将查询请求转交给根区的 DNS 服务器。

(3) 由于根区的 DNS 服务器只记录了顶级域的 DNS 服务器的信息，它将向 ISP 的 DNS 服务器返回关于域 org 的 DNS 服务器的 IP 地址。

(4) 获知域 org 的 DNS 服务器位置后，ISP 的 DNS 服务器根据查询请求访问域 org 的 DNS 服务器，该服务器记录了域 kernel.org 的 DNS 服务器位置，因此域 org 的 DNS 服务器将域 kernel.org 的 DNS 服务器的 IP 地址返回给 ISP 的 DNS 服务器。

(5) 获知 kernel.org 域的 DNS 服务器的地址后，ISP 的 DNS 服务器将查询请求提交给域 kernel.org 的 DNS 服务器，从而获取到主机 www.kernel.org 所对应的 IP 地址。

(6) ISP 的 DNS 服务器最终将查询结果返回给 DNS 客户端。

上述查询过程被称为 DNS 递归(DNS recursion)查询。从以上的查询过程也可以看出，一个合法的 DNS 服务器必须在上级 DNS 服务器中被记录，从这个角度来看也可知道关于根区的 DNS 服务器在互联网服务中的重要性。

2. DNS 服务器类型

DNS 服务器可分为 3 种类型。

(1) 主 DNS 服务器(master server)：它向外界提供解析本域中主机名的权威性数据。

(2) 辅助 DNS 服务器(slave server)：从主服务器中获得域名与 IP 地址的对应关系并进行维护，以防主服务器宕机等情况。为保证 DNS 数据的一致性，辅助服务器需要定期从主服务器中获取数据更新。

(3) 缓存 DNS 服务器(cache-only server)：通过向其他域名解析服务器查询获得域名与 IP 地址的对应关系，并将经常查询的域名信息保存到服务器本地，以此来提高重复查询时的效率。

7.3.3 BIND 软件

1. 安装 BIND 软件

BIND(Berkeley Internet name domain，伯克利互联网名称域)服务是全球范围内使用最广泛、最安全可靠且高效的域名解析服务程序。在配置 BIND 服务器之前需要检查是否已经安装了相关软件。

```
[root@localhost~]# rpm -qa | grep bind
bind-utils-9.7.0-5.P2.el6.i686    <==查询 DNS 服务器的应用软件
bind-9.7.0-5.P2.el6.i686    <==BIND 服务器软件
bind-libs-9.7.0-5.P2.el6.i686    <==BIND 服务器及其应用软件使用的库文件
bind-chroot-9.7.0-5.P2.el6.i686    <==用于加强 BIND 服务器安全性的软件
(省略部分显示结果)
```

如果没有安装上述软件，可使用 yum 服务安装 BIND 软件包：

```
[root@localhost~]# yum install bind
[root@localhost~]# yum install bind-chroot
(省略安装过程信息)
```

bind-chroot 是一个加强 BIND 服务器安全性的软件。它用于将 BIND 服务器在访问文件系统时局限在默认为/var/named/chroot 目录中，即后面所使用的诸如 "/etc/named.conf" 等文件实际访问的是 "/var/named/chroot/etc/named.conf"。关于 bind-chroot 的相关设置文件为/etc/sysconfig。

2. DNS 配置的主要文件组

与 DNS 配置相关的文件主要有以下几个：

(1) /etc/hosts 主机的一个文件列表添加记录，如：111.13.100.92，www.baidu.com。

对于简单的主机名解析(点分表示法)，默认在请求 DNS 或 NIS 网络域名服务器前，

/etc/named.conf 通常会告诉程序先查看此文件。

(2) /etc/resolv.conf：转换程序配置文件。

在配置程序请求 BIND 域名查询服务查询主机名时，必须告诉程序使用哪个域名服务器和 IP 地址完成这个任务。

(3) /etc/named.conf：BIND 主文件。

设置一般的 name 参数，指向该服务器使用的域数据库的信息源。

(4) /var/named/named.ca：根域名配置服务器指向文件。

指向根域名配置服务器，用于告诉缓存服务器初始化。

(5) /var/named/localhost.zone：localhost 区正向域名解析文件。

用于将本地 IP 地址(127.0.0.1)转换为本地回送 IP 地址(127.0.0.1)。

(6) /var/named/name.local：localhost 区反向域名解析文件。

用于将 localhost 名字转换为本地回送 IP 地址(127.0.0.1)。

(7) /etc/named.rfc1912.zones：区块设置文件。

下面具体看一下 BIND 的主要配置文件。

3. BIND 配置文件

在 BIND 服务程序中有下面这三个比较关键的文件。

主配置文件(/etc/named.conf)：只有 58 行，而且在去除注释信息和空行之后，实际有效的参数仅有 30 行左右，这些参数用来定义 bind 服务程序的运行。

区域配置文件(/etc/named.rfc1912.zones)：用来保存域名和 IP 地址对应关系的所在位置。类似于图书的目录，对应着每个域和相应 IP 地址所在的具体位置，当需要查看或修改时，可根据这个位置找到相关文件。

数据配置文件目录(/var/named)：该目录用来保存域名和 IP 地址真实对应关系的数据配置文件。

(1) 主配置文件 named.conf

/etc/named.conf 文件是关于 BIND 的基本配置文件。named.conf 文件由 options、logging、zone 等语句(statement)构成，语句中包含了一组子句(clauses)，并以分号作为结束标志。每个语句的子句放置在一对花括号"{}"内，同样也以分号";"作为结束标志。named.conf 文件采用了类似于 C 语言的注释风格，即采用"//"作为注释符，但它也同时支持使用井号"#"作为注释符。下面对一些较为重要的语句进行介绍。

① options 语句

options 语句包含有许多关于服务器全局设置的子句。

```
options { //服务器的全局配置选项及一些默认设置
    listen-on port 53 { any; };                              //监听端口，也可写为{ 127.0.0.1; 192.168.139.46; }
    listen-on-v6 port 53 { ::1; };                           //对 IPv6 支持
    directory "/var/named";                                  //区域文件存储目录
    dump-file "/var/named/data/cache_dump.db";               //dump cache 的目录
    statistics-file "/var/named/data/named_stats.txt";
    memstatistics-file "/var/named/data/named_mem_stats.txt";
    pid-file "/var/run/named/named.pid";                     //存着 named 的 pid
    forwarders { 168.95.1.1; 139.175.10.20; };               // 如果域名服务器无法解析时，将请求交由168.95.1.1、
```

```
                                              139.175.10.20 来解析
    allow-query { any; };          //指定允许进行查询的主机，any 表示所有主机
    allow-transfer { none; };      //指定允许接受区域传送请求的主机，说明白一点就是辅 DNS 定义，比如
                                     辅 DNS 的 IP 是 192.168.139.5，那么可以这样定义{ 192.168.139.5; }，否则
                                     主辅 DNS 不能同步
};
```

② zone 语句

zone 语句用于定义与一个区有关的相关设置，主要包括了服务器类型以及区文件的所在位置。named.conf 文件中默认已经有关于根区的 zone 语句。

```
zone "." IN {                      //在这个文件中是用 zone 关键字来定义区域的，一个 zone 关键字定义
                                     一个区域
type hint;
file "named.ca";                   //用来指定具体存放 DNS 记录的文件
};
zone "test.net" IN {               //指定一个域名为 test.net 的正向区域
type master;
file "test.net" ;
allow-update { none;};
};
zone "2.168.192.in-addr.arpa" IN { //定义一个 IP 为 192.168.2.*的反向区域
type master;
file "192.168.2";
};
```

在这里 type 类型有三种，分别是 master、slave 和 hint，它们的含义分别是：

master：表示定义的是主域名服务器。

slave：表示定义的是辅助域名服务器。

hint：表示是互联网中根域名服务器。

上述代码中最为特别的是用于反向解析的 zone 语句中的域名"2.168.192.in-addr.arpa"，它同样采用了前面介绍的 FQDN 形式来表示，因此应从右到左理解。反向查询的 DNS 数据库的根位于 arpa 域，IPv4 地址使用的是子域 in-addr.arpa。结合前面示例中的反向区文件内容，可知 DNS 服务器实际将地址 "5.2.168.192. in-addr.arpa." 指向了主机 DNS.example.com.。

(2) 区与区文件

DNS 服务器中实际就是一个存储主机名与 IP 地址映射关系记录的数据库，因此如何表示和记录这种映射关系是 DNS 服务器首先需要考虑的问题。为了更有效地管理 DNS，可以将 DNS 的树状结构按区(zone)划分，由被授权的管理者负责管理一个区中的域名。区可以包含一个或多个域，一种常见的简化情形是将单独的一个域看作是一个区。

BIND 软件通过区文件(zone file)记录一个区中主机名与 IP 地址之间的映射关系。主机名解析得到 IP 地址的过程被称为正向解析，反之根据 IP 地址解析得到主机名便称为反向解析，正向解析和反向解析的结果分别记录在正向区文件和反向区文件中。

关于区的一个典型例子是根区，根区是互联网 DNS 中最为重要的区，它位于 DNS 树状结构中的顶端。每个 DNS 服务器都在/var/named 目录中存放了关于一个名为 named.ca 的文件，它指出了根区服务器的 IP 地址。这样 DNS 服务器在遇到自己无法解析的查询要求时，可将查

询要求转发给根区的服务器。可以通过网址 http://www.internic.net/domain/named.root 获取最新的 named.ca 文件。

例6：查看关于根区服务器 IP 地址的信息文件，文件路径为/var/named。

```
3600000   NS      A.ROOT-SERVERS.NET.
A.ROOT-SERVERS.NET. 3600000    A     198.41.0.4
A.ROOT-SERVERS.NET. 3600000    AAAA  2001:503:ba3e::2:30
```

named.ca 文件中记录了编号 A～M 的根区服务器的对应 IP 地址，示例显示的 named.ca 文件内容的每一行分别表示了一条被称为资源记录(resource records，RR)的信息。资源记录是 DNS 的基本信息单元，无论是正向区文件还是反向区文件，实际都是一组资源记录的集合。因此下面首先讨论资源记录这个基本概念，然后再讨论正向和反向区文件的内容。

(3) 资源记录

一条完整的资源记录包括了如下字段。

① 名字(name)：表示该记录是关于谁的记录，也可以说这条记录属于这个名字所表示的拥有者。可以使用符号@表示当前区的名称，即表示当前记录是关于整个区的记录。

② 记录的生存期(time to live，m)：表示当客户端持有该记录的时间(单位为秒)超过记录的生存期时，应该丢弃该记录并重新查询。可以在区文件的一开始定义全局变量 TTL。

③ 记录类型(record type)：通过如下一些标志表示下一个字段，即记录数据所存储的信息类型。

A(address)：IPv4 地址。

AAA：IPv6 地址。

NS(name server)：DNS 服务器的主机名。

SOA(start of authority)：SOA 是授权信息的起始标志，即表示后面的记录数据是关于 DN 服务器的一些授权信息。

MX(mail exchanger)：邮件服务器的主机名。

CNAME(canonical name)：关于名字字段的另一个表示(别名)，它一般更长而且更为正式。

PR(pointer)：用在反向区文件中，表示后面的记录数据为 IP 地址所对应的主机名。

record data(记录数据)：记录数据即为 IP 地址、DNS 服务器主机名等信息，它可以由多条信息构成。

(4) 域名的表示

在 DNS 设置中，关于资源记录中名字字段的表示方法需要特别注意。当在资源记录中表示一个域名或主机名时，并非以人们日常使用的形式来表示，而是一般以 FQDN(fully qualified domain name，完全限定域名)的形式来表示。FQDN 的最大特点是明确表示了域名在 DNS 层级结构中的绝对位置。

例如，对于主机名 www.kernel.org，它的 FQDN 应为 www.kernel.org.，即在结尾多加一个点"."，这个点表示 DNS 中的根，然后沿着 DNS 层级一直往下并从右到左逐级表示域名就可得到相应的 FQDN。如果资源记录中的名字不以 FQDN 的形式给出，则 DNS 服务器会自动根据区文件所对应的域名在名字的结尾补充完整，例如，如果只给出 www 作为资源记录的名字，则 kernel.org 的 DNS 服务器会将其自动补充为 www. kernel.org.，但如果资源记录的名字写为 www. kernel.org，即没有以点结尾，就会出现错误，实际的主机名就会被处理为

www.kernel.org.kernel.org。

例 7：在之前的示例中，使用 dig 命令查询主机名 www.kernel.org，共获得了 DNS 服务器返回的 4 条资源记录。

现对其进行分析，以第 1 条记录为例：

www.kernel.org.	590	CNAME	pub.all.kernel.org.
机名	ttl	记录类型	记录数据

从资源记录的内容可知：

① 主机名均以 FQDN 的形式表示。该条资源记录是关于主机名 www.kernel.org 的资源记录。

② 资源记录的生存期为 590 秒。

③ 资源记录的类型为 CNAME，因此记录数据 pub.all.kernel.org.是所要查询的主机名"www.kernel.org."的另一个主机名。

然后分析另外 3 条记录，它们的内容是类似的，以第 2 条记录为例：

pub.all.kernel.org. 590 A 199.204.44.194

内容的重点在于资源记录的类型为 A，即后面的记录数据(199.204.44.194)是主机名 pub.all.kernel.org.所代表的主机的 IP 地址。从第 2～第 4 条资源记录可知，主机 www.kernel.org.共有 3 个 IP 地址。

(5) NS 类型的资源记录

除了记录域中一些主机名与 IP 地址的映射关系之外，区文件中还需要有关于域的 DNS 服务器主机的名称与 IP 地址的映射关系，这类资源记录在记录类型字段中被表示为 NS 类型。

例 8：查询 kernel.org 的 DNS 服务器的 IP 地址。这里使用预设在/etc/resolv.conf 文件中的 DNS 服务器，通过如下命令能够得到查询结果：

(省略部分显示结果)

kernel.org.80011 NS ns2.kernel.org.

查询获得的资源记录类型均为 NS，表明主机 ns2.kernel.org.是域 kernel.org 的 DNS 服务器主机名。继续查询主机 ns2.kernel.org.对应的 IP 地址，有

ns2.kernel.org.85246 A 149.20.4.80

(6) SOA 类型的资源记录

如果一条资源记录的记录类型字段被标记为 SOA，则表示该资源记录是关于当前区文件所对应的区授权信息。

例 9：查询域 kernel.org.的授权信息。

kernel.org. 600 SOA ns0.kernel.org. hostmaster.ns0..kernel.org. 2015102210 600 150 604800 600

(省略部分显示结果)

在上面的查询结果记录中，kernel.org.是资源记录名称，600 表示资源记录的生存期为 600 秒，SOA 说明当前资源记录是关于 kernel.org.域所在区的授权信息，授权信息包括了如下内容。

① DNS 主服务器的主机名：如 ns0.kernel.org.。

② 域管理员的电子邮件地址：如 hostmaster.ns0..kernel.org.。注意由于在区文件中符号@已经被使用，因此在电子邮件地址中以点号代替。

③ 序列号：它用于辅助 DNS 服务器与主 DNS 服务器之间比较同一个区的区文件的新旧程度，数字越大说明文件越新。如果辅助 DNS 服务器发现主 DNS 服务器的区文件序列号要比它自己的大，则更新区文件。一般习惯是把序列号表示为时间加上更新次数，如例子中的序列号 2015102210 说明该文件是 2015 年 10 月 22 日第 10 次更新。

④ 更新时间：它指定了辅助 DNS 服务器每隔多长时间更新区文件，如例子中设定每隔 600 秒辅助 DNS 服务器检查一次更新。

⑤ 重试时间：它指定了如果辅助 DNS 服务器连接主 DNS 服务器检查更新时失败了需要间隔多长时间重新连接主 DNS 服务器并检查更新，如例子中设定 150 秒之后辅助 DNS 服务器重连主 DNS 服务器。

⑥ 过期时间：它指定了如果辅助 DNS 服务器更新失败并经过反复重试，在多长时间后停止更新检查并认为服务器中的区文件已经失效，如例子中设定 604 800 秒(7 天)后区文件失效。

⑦ 缓存时间：它提供了一个资源记录生存期的默认设置值，如例子中设定资源记录的默认生存期为 600 秒。

需要注意的是，上述更新时间等除了以秒为单位表示为一个整数之外，还可以结合 M(分钟)、H(小时)、D(天)、W(星期)等单位表示，如 3H、1W 等。当用户为自己的 DNS 服务器的区文件设置授权信息时，也可以先参考常用网站的典型设置，然后再根据实际情况做调整。

(7) 正向与反向区文件

正向与反向区文件均保存在/var/named 目录中，为便于辨认，可以按 named.域名的格式命名正向区文件，而按 named.IP 网段的格式命名反向区文件。如前所述，两种文件的内容实际是一组资源记录。区文件中以分号(;)为注释符，必须包含 SOA 类型的资源记录，可以在开始处设置生存期等默认值。此外，可利用/var/ named 目录中的区文件模板 named.empty 文件创建区文件。

例 10：以下是一个正向区文件的示例，文件命名为 named.example.com。

设置默认的生存期(1 天)，这样在后面的资源记录中不需逐个写出它们的 TTL 值。

```
$TTL 86400 ；此处表@示 example.com 所在的整个区
@   IN SOA dns.example.com root.example.com.(
2015102801；序列号
2800；更新时间(8 小时)
14400；重试时间(4 小时)
360000；过期时间(1000 小时)
86400；资源记录的生存期
)；NS 类型记录，记录标识一个区的 DNS 服务器
@IN NS DNS.example.com.；DNS 服务器主机的对应 IP 地址
DNS.example.com.INA192.168.2.5
```

例 11：example.com.zone 文件的反向区文件，文件命名为 named.192.168.2。

默认生存期，SOA 记录以及 NS 记录与正向文件相同。

```
$TTL 86400；此处@表示 example.com 所在的整个区
@   IN SOA dns.example.com root.example.com.(
```

2015102801；序列号
2800；更新时间(8 小时)
14400；重试时间(4 小时)
360000；过期时间(1000 小时)
86400；资源记录的生存期
)；NS 类型记录，记录标识一个区的 DNS 服务器
@   IN   NS   DNS.example.com. ；DNS 服务器会根据 named.conf 中的 zone 语句设置补全 IP 地址
；此处也即表示 192.168.2.5 对应的主机为 dns.example.com
5   INPTR dns.example.com

7.4 Apache Web 服务器

万维网(world wide web，WWW)服务器，也称为 Web 服务器，主要功能是提供网上信息浏览服务。WWW 是 Internet 的多媒体信息查询工具，是 Internet 上飞快发展的服务，也是目前应用最广泛的服务。正是因为有了 WWW 软件，近年来 Internet 才得以迅速发展。

目前主流的 Web 服务器软件包括 Apache、Nginx、Lighttpd、IIS、Resin、Tomcat、WebLogic、Jetty 等。

本节主要介绍 Apache Web 服务器的发展历史、Apache 工作模式深入剖析、Apache 虚拟主机、配置文件详解等内容。

7.4.1 Apache Web 服务器简介

Apache HTTP Server 是 Apache 软件基金会的一个开源的网页服务器，可以运行在几乎所有广泛使用的计算机平台上，由于其跨平台和安全性，因此被广泛使用，是目前最流行的 Web 服务器端软件之一。

Apache 服务器是一个多模块化的服务器，经过多次修改，成为目前世界使用排名第一的 Web 服务器软件。Apache 取自"a patchy server"的读音，即充满补丁的服务器，因为 Apache 基于 GPL 发布，大量开发者不断为 Apache 贡献新的代码、功能、特性，以修改原来的缺陷。

Apache 服务器的特点是使用简单、速度快、性能稳定，可以作为负载均衡及代理服务器来使用。

7.4.2 Prefork MPM 工作原理

每辆汽车都由发动机引擎，不同的引擎，对车子的运行效率也不一样，同样 Apache 也有类似工作引擎或者处理请求的模块，称之为多路处理模块(multi-processing module，MPM)。Apache Web 服务器有三种处理模块：Prefork MPM、Worker MPM、Event MPM。在企业中，Apache 最常用的处理模块为 Prefork MPM 和 Worker MPN。默认 Apache 处理模块为 Prefork MPM 方式，Prefork 采用预派生子进程方式，Prefork 用单独的子进程处理不同的请求，进程之间彼此独立，所以比较稳定。

Prefork MPM 的工作原理为：控制进程 Master 在最初建立 StartServers 个进程后，为满足 MinSpareServers 设置的最小空闲进程，所以需创建第一个空闲进程，等待一秒钟继续创建两个，再等待一秒钟，继续创建四个，依次按照递增指数级创建进程数，最多每秒同时创建 32 个空闲

进程，直到满足至少有 MinSpareServers 设置的值为止。

基于 Apache 的预派生模式(Prefork)，不必在请求到来时再产生新的进程，从而减小了系统开销以增加性能，不过由于 Prefork MPM 引擎是基于多进程方式提供对外服务，每个进程所占内存也相对较高。

7.4.3 Worker MPM 工作原理

相对于 Prefork MPM，Worker MPM 方式是 2.0 版中全新的支持多线程和多进程混合模式的 MPM，由于使用线程处理，所以可以处理海量的 HTTP 请求，而系统资源的开销要小于基于 Prefork 多进程的方式，Worker 也是基于多进程，但每个进程又生成多个线程，这样可以保证多线程获得进程的稳定性。

Worker MPM 的工作原理：控制进程 Master 在最初建立 StartServers 个进程，每个进程会创建 Threads PerChild 设置的线程数，多个线程共享该进程内存空间，同时每个线程独立处理用户的 HTTP 请求，为了不在请求到来时再生成线程，Worker MPM 也可以设置最大最小空闲线程。

Worker MPM 模式下同时处理的请求总数=进程总数*Threads PerChild，即等于 MaxClients，如果服务器负载很高，当前进程数不满足需求，Master 控制进程会 fork 新的进程，最大进程数不能超过 ServerLimit 数，如果需调整 StartServers 进程数，需同时调整 ServerLimit 值。

对 Prefork MPM 与 Worker MPM 引擎的区别总结如下：
- Prefork MPM 模式：使用多个进程，每个进程只有一个线程，每个进程在某个确定的时间只能维持一个连接，优点是稳定，但内存开销较高。
- Worker MPM 模式：使用多个进程，每个进程包含多个线程，每个线程在某个确定的时间只能维持一个连接，内存占用量比较小，适合大并发、高流量的 Web 服务器。Worker MPM 的缺点是一个线程崩溃，整个进程就会连同其任何线程一起挂掉。

7.4.4 安装 Apache Web 服务器

可从 Apache 官方分站点下载目前的稳定版本 httpd-2.2.32 版本，目前最新版本为 2.4 版，下载地址为 http://mirrors.hust.edu.cn/Apache/httpd/httpd-2.2.32.tarbz2。Apache Web 服务器的安装步骤如下：

(1) tar -xjvf httpd2.2.32.tar.bz2：利用 tar 工具解压 httpd 包。

(2) cd httpd-2.2.32/：进入解压后目录。

(3) yum install apr apr-devel apr-util apr-util- devel -y：安装 apr 相关移植库模块。

(4) ./configure--prefix=/usr/local/ Apache2/ --enable-rewrite --enable-so：预编译 Apache，启用 rewrite 规则、启用动态加载库。

(5) make：编译。

(6) make install：安装。

Apache 2.2.32 安装完毕，启动 Apache 服务，临时关闭 SELinux、firewall(防火墙)，命令如下：

```
/usr/local/Apache2/bin/Apachectl start
setenforce 0
systemctl stop firewalld.service
```

查看 Apache 服务进程，通过客户端浏览器访问 htp:/127.0.0.1/。

7.4.5 Apache 常用目录

Apache 可以基于源码安装、YUM 安装，不同的安装方法，所属的路径不同，以下为 Apache 常用路径的功能用途。

- /usr/lib64/httpd/modules/：Apache 模块存放路径。
- /var/www/html/：YUM 安装 Apache 网站发布目录。
- /var/www/error/：服务器设置错误信息，浏览器显示。
- /var/www/icon：小图标文件存放目录。
- /var/www/cgi-bin/：可执行的 CGI 程序存放目录。
- /usr/log/httpd/：Apache 日志目录。
- /usr/ sbin/Apachectl：Apache 启动脚本。
- /usr/sbin/httpd：Apache 二进制执行文件。
- /usr/hin/ httpasswd：设置 Apache 目录密码访问。
- /usr/ocal/ Apache2/bin：Apache 命令目录。
- /usr/ local/ Apache2/ build：Apache 构建编译目录。
- /usr/ local/Apache2/ htdocs/：源码安装 Apache 网站发布目录。
- /usr/local/ Apache2/ cgi-bin：可执行的 CGI 程序存放目录。
- /usr/ local/ Apache2/ include：Apache 引用配置文件目录。
- /usr/local/ Apache2/logs：Apache 日志目录。
- /usr/ local/ Apache2/man：Apache 帮助文档目录。
- /usr/ local/ Apache2/ manual：Apache 手册。
- /usr/local/ Apache2/ modules：Apache 模块路径。

7.4.6 Apache 配置文件详解

Apache 的配置文件是 Apache Web，这是一个难点，需要掌握配置文件中每个参数的意义，才能理解并在日常运维中解决 Apache 遇到的故障，以下为 Apache 配置文件详解。

1. 主服务器部分

(1) ServerName：定义 Apache 默认主机名，可以是域名或者 IP 地址。

(2) ServerRoot：用于定义服务器所在的目录，这个路径通常是在配置时由--prefix 指定。

(3) DocumentRoot：用于指定 Apache 提供页面服务的根目录，这个路径必须是绝对路径而不是相对路径，如果有空格还需要用引号括起来。

(4) ServerAdmin：服务器出错后给管理员发邮件的地址。

(5) ServerAlias 和 Alias：都用于映射目录，只是 ServerAlias 将映射的目录识别为 CGI 脚本目录，并将此目录所有文件都作为 CGI 脚本对待，但 Alias 只是映射为一个普通的目录。

(6) User 和 Group：定义用于运行 Apache 子进程的用户和用户组。

(7) Listen：用来定义监听 Apache 的端口号。

(8) LoadModule 指令：用于加载模块或者目标文件。

例如：

LoadModule cgi_module modules/mod_cgi.so_module

(9) ErrorDocument：自义错误页面信息。例如：

ErrorDocument 500 "unknown error"
ErrorDocument 404 "/var/server/www/cgi-bin/missing_404.pl"
ErrorDocument 402 http://www.nicky.com/error_402.html

(10) options：决定在哪些目录中使用哪些特性，这些特性如下。

① None：option 指令将不会起作用；
② ExecCGI：允许当前目录下执行 CGI 脚本；
③ Includes：允许使用 SSI 功能；
④ IncludesNOEXEC：允许使用 SSI 功能，但是 exec cgi and exec cmd 功能禁用；
⑤ Indexes：开启索引功能，比如一个请求到目录 URLz 中没有 DirectoryIndex 指令指定的索引文件，那么服务器会自动返回一个请求目录内容列表；
⑥ FollowSymLinks：允许在当前环境使用符号链接，但是在 Location 容器中会被忽略；
⑦ All：使用除 MultiViews 之外的所有特性，也是 options 的默认参数；
⑧ MultiViews：用于启动 mod_negotiations 模块提供的多重视图功能。

(11) ServerTokens：控制服务器回应给客户端的"Server"应答头是否包含关于服务器操作系统类型和编译的模块描述信息。

2. 容器部分

(1) <IfModule>容器

<IfModule>容器作用于模块，它会先判断模块是否载入，然后再决定是否进行处理，即只有当判断结果为真时，才会执行容器内的指令，相反如果为假，则会全部忽略，可以使用<IfModule 模块名>或者<IfModule！模块名>来判断模块是否载入。

```
#如果载入则执行
<IfModule mpm_netware_module>
DirctoryIndex index.html
</IfModule>
#如果不载入则执行
<IfModule！mpm_netware_module>
DirctoryIndex index.html
</IfModule>
```

(2) <IfDefine>容器

封装一组条件为真时才生效的指令，作用于 server config、virtual host、directory、htaccess。和 IfModule 的区别在于，它是以模块是否加载作为判断，但是 IfDefine 是以条件为判断依据。

```
<IfDefine Proxy>
LoadModule proxy_module modules/libproxy.so
</IfDefine>
```

(3) <Directory> <DirectoryMatch>容器

Directory：封装的指令在指定的目录或者它的子目录中起作用，这个目录必须是一个完整的路径，当然可以使用通配符"*""？"匹配目录，也可以使用"[]"确定字符范围。

```
匹配/
<Directory /var/Apache/html>
Order Deny,Allow
Deny from all
</Directory>
```

上述例子禁止了对/var/Apache/html 目录的访问权限，任何请求到/var/Apache/html 都会被拒绝。

如果希望目录使用正则表达式，那么需要在前面加一个符号~。

```
<Directory ~ "^/var/Apache[0-9]{2}/html">
Order Deny,Allow
Allow from all
</Directory>
```

DirectoryMatch：和 Directory 作用类似，但可以直接接受正则匹配，而不需要加一个~符号。

```
<DirectoryMatch "^/var/Apache[0-9]{2}/html">
Order Deny,Allow
Allow from all
</DirectoryMatch>
```

(4) <Files>和<FilesMatch>

<Files>容器：只作用于文件，也可以使用通配符和"[]"，以及在正则表达式前面加上"~"来使用正则表达式进行文件匹配。

```
<Files "^\.css">
 Order Deny,Allow
Allow from All
</Files>
```

FilesMatch：Files 而不需要加一个符号。

```
<FilesMatch "\.(gif|jpe?g|png)$">
Order Deny,Allow
Allow from All
</FilesMatch>
```

(5) <Location>和<LocationMatch>

<Location>和<LocationMatch>容器的作用是对 URL 进行访问控制。

```
<Location /cgi>
Order Allow,Deny
Deny from All
</Location>
```

如果以 cgi 开头，URL 则会被拒绝。

另外还可以将 URL 请求映射到 Apache 模块处理器上，例如使用 mod_status 模块。

```
<Location /server-status>
    SetHandler server-status
</Location>
```

如果使用上面的配置，那么访问/server-status，Apache 会将连接交给 mod_status 模块处理，并返回一个 Apache 服务器运行状态页面。

容器的处理顺序问题：

Apache 会优先处理 Directory 容器(此时不会处理带有正则表达式的 Directory 容器)和.htaccess 文件，接着处理 Files 和 FilesMatch 容器，再接着就是处理 Location 和 LocationMatch 容器。例如：

```
<Location /var/Apache/html>
Order deny,allow
Allow from All
</Location>
<Direcotry /var/Apache/html>
Order allow,deny
Allow from All
Deny from www.jons.com
</Direcotry>
```

上述例子，由于 Apache 会先处理<Directory>容器，最后处理的<Location>容器会覆盖之前 Directory 配置，因此对于 www.json.com 将是允许用户访问的。

7.4.7 Apache 虚拟主机在企业中的应用

企业真实环境中，一台 Web 服务器发布单个网站非常浪费资源，所以一台 Web 服务器上会发布多个网站，少则 3~5 个，多则 2~30 个。在一台服务器上发布多网站，也称为部署多个虚拟主机，Web 虚拟主机的配置方法有以下三种：

- 基于单 IP 多 Socket 端口；
- 基于多 IP 地址一个端口；
- 基于单 IP 一个端口不同域名。

其中基于同一端口不同域名的方式在企业中得到了广泛应用，以下为基于一个端口不同域名，在一台 Apache Web 服务器上部署多个网站，步骤如下：

(1) 创建虚拟主机配置文件 httpd-vhosts.conf，该文件默认已存在，只需去掉配置文件中的#号即可。

(2) 修改配置文件/usr/local/Apache2/conf/extra/httpd-vhosts.conf 中的代码，设置如下：

```
NameVirtualHost *:80
<VirtualHost *:80>
ServerAdmin support@ltedu.net
DocumentRoot "/usr/local/Apache2/htdocs/example1/"
ServerName www.example.com
ErrorLog "logs/www.example.com_error_log"
CustomLog "logs/www.example.com_log" common
```

```
</VirtualHost>
<VirtualHost  *:80>
ServerAdmin support@ltedu.net
DocumentRoot "/usr/local/Apache2/htdocs/example2"
ServerName www.example2.com
ErrorLog "logs/www.example2.com_error_log"
CustomLog "logs/www.example2.com_log" common
</VirtualHost>
```

httpd-vhosts.conf 参数详解如下：

Name VirtualHost *:80：开启虚拟主机，并且监听本地所有网卡接口的 80 端口。

< VirtualHost*:80>：虚拟主机配置起始。

ServerAdmin support@ltedu.net：管理员邮箱。

DocumentRoot "/usr/local/Apache2/htdocs/example/"：虚拟主机发布目录。

ServerName www.example.com：虚拟主机完整域名。

ErrorLog "logs/www.example.com_error_log"：错误日志路径及文件名。

CustomLog "logs/www.example.com_log" common：访问日志路径及文件名。

</VirtualHost>：虚拟主机配置结束。

（3）创建 www.example.com 及 www.example2.com 发布目录，重启 Apache 服务，并分别创建 index.html 页面，命令如下：

```
mkdir -o /user/local/Apache2/htdocs/{example1,example2}/
/usr/local/Apache2/bin/Apachectl restart
echo "<h1>www.example.com Pages </h1>" > /usr/local/Apache2/htdocs/ example1/index.html
echo "<h1>www.example2.com Pages </h1>" > /usr/local/Apache2/htdocs/ example2/index.html
```

（4）Windows 客户端设置 hosts 映射，将 www.example.com、www.example2.com 与 192.168.2.5 的 IP 进行映射绑定，映射的目的是将域名跟 IP 进行绑定，在浏览器中可以输入域名，不需要输入 IP 地址，绑定方法是在 C: Windows\ System32 drivers\etc 文件夹中，使用记事本编辑 hosts 文件，加入如下代码。

```
192.168.2.5    www.example.com
192.168.2.5    www.example2.com
```

（5）浏览器访问 www.example.com、www.example2.com，至此 Apache 基于多域名虚拟主机配置完毕，如果还需要添加虚拟主机，直接复制其中一个虚拟主机配置、修改 Web 发布目录即可。

习题 7

7.1 简述 Linux 中常见的网络接口，以及网络接口的配置方法。
7.2 简述修改网络配置文件配置网络配置参数的步骤。
7.3 简述 FTP 的数据传输模式及使用场合。

7.4 vsftpd 在 CentOS7 中的默认配置提供了哪些功能？
7.5 简述 DNS 的查询模式、DNS 解析过程。
7.6 简述资源记录的类型。
7.7 什么是 Apache？简述其特点。
7.8 简述 Apache 虚拟主机的类型和配置方法。

第 8 章

Linux内核简介

学习要求：通过学习本章的内容，了解进程之间通信的方式，了解 Linux 内存管理、设备管理、磁盘管理的方式，理解进程及进程管理的相关概念，掌握进程管理的命令。

8.1 进程管理

进程是现代操作系统的核心概念，它用来描述程序的执行过程，是实现多任务操作系统的基础。操作系统的其他所有内容都是围绕着进程展开的。因此，正确地理解和认识进程是理解操作系统原理的基础和关键。

8.1.1 程序的顺序执行与并发执行

1. 程序的顺序执行

如果程序的各操作步骤之间是依序执行的，程序与程序之间是串行执行的，这种执行程序的方式就被称为顺序执行。顺序执行是单道程序系统中程序的运行方式。

程序的顺序执行具有如下特点：

(1) 顺序性。CPU 严格按照程序规定的顺序执行，仅当一个操作结束后，下一个操作才能开始执行。多个程序要运行时，仅当一个程序全部执行结束后另一个程序才能开始。

(2) 封闭性。程序在封闭的环境中运行，即程序运行时独占全部系统资源，只有程序本身才能改变程序的运行环境。因而程序的执行过程不受外界因素的影响，结果只取决于程序自身。

(3) 可再现性。程序执行的结果与运行的时间和速度无关，结果总是可再现的，即无论何时重复执行该程序，都会得到同样的结果。

总的说来，这种执行程序的方式简单，且便于调试。但由于顺序程序在运行时独占全部系统资源，因而系统资源利用率很低。DOS 程序就是采用顺序方式执行的。

2. 程序的并发执行

单道程序封闭式运行是早期操作系统的标志，而多道程序并发运行是现代操作系统的基本特征。由于同时有多个程序在系统中运行，使系统资源得到充分的利用，系统效率大大提高。

程序的并发执行是指若干程序或程序段同时运行。它们的执行在时间上是重叠的。

程序的并发执行有以下特点：

(1) 间断性。并发程序之间因竞争资源而相互制约，导致程序运行过程的间断。例如，在单 CPU 的系统中，多个程序需要轮流占用 CPU 运行，未获得 CPU 的程序就必须等待。

(2) 没有封闭性。当多个程序共享系统资源时，一个程序的运行受其他程序的影响，其运行过程和结果不完全由自身决定。例如，一个程序计划在某一时刻执行一个操作，但很可能在那个时刻到来时它没有获得 CPU，因而也就无法完成该操作。

(3) 不可再现性。由于没有了封闭性，并发程序的执行结果与执行的时机以及执行的速度有关，结果往往不可再现。

可以看出，并发执行程序虽然可以提高系统的资源利用率和吞吐量，但程序的行为变得复杂和不确定。这使得程序难以调试，若处理不当还会带来许多潜在问题。

3. 并发执行的潜在问题

程序在并发执行时会导致执行结果的不可再现性，这是多道程序系统必须解决的问题。我们用下面的例子来说明并发执行过程对运行结果的影响，从而了解产生问题的原因。

设某停车场使用程序控制电子公告牌来显示空闲车位数。空闲车位数用一个计数器 C 记录。车辆入库时执行程序 A，车辆出库时执行程序 B，它们都要更新同一个计数器 C。程序 A 和程序 B 的片段如图 8.1 所示。

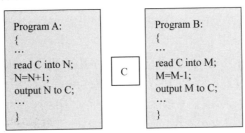

图 8.1 两个程序并发运行访问计数器 C

更新计数器 C 的操作对应的机器语言有 3 个步骤：读取内存 C 单元的数据到一个寄存器中，修改寄存器的数值，再将其写回 C 单元中。

由于车辆出入库的时间是随机的，程序 A 与程序 B 的运行时间也就是不确定的。当出入库同时发生时，将使两个程序在系统中并发运行。它们各运行一次后 C 计数器的值应保持不变。但结果可能不是如此。

如果两个程序的运行时序如表 8.1(a)所示，即一个程序对 C 进行更新的操作是在另一个程序的更新操作全部完成之后才开始，则 C 被正确地更新。如果两个程序的运行时序如表 8.1(b)所示穿插地进行，即当一个程序正在更新 C，更新操作还未完成时，CPU 发生了切换，另一个程序被调度运行，并且也对 C 进行更新。这种情况会导致错误的结果。

表 8.1 并发程序的执行时序影响执行结果

(a) 两个程序顺序访问 C 更新正确

时间	T0	T1	T2	T3	T4	T5
程序 A	C→N	N-1	N→C			
程序 B				C→M	M+1	M→C
C 的值	100	100	99	99	99	100

(b) 两个程序交叉访问 C 更新错误

时间	T0	T1	T2	T3	T4	T5
程序 A	C→N			N-1	N→C	
程序 B		C→M	M+1			M→C
C 的值	100	100	100	100	99	101

可以看出，导致 C 更新错误的原因是两个程序交叉地执行了更新 C 的操作。概括地说，当多个程序访问共享资源时的操作是交叉执行时，则会发生资源使用上的错误。

8.1.2 进程的概念

进程的概念最早出现在 20 世纪 60 年代中期，此时操作系统进入多道程序设计时代。多道程序并发显著提高了系统的效率，但同时也使程序的执行过程变得复杂与不确定。为了更好地研究、描述和控制并发程序的执行过程，操作系统引入了进程的概念。进程概念对于理解操作系统的并发性有着极为重要的意义。

1. 进程

进程(process)是一个可并发执行的程序在一个数据集上的一次运行。简单地说，进程就是程序的一次运行过程。

进程与程序的概念既相互关联又相互区别。程序是进程的一个组成部分，是进程的执行文本，而进程是程序的执行过程。两者的关系可以比喻为电影与胶片的关系：胶片是静态的，是电影的放映素材。而电影是动态的，一场电影就是胶片在放映机上的一次"运行"。对进程而言，程序是静态的指令集合，可以永久存在；而进程是动态的过程实体，动态地产生、发展和消失。

此外，进程与程序之间也不是一一对应的关系，表现在以下两点：

(1) 一个进程可以顺序执行多个程序，如同一场电影可以连续播放多部胶片一样。

(2) 一个程序可以对应多个进程，就像一本胶片可以放映多场电影一样。程序的每次运行就对应了一个不同的进程。更重要的是，一个程序还可以同时对应多个进程。例如系统中只有一个 vi 程序，但它可以被多个用户同时执行，编辑各自的文件。每个用户的编辑过程都是一个不同的进程。

2. 进程的特性

进程与程序的不同主要体现在进程有一些程序所没有的特性。要真正理解进程，首先应了解它的基本性质。进程具有以下几个基本特性：

(1) 动态性。进程由"创建"而产生，由"撤销"而消亡，因"调度"而运行，因"等待"而停顿。进程从创建到消失的全过程称为进程的生命周期。

(2) 并发性。在同一时间段内有多个进程在系统中活动。它们宏观上是在并发运行，而微观上是在交替运行。

(3) 独立性。进程是可以独立运行的基本单位，是操作系统分配资源和调度管理的基本对象。因此，每个进程都独立地拥有各种必要的资源，独立地占有 CPU 运行。

(4) 异步性。每个进程都独立地执行，各自按照不可预知的速度向前推进。进程之间的协调运行由操作系统负责。

3. 进程的基本状态

在多道系统中，进程的个数总是多于 CPU 的个数，因此它们需要轮流地占用 CPU。从宏观上看，所有进程同时都在向前推进；而在微观上看，这些进程是在走走停停之间完成整个运行过程的。为了刻画一个进程在各个时期的动态行为特征，通常采用状态模型。

进程有 3 个基本的状态：

(1) 就绪态。进程已经分配到了除 CPU 之外的所有资源，这时的进程状态被称为就绪态。处于就绪态的进程，一旦获得 CPU 便可立即执行。系统中通常会有多个进程处于就绪态，它们排成一个就绪队列。

(2) 运行态。进程已经获得 CPU，正在运行，这时的进程状态称为运行态。在单 CPU 系统中，任何时刻只能有一个进程处于运行态。

(3) 等待态。进程因某种资源不能满足，或希望的某事件尚未发生而暂停执行时，则称它处于等待态。系统中常常会有多个进程处于等待态，它们按等待的事件分类，排成多个等待队列。

4. 进程状态的转换

进程诞生之初处于就绪态，在其后的生存期间内不断地从一个状态转换到另一个状态，最后在运行态结束。图 8.2 所示是一个进程的状态转换图。

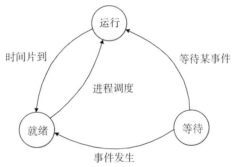

图 8.2　进程的状态转换图

引起状态转换的原因如下：

(1) 运行态→等待态：正在执行的进程因为等待某事件而无法执行下去。例如，进程申请某种资源，而该资源恰好被其他进程占用，则该进程将交出 CPU，进入等待状态。

(2) 等待态→就绪态：处于等待状态的进程，当其所申请的资源得到满足时，系统将资源分配给它，并将其状态变为就绪态。

(3) 运行态→就绪态：正在执行的进程的时间片用完了，或者有更高优先级的进程到来，系统会暂停该进程的运行，使其进入就绪态，然后调度其他进程运行。

(4) 就绪态→运行态：处于就绪态的进程，当被进程调度程序选中后，即进入 CPU 运行。此时该进程的状态变为运行态。

8.1.3　进程控制块

进程由程序、数据和进程控制块 3 个基本部分组成。程序是进程执行的可执行代码，数据是进程所处理的对象，进程控制块用于记录有关进程的各种信息。它们存在于内存，其内容会随着执行过程的进展而不断变化。在某个时刻的进程的执行内容(指代码、数据和堆栈)被称为进程映像(process image)。进程映像可以看作进程的剧本，决定了进程推进的路线和行为。进程控制块则是进程的档案。系统中每个进程都是唯一的。即使两个进程执行的是同一映像，它们也都有各自的进程控制块，因此是不同的进程。

进程控制块(process control block，PCB)是为管理进程而设置的一个数据结构，用于记录进程的相关信息。当创建一个进程时，系统为它生成 PCB；进程完成后，撤销它的 PCB。因此，PCB 是进程的代表，PCB 存在则进程存在，PCB 消失则进程也就结束了。在进程的生存期中，系统通过 PCB 来感知进程，了解它的活动情况，通过它对进程实施控制和调度。因此，PCB 是操作系统中最重要的数据结构之一。

PCB 记录了有关进程的所有信息，主要包括以下 4 方面的内容。

(1) 进程描述信息

进程描述信息用于记录一个进程的标识信息和身份特征，如家族关系和归属关系等。通过这些信息可以识别该进程，了解进程的权限，确定这个进程与其他进程之间的关系。

系统为每个进程分配了一个唯一的整数作为进程标识号(PID)，这是最重要的标识信息。系统通过 PID 标识各个进程。

(2) 进程控制与调度信息

进程的运行需要由系统进行控制和调度。进程控制块记录了进程的当前状态、调度策略、优先级、时间片等信息。系统依据这些信息实施进程的控制与调度。

(3) 资源信息

进程的运行需要占用一些系统资源，必要的资源包括进程的地址空间、要访问的文件和设备以及要处理的信号等。进程是系统分配资源的基本单位。系统将分配给进程的资源信息记录在进程的 PCB 中。通过这些信息，进程就可以访问分配到的各种资源。

(4) 现场信息

进程现场也称为进程上下文(process context)，包括 CPU 的各个寄存器的值。这些值刻画了进程的运行状态和环境。退出 CPU 的进程必须保存好这些现场信息，以便下次被调度时继续运行。进程被重新调度运行时，系统用它的 PCB 中的现场信息恢复 CPU 现场。现场一旦恢复，进程就可以从上次运行的断点处继续执行下去。

8.1.4　Linux 系统中的进程

在 Linux 系统中，进程也称为任务(task)，两者的概念是一致的。

1. Linux 进程的状态

Linux 系统的进程有 5 种基本状态，即可执行态(运行态与就绪态)、可中断睡眠态、不可中断睡眠态、暂停态和僵死态。状态转换图如图 8.3 所示。

对 Linux 进程的基本状态定义如下：

(1) 可执行态(runnable)：可执行态包含上述状态图中的运行和就绪两种状态。处于可执行态的进程均已具备运行条件。它们或正在运行，或准备运行。

(2) 睡眠态(sleeping)：即等待态。此时进程正在等待某个事件或某个资源。睡眠态又细分为可中断的(interruptable)和不可中断的(uninterruptable)两种。它们的区别在于，在睡眠过程中，处于不可中断状态的进程会忽略信号，而处于可中断状态的进程如果收到信号会被唤醒而进入可执行态，待处理完信号后再次进入睡眠态。

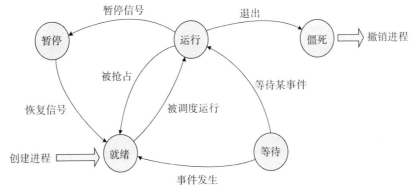

图 8.3 Linux 系统的进程状态转换图

(3) 暂停态(stopped 或 traced)：处于暂停态的进程是由运行态转换而来的，等待某种特殊处理。当进程收到一个暂停信号时则进入暂停态，等待恢复运行的信号。

(4) 僵死态(zombie)：进程运行结束或因某些原因被终止时，它将释放除 PCB 外的所有资源。这种占有 PCB 但已经无法运行的进程就处于僵死态。

2. Linux 进程的状态转换过程

新创建的进程处于可执行的就绪态，等待调度执行。

处于可执行态的进程在就绪态和运行态之间轮回。就绪态的进程一旦被调度程序选中，就进入运行状态。当进程的时间片耗尽或有更高优先级的进程就绪时，调度程序将选择新的进程来抢占 CPU 运行。被抢占的进程将交出 CPU，转入就绪态等待下一次的调度。处于此轮回的进程在运行态与就绪态之间不断地高速切换，可谓瞬息万变。因此，对观察者(系统与用户)来说，将此轮回概括为一个相对稳定的可执行态才有意义。

运行态、睡眠态和就绪态形成一个回路。处于运行态的进程，有时需要等待某种资源或某个事件的发生，这时已无法占有 CPU 继续运行，于是它退出 CPU，转入睡眠态。当该进程等待的事件发生后，进程被唤醒，进入就绪态。

运行态、暂停态和就绪态也构成一个回路。当处于运行态的进程接收到暂停执行信号时，它就放弃 CPU，进入暂停态。当暂停的进程获得恢复执行信号时，就转入就绪态。

处于运行态的进程执行结束后进入僵死态。待父进程(即创建此进程的进程)对其进行相应处理后撤销它的 PCB。此时，这个进程就完成了它的使命，从僵死走向彻底消失。

3. Linux 的进程描述符

Linux 系统用 task_struct 结构来记录进程的信息，称为进程描述符，也就是通常所说的 PCB。系统中每创建一个新的进程，就给它建立一个 task_struct 结构，并填入进程的控制信息。task_struct 中的字段很多，主要包括以下内容：

进程标识号(pid)：标识该进程的一个整数。

归属关系(uid、gid)：进程的属主和属组的标识号。

家族关系(parent、children、sibling)：关联父进程、子进程及兄弟进程的链接指针。

链接指针(tasks、run_list)：将进程链入进程链表和可执行队列的指针。

状态(state)：进程当前的状态。

调度信息(policy、prio、time_slice)：调度使用的调度策略、优先级和时间片等。

计时信息(start_time、utime、stime)：进程建立的时间以及执行用户代码与系统代码的累计时间。

信号信息(signal、sighand)：进程收到的信号以及使用的信号处理程序。

退出码(exit_code)：进程运行结束后的退出代码，供父进程查询使用。

文件系统信息(fs、files)：包括文件系统及打开文件的信息。

地址空间信息(mm)：进程使用的地址空间。

硬件现场信息(thread)：进程切换时保存的 CPU 寄存器的内容。

运行信息(thread_info)：有关进程运行环境、状况的 CPU 相关信息。

8.2 进程管理的命令

1. 查看系统进程信息

要对进程进行监测和控制，首先必须要了解当前进程的情况，也就是需要查看当前进程。要查看 Linux 系统中的进程信息，可以使用 ps 和 top 命令。

(1) ps 命令

ps 命令是最基本、也是非常强大的进程查看命令。使用该命令可以确定有哪些进程正在运行以及进程运行的状态、进程是否结束、进程有没有僵死，以及哪些进程占用了过多的资源等。

命令语法：

ps [选项]

命令中各选项的含义如表 8.2 所示。

表 8.2 ps 命令选项含义

选项	选项含义
-A	显示所有的进程
-N	选择除了那些符合指定条件的所有进程
-a	显示排除会话领导者和进程不与终端相关联的所有进程
-d	显示所有进程(排除会话领导者)
-e	显示所有的进程
T	显示当前终端下的所有进程
a	所有的 W/tty，包括其他用户
r	显示仅运行中的进程
x	处理 w/o 控制的 ttys
-c	为-l 选项显示不同的调度信息

(续表)

选项	选项含义
c	列出进程时，显示每个进程真正的命令名称，而不包含路径、参数或常驻服务的标识
-C<命令名>	按命令名显示进程
-G <真实的组群 GID|组群名>	按真实的组群 GID 或者组群名显示进程
-U <真实的用户 UID|用户名>	按真实的用户 UID 或者用户名显示进程
-g<组名>	选择会话或有效的组名显示进程
-p<进程 ID>	按进程 ID 显示进程
-s<会话 ID>	显示指定会话 ID 的进程
-t<终端>	按终端显示进程
-u<有效的用户 UID|用户名>	按有效的用户 UID 或用户名显示进程
U<用户名>	显示属于该用户的进程
t<终端>	按终端显示进程
-f	显示 UID、PPID、C 和 STTMF 字段
-j 或 j	采用作业控制的格式显示进程
s	采用进程信号的格式显示进程
v	以虚拟内存的格式显示进程
-l 或 l	采用详细的格式显示进程
U	以面向用户的格式显示进程
p<进程 ID>	显示指定进程号的进程，效果和-P 选项相同，只在列表格式方面不同
L	列出输出字段的相关信息
f	用 ASCII 字符显示树状结构，表达进程间的相互关系
r	只显示正在运行的进程
e	列出进程时，显示每个进程所使用的环境变量
-w 或 w	按宽格式显示输出
-u	输出用户格式，显示用户名和进程的起始时间
-x	显示不带控制终端的进程
-t<终端编号>	显示指定终端编号的进程
n	以数字表示 USER 和 WCHAN 字段
h	不显示标题列
-H	显示树状结构，表示进程间的相互关系
-m 或 m	在进程后面显示线程
-y	配合-l 选项使用时，不显示 F(flag)输出字段，并以 RSS 字段取代 ADDR 字段

例 1：显示所有的进程。

[root@rhel ~]#ps -e

例 2：显示所有不带控制终端的进程，并显示用户名和进程的起始时间。

[root@rhel ~]#ps -aux

例 3：查看 crond 进程是否正在执行。

[root@rhel ~]#ps -ef|grep crond

例 4：在显示进程的时候显示用户名和进程的起始时间。

[root@rhel ~]#ps -u

例 5：显示 root 用户的进程。

[root@rhel ~]#ps -u root

例 6：显示 tty1 用户进程。

[root@rhel ~]#ps -t tty1

例 7：显示进程号为 1659 的进程。

[root@rhel ~]#ps -p 1659

2. top 命令

使用 top 命令可以显示当前正在运行的进程以及关于它们的重要信息，包括它们的内存和 CPU 使用量。执行 top 命令可以显示目前正在系统中执行的进程，并通过它所提供的互动式界面，用热键加以管理。要退出 top，按[q]键即可。

命令语法：

top [选项]

命令中各选项的含义如表 8.3 所示。

表 8.3　top 命令选项含义

选项	选项含义
-b	使用批处理模式
-c	列出进程时，显示每个进程的完整命令，包括命令名称、路径和参数等
-d<间隔秒数>	监控进程执行状况的间隔时间，单位以秒计算
-i	忽略闲置或是已成为 Zombie 的进程
-n<执行次数>	设置监控信息的更新次数
-S	使用累积时间模式
-u<用户名|有效用户 UID>	仅监视指定有效用户 UID 或用户名匹配的进程
-p<进程 PID>	仅监视指定进程 UID 的进程
-U<用户名|用户 UID>	仅监视指定用户 UID 或用户名匹配的进程

3. 杀死进程

要关闭某个应用程序可以通过杀死其进程的方式实现，如果进程一时无法杀死，可以将其强制杀死。使用 kill 命令可以杀死进程，在使用 kill 命令之前，需要得到要被杀死的进程的 PID(进程号)。用户可以使用 ps 命令获得进行的 PID，然后用进程的 PID 作为 kill 命令的参数。

8.3 进程通信

系统中的进程和系统内核之间，以及各个进程之间需要相互通信，以便协调彼此间的活动。Linux 系统支持多种内部进程通信机制(IPC)，最常用的方式是信号、管道，以及 UNIX 系统支持的 System IPC 机制(即消息通信、共享数据段和信号量)，这里主要介绍其基本的实现思想。

8.3.1 信号机制

1. 信号概念

信号(signal，亦称作软中断)机制是在软件层次上对中断机制的一种模拟。异步进程可以通过彼此发送信号来实现简单通信。系统预先规定若干个不同类型的信号(如 x86 平台中 Linux 内核设置了 32 种信号，而现在的 Linux 和 POSIX.4 定义了 64 种信号)，各表示发生了不同的事件，每个信号对应一个编号。当运行进程遇到相应事件或出现特定要求时(如进程终止或运行中出现某些错误——非法指令、地址越界等)，就把一个信号写到相应进程 task_struct 结构的 signal 位图(表示信号的整数)中。接收信号的进程在运行过程中要检测自身是否收到了信号，如果已收到信号，则转去执行预先规定好的信号处理程序。处理之后，再返回原先正在执行的程序。

这种处理方式与硬件中断的处理方式有不少相同之处，但两者又是不同的。因为信号的设置、检测等都是软件实现的。信号处理机构是系统中围绕信号的产生、传送和处理而构成的一套机构。该机构通常包括三部分：①信号的分类、产生和传送；②对各种信号预先规定的处理方式；③信号的检测和处理。

2. 信号分类

信号分类随系统而变，通常可分为：进程终止、进程执行异常(如地址越界、写只读区、用户执行特权指令或硬件错误)、系统调用出错(如所用系统调用不存在、pipe 文件又写着无读者等)、报警信号及与终端交互作用等，系统一般也给用户自己留出定义信号的编号。

3. 进程对信号可采取的处理方式

当发生上述事件后，系统可以产生信号并向有关进程传送。进程彼此间也可用系统提供的系统调用发送信号。除了内核和超级用户外，并不是每个进程都可向其他进程发送信号。普通进程只能向具有相同 UID 和 GID 的进程发送信号，或向相同进程组中的其他进程发送信号。信号要记入相应进程的 task_struct 结构中 signal 的适当位，以备接收进程检测和处理。

进程接到信号后，在一定时机(如中断处理末尾)进行相应处理，可采取以下处理方式。

(1) 忽略信号。进程可忽略收到的信号，但 SIGKILL 和 SIGSTOP 信号不能被忽略。

(2) 阻塞信号。进程可以选择对某些信号予以阻塞。

(3) 由进程处理该信号。用户在 trap 命令中可以指定处理信号的程序，从而进程本身可在系统中标明处理信号的处理程序的地址。当发出该信号时，就由标明的处理程序进行处理。

(4) 由系统进行默认处理。系统内核对各种信号(除用户自定义之外)都规定了相应的处理程序。在默认情况下，信号就由内核处理，即执行内核预定的处理程序。

每个进程的 task_struct 结构中都有一个指针 sig，它指向一个 signal_struct 结构。该结构中有一个数组 action[ ]，其中的元素确定了当进程接收到一个信号时应执行什么操作。

4. 对信号的检测和处理流程

对信号的检测和响应是在系统空间进行的。通常，进程检测信号的时机是：第一，在系统空间返回用户空间之前，即当前进程由于系统调用、中断或异常而进入系统空间以后，进行相应的处理工作，处理完后，要从系统空间中退出，在退出之前进行信号检测；第二，进程刚被唤醒的时候，即当前进程在内核中进入睡眠以后刚被唤醒，要检测有无信号，如存在信号就会提前返回到用户空间。

8.3.2 管道文件

管道(pipe)是 Linux 中最常用的 IPC 机制。与 UNIX 系统一样，一个管道线就是连接两个进程的一个打开文件。例如：

ls | more

在执行这个命令行时要创建一个管道文件和两个进程，其中"|"对应管道文件，命令 ls 对应一个进程，它向该文件中写入信息，称作写进程；命令 more 对应另一个进程，它从文件中读出信息，称作读进程。由系统自动处理两者间的同步、调度和缓冲。管道文件允许两个进程按先入先出(FIFO)的方式传送数据，而它们可以彼此不知道对方的存在。管道文件不属于用户直接命名的普通文件，它是利用系统调用 pipe()创建的、在同族进程间进行大量信息传送的打开文件。

每个管道只有一个页面用做缓冲区，该页面是按环形缓冲区的方式使用的。也就是说，每当读或写到页面的末端就又回到页面的开头。

管道的缓冲区只限于一个页面，因此，当写进程有大量数据要写时，每当写满一个页面就要睡眠等待；等到读进程从管道中读走一些数据而腾出一些空间时，读进程会唤醒写进程，写进程就会继续写入数据。对读进程来说，缓冲区中有数据就读出，如果没有数据就睡眠，等待写进程向缓冲区中写数据；当写进程写入数据后，就唤醒正在等待的读进程。

Linux 系统也支持命名管道，也就是 FIFO 管道，因为它总是按照先入先出的原则工作。FIFO 管道与一般管道不同，它不是临时的，而是文件系统的一部分。当用 mkfifo 命令创建一个命名管道后，只要有相应的权限进程就可以打开 FIFO 文件，对它进行读或写。

8.3.3 System IPC 机制

为了和其他 UNIX 系统保持兼容，Linux 系统也支持 UNIX System V 版本中的三种进程间通信机制，它们是消息通信、共享内存和信号量。这三种通信机制使用相同的授权方法。进程只有通过系统调用将标识符传递给核心之后，才能存取这些资源。

(1) 一个进程可以通过系统调用建立一个消息队列，然后任何进程都可以通过系统调用向这个队列发送消息或者从队列中接收消息，从而实现进程间的消息传递。

(2) 一个进程可以通过系统调用设立一片共享内存区，然后其他进程就可以通过系统调用将该存储区映射到自己的用户地址空间中。随后，相关进程就可以像访问自己的内存空间那样读/写该共享区的信息。

(3) 信号量机制可以实现进程间的同步，保证若干进程对共享的临界资源的互斥操作。简单说来，信号量是系统内的一种数据结构，它的值代表可使用资源的数量，可以被一个或多个进程进行检测和设置。对于每个进程来说，检测和设置操作是不可中断的，分别对应于操作系统理论中的 P 和 V 操作。System V IPC 中的信号量机制是对传统信号量机制的推广，实际是"用户空间信号量"。它由内核支持，在系统空间实现，但可由用户直接使用。

8.4 磁盘管理

在工作中，我们经常要了解目录的大小、磁盘空间的大小，甚至是对磁盘重新分区，这些在 Linux 中都可以通过命令来完成。本节就向读者介绍管理磁盘的常用命令。

8.4.1 磁盘分区

1. 磁盘分区的目的

在进行磁盘分区之前，首先需要了解磁盘分区的主要目的：

(1) 易于管理和使用。比如把磁盘分为 sda1、sda2、sda3、sda4 盘，假设 sda1 盘为系统盘，其他的如游戏、办公、软件盘，如果重新分区只需要在对的盘中划分即可，而不需要对整个磁盘进行分区。

(2) 有利于数据安全。通过分区可以降低数据损失的风险。由于出现硬盘坏道、错误操作、重装系统都有可能造成数据损失，如果分区了，就可以将损失最小化。

(3) 节约寻找文件的时间。完成分区后，电脑只需要在对应区内搜索文件，而不需要对全盘进行搜索。

2. 磁盘分区的类别

磁盘的分区主要分为基本分区和扩展分区，并且它们总的数目之和不能大于四个。一般情况下，基本分区能立刻生效但不能再分区。而扩展分区需要再次分区后才能生效，由扩展分区进行二次划分就是逻辑分区，并且逻辑分区没有数量上的限制。

对于 IDE 硬盘，驱动器标识符为"hdx~"，其中"hd"是分区所在设备的类型，此处指 IDE 硬盘。"x"为盘号(a 为基本盘，b 为基本从属盘，c 为辅助主盘，d 为辅助从属盘)，"~"代表分区，前四个分区用数字 1 到 4 表示，它们是主分区或扩展分区，从 5 开始就是逻辑分区。例，hda3 表示第一个 IDE 硬盘上的第三个主分区或扩展分区，hdb2 表示第二个 IDE 硬盘上的第二个主分区或扩展分区。对于 SCSI 硬盘，则标识为"sdx~"，SCSI 硬盘用"sd"表示分区所在的设备类型，其余则和 IDE 硬盘的表示方法一样。

在 Linux 中规定，每一个硬盘设备最多能由 4 个主分区(其中包含扩展分区)构成，任何一个扩展分区都要占用一个主分区号码，也就是在一个硬盘中，主分区和扩展分区一共最多是 4 个。Linux 规定了主分区(或者扩展分区)占用 1 至 16 号码中的前 4 个号码。以第一个 IDE 硬盘为例说明，主分区(或者扩展分区)占用了 hda1、hda2、hda3、hda4，而逻辑分区占用了 hda5～hda16 等 12 个号码。因此，Linux 下面每一个硬盘总共最多有 16 个分区。

3. 磁盘分区命令

以创建 1 个 1GB 的分区为例来说明。

(1) 在进行分区时，首先需要查看当前磁盘的一个分区状况，使用命令：fdisk-l。

注意： 图 8.4 中/dev/sda1 后面有个*，表示该磁盘用于引导系统进行启动。start、end 表示分区开始的扇区位置和结束的扇区位置。sectors 表示扇区个数。Id 表示磁盘编号。Type 表示 Linux 系统分区的一个分区信息。

```
[root@localhost ~]# fdisk -l
Disk /dev/sda: 20 GiB, 21474836480 bytes, 41943040 sectors
Units: sectors of 1 * 512 = 512 bytes
Sector size (logical/physical): 512 bytes / 512 bytes
I/O size (minimum/optimal): 512 bytes / 512 bytes
Disklabel type: dos
Disk identifier: 0x2523d342

Device     Boot   Start      End  Sectors Size Id Type
/dev/sda1  *       2048  2099199  2097152   1G 83 Linux
/dev/sda2       2099200 41943039 39843840  19G 8e Linux LVM


Disk /dev/sdb: 4 GiB, 4294967296 bytes, 8388608 sectors
Units: sectors of 1 * 512 = 512 bytes
Sector size (logical/physical): 512 bytes / 512 bytes
I/O size (minimum/optimal): 512 bytes / 512 bytes


Disk /dev/mapper/cl-root: 17 GiB, 18249416704 bytes, 35643392 sectors
Units: sectors of 1 * 512 = 512 bytes
Sector size (logical/physical): 512 bytes / 512 bytes
I/O size (minimum/optimal): 512 bytes / 512 bytes


Disk /dev/mapper/cl-swap: 2 GiB, 2147483648 bytes, 4194304 sectors
Units: sectors of 1 * 512 = 512 bytes
Sector size (logical/physical): 512 bytes / 512 bytes
I/O size (minimum/optimal): 512 bytes / 512 bytes
```

图 8.4　查看当前磁盘的分区状况

此处主要使用 4GB 的/dev/sdb 硬盘进行分区。

(2) 输入命令：fdisk /dev/sdb，让硬盘进入分区模式，如图 8.5 所示。

```
[root@localhost ~]# fdisk /dev/sdb

Welcome to fdisk (util-linux 2.32.1).
Changes will remain in memory only, until you decide to write them.
Be careful before using the write command.

Device does not contain a recognized partition table.
Created a new DOS disklabel with disk identifier 0x3e68a0fd.

Command (m for help): 
```

图 8.5　硬盘进入分区模式

此时图 8.5 中的命令栏显示可以输入 m 寻求帮助，如图 8.6 所示。

图 8.6　查看选项

(3) 由图 8.6 可知，若要创建分区，需要输入 n，处理过程如图 8.7 所示。

图 8.7　新建分区

输入 n 之后显示的是 0 个主要分区，0 个扩展分区，还有 4 个闲置分区，并且光标前的 default p 表示的是默认为基本分区。

此时输入 e 进入下一步。需要选择输入起始位置，也就是起始扇区。或者不用输入，直接按回车键进入下一步，是为了能够充分使用到所有可用扇区，即默认选择可用扇区的起始最小扇区，如图 8.8 所示。

图 8.8　设置新建分区的起始扇区

回车后进入下一步，此时需要选择是否输入终了位置，也就是结束扇区。直接按回车键就是默认使用剩余的全部空间，如图 8.9 所示。

```
Command (m for help): n
Partition type
   p   primary (0 primary, 0 extended, 4 free)
   e   extended (container for logical partitions)
Select (default p): e
Partition number (1-4, default 1): 4
First sector (2048-8388607, default 2048):
Last sector, +sectors or +size{K,M,G,T,P} (2048-8388607, default 8388607):
```

图 8.9　设置新建分区的结束扇区

回车后如图 8.10 所示。

```
Command (m for help): n
Partition type
   p   primary (0 primary, 0 extended, 4 free)
   e   extended (container for logical partitions)
Select (default p): e
Partition number (1-4, default 1): 4
First sector (2048-8388607, default 2048):
Last sector, +sectors or +size{K,M,G,T,P} (2048-8388607, default 8388607):

Created a new partition 4 of type 'Extended' and of size 4 GiB.
```

图 8.10　创建出新的分区

此时已创建好了扩展分区，可以在命令行界面输入 p 查看分区情况，如图 8.11 所示。

最下面的就是创建的扩展分区，以及它的起始、终止扇区的位置信息；扇区信息；id 编号信息及分区信息。

```
Command (m for help): p
Disk /dev/sdb: 4 GiB, 4294967296 bytes, 8388608 sectors
Units: sectors of 1 * 512 = 512 bytes
Sector size (logical/physical): 512 bytes / 512 bytes
I/O size (minimum/optimal): 512 bytes / 512 bytes
Disklabel type: dos
Disk identifier: 0x1e88876d

Device     Boot Start    End Sectors Size Id Type
/dev/sdb4       2048 8388607 8386560   4G  5 Extended
```

图 8.11　查看分区情况

（4）创建好扩展分区，才可以创建逻辑分区。在命令行输入 n 添加一个新分区，此时添加的分区就是逻辑分区，过程如图 8.12 所示。

```
Command (m for help): n
All space for primary partitions is in use.
Adding logical partition 5
First sector (4096-8388607, default 4096):
```

图 8.12　新建逻辑分区

同样地对逻辑分区的起始扇区选择默认值，直接按回车键。然后需要设置它的终止扇区，输入格式为：+扇区 或者 +数值大小{单位}。此时输入：+1G，表示设置大小为 1GB 的逻辑空间。回车之后就完成了新的分区的设置。输入 p 显示分区表以查看分区信息，如图 8.13 所示。

（5）保存，在命令行输入 w 保存分区信息。但是格式化的时候，有可能找不到这个分区。这是因为 Linux 没有把分区信息读到内核中，需要输入 partprobe 这个命令，以使内核重读分区信息，如图 8.14 所示。

图8.13 输入 p 查看新建的逻辑分区情况

图8.14 保存并使内核重读分区信息

到这里已经成功创建了一个 1GB 大小的分区，但是还要对磁盘进行格式化后才可以进行数据的存储。

8.4.2 磁盘格式化

格式化是指将分区格式化成不同的文件系统。一般操作系统使用文件系统来明确存储设备或分区上的文件的方法和数据结构，即在存储设备上组织文件的方法。

磁盘的格式化命令为 mkfs。

现在要对刚才创建的逻辑分区/dev/sdb5 进行格式化。

(1) 在命令行输入 mkfs.ext3 /dev/sdb5，即格式化根下的 sdb5 分区，格式化类型为.ext3，如图 8.15 所示。

图8.15 格式化根下的 sdb5 分区

出现 done 后，意味着格式化已经进行完毕。

(2) 格式化后使用命令 ll，可以查看格式化后的分区的文件类型信息，如图 8.16 所示。

```
[root@localhost ~]# ll /dev/sdb5
brw-rw----. 1 root disk 8, 21 Apr 28 09:24 /dev/sdb5
[root@localhost ~]#
```

图 8.16　查看格式化后的分区的文件类型信息

从信息中可以看出，sdb5 为块设备。8 表示主设备号，5 表示从设备号。到这里已经格式化好了 sdb5，若要使用还需要挂载。

8.4.3　磁盘的挂载

在挂载某个分区前，需要先建立一个目录形式的挂载点。如果将分区挂载到该挂载点下，那么往这个目录写数据时，就都会写到该分区中。

(1) 挂载点目录：将磁盘切到根目录，media 和 mnt 这两个目录被叫作挂载点目录。也可以自己创建一个目录作为一个挂载点目录，如图 8.17 所示。

```
[root@localhost ~]# cd /
[root@localhost /]# ll -d m*
drwxr-xr-x. 2 root root  6 Nov  3 10:22 media
drwxr-xr-x. 3 root root 18 Apr 25 14:49 mnt
[root@localhost /]#
```

图 8.17　创建挂载点目录

(2) 临时挂载：将指定的一个目录作为挂载点目录时，如果挂载点的目录有文件，那么文件会被隐藏。因此当我们需要挂载目录时，最好新建一个空文件夹来作为挂载点目录(重启后失效)。

首先在根下创建 test 目录用于测试，在该目录中新建文件 file 和目录 directory，如图 8.18 所示。

```
[root@localhost /]# mkdir test
[root@localhost /]# touch /test/file
[root@localhost /]# mkdir /test/directory
[root@localhost /]# cd /test/
[root@localhost test]# ll
total 0
drwxr-xr-x. 2 root root 6 Apr 28 09:45 directory
-rw-r--r--. 1 root root 0 Apr 28 09:44 file
[root@localhost test]#
```

图 8.18　创建测试目录

然后使用命令 mount /dev/sdb5 /test，将/dev/sdb5 挂载到 test 目录中，如图 8.19 所示。

```
[root@localhost test]# mount /dev/sdb5 /test/
[root@localhost test]# cd ..
[root@localhost /]# cd test/
[root@localhost test]# ll
total 16
drwx------. 2 root root 16384 Apr 28 09:24 lost+found
[root@localhost test]#
```

图 8.19　将/dev/sdb5 挂载到 test 目录中

挂载之后对 test 目录下进行操作就相当于在分区 sdb5 中进行操作，如可在 test 目录中写一个名为 colour 的文件，如图 8.20 所示。

退出 test 目录，使用 umount /dev/sdb5 卸载 sdb5。注意，卸载时一定要退出目录，否则不能卸载，如图 8.21 所示。

图 8.20 test 目录中创建文件

图 8.21 卸载/dev/sdb5

将这个 sdb5 直接挂载到新建的目录 test2 中。若挂载后的 test2 目录也能够读到 colour 这个文件，就能说明 colour 这个文件是属于磁盘里的而非目录里的。

(3) 查看到当前系统上所有磁盘的挂载信息。

使用 mount 命令(但读起来较费劲)可以显示在哪里挂载的、磁盘的格式类型、读写权限等其他信息。

使用命令 df -h 可以显示相关的磁盘信息，包括文件的大小，已经使用的分区大小，总共可用分区的大小、使用率及挂载的位置，如图 8.22 所示。

图 8.22 查看磁盘的信息

注意：当时为 sdb5 分配了 1GB 的大小，但格式化后，要存储一些记录格式化的类型的信息，所以会占用一些空间，导致实际空间比预先设置的空间要小。

(4) 使用命令 blkid 查看对应分区的 UUID(编号)。UUID 唯一标识每一个分区，防止错误的挂载。除此之外，还会显示分区的类型，如图 8.23 所示。

图 8.23 查看对应分区的 UUID

(5) 永久挂载。使用永久挂载，就意味着开机会自动挂载。

在命令行直接输入 vim /etc/fstab 就可以编辑，实现开机自动挂载，如图 8.24 所示。

```
# /etc/fstab
# Created by anaconda on Sun Apr 25 18:44:49 2021
#
# Accessible filesystems, by reference, are maintained under '/dev/disk/'.
# See man pages fstab(5), findfs(8), mount(8) and/or blkid(8) for more info.
#
# After editing this file, run 'systemctl daemon-reload' to update systemd
# units generated from this file.
#
/dev/mapper/cl-root     /                       xfs     defaults        0 0
UUID=fd714504-54ec-4945-a581-4681411fa206 /boot                   xfs     defaults        0 0
/dev/mapper/cl-swap     none                    swap    defaults        0 0
```

图 8.24　永久挂载

将 sdb5 的 UUID 编号写入该文件中，设置对应的属性，其中/test 为挂载点目录，ext3 为文件系统类型，第一个 0 表示不备份，第二个 0 表示不检查。注意格式一定要正确，如图 8.25 所示。

```
#
# /etc/fstab
# Created by anaconda on Sun Apr 25 18:44:49 2021
#
# Accessible filesystems, by reference, are maintained under '/dev/disk/'.
# See man pages fstab(5), findfs(8), mount(8) and/or blkid(8) for more info.
#
# After editing this file, run 'systemctl daemon-reload' to update systemd
# units generated from this file.
#
/dev/mapper/cl-root     /                       xfs     defaults        0 0
UUID=fd714504-54ec-4945-a581-4681411fa206 /boot                   xfs     defaults        0 0
UUID=10903309-e0e8-4562-b587-b0db2df28488 /test ext3 defaults 0   0
/dev/mapper/cl-swap     none                    swap    defaults        0 0
```

图 8.25　永久挂载

由于内核还没有读取这个命令，需要使用 mount -a 来让内核读取这个文件，然后用 mount | grep /test 过滤信息，查看是否成功挂载，如图 8.26 所示。

```
[root@localhost ~]# mount -a test
[root@localhost ~]# mount | grep /test
/dev/sdb5 on /test type ext3 (rw,relatime,seclabel)
[root@localhost ~]#
```

图 8.26　用 mount | grep /test 查看是否成功挂载

或者省去上一步，直接到 test 目录下查找 colour 文件，如图 8.27 所示。

```
[root@localhost /]# cd test
[root@localhost test]# ll
total 4
-rw-r--r--. 1 root root 6 Apr 28 10:14 colour
[root@localhost test]#
```

图 8.27　test 目录下找 colour 文件是否存在

8.5　内存管理

早期 Linux 内存主要采用的是页式内存管理，但同时也不可避免地涉及段机制。程序所使用的地址，通常是没被段式内存管理映射的地址，称为逻辑地址；通过段式内存管理映射的地址，称为线性地址，也叫虚拟地址。逻辑地址是“段式内存管理”转换前的地址，线性地址则是"页式内存管理"转换前的地址。

Linux 系统中的每个段都是从 0 地址开始的整个 4GB 虚拟空间(32 位环境下)，也就是所有的段的起始地址都是一样的。这意味着，Linux 系统中的代码，包括操作系统本身的代码和应用程序代码，所面对的地址空间都是线性地址空间(虚拟地址)，这种做法相当于屏蔽了处理器中的逻辑地址概念，段只被用于访问控制和内存保护。

在 Linux 操作系统中，虚拟地址空间的内部又被分为内核空间和用户空间两部分，不同位数的系统，地址空间的范围也不同。内核空间是控制计算机的硬件资源，并提供上层应用程序运行的环境。用户空间即上层应用程序的活动空间，应用程序的执行必须依托于内核提供的资源，包括 CPU 资源、存储资源、I/O 资源等。为了使上层应用能够访问到这些资源，内核必须为上层应用提供访问的接口，即系统调用。

用户态的应用程序可以通过以下三种方式来访问内核态的资源。

1. 系统调用

系统调用是操作系统的最小功能单位，这些系统调用根据不同的应用场景可以进行扩展和裁剪，现在各种版本的 UNIX 实现都提供了不同数量的系统调用。这些系统调用组成了用户态跟内核态交互的基本接口。

2. 库函数

库函数就是屏蔽这些复杂的底层实现细节，减轻程序员的负担，从而更加关注上层的逻辑实现。它对系统调用进行封装，提供简单的基本接口给用户，这样增强了程序的灵活性，当然对于简单的接口，也可以直接使用系统调用访问资源，例如：open()、write()、read()等。库函数根据不同的标准也有不同的版本，例如：glibc 库、posix 库等。

3. Shell 脚本

Shell 是一个特殊的应用程序，用于连接各个小功能程序，让不同程序能够以一个清晰的接口协同工作，从而增强各个程序的功能。同时，Shell 是可编程的，它可以执行符合 Shell 语法的文本，这样的文本称为 Shell 脚本。通常短短的几行 Shell 脚本就可以实现一个非常大的功能，原因就是这些 Shell 语句通常都对系统调用做了一层封装。

因为操作系统的资源有限，如果访问资源的操作过多，必然会消耗过多的资源，而且如果不对这些操作加以区分，很可能造成资源访问的冲突。所以，为了减少有限资源的访问和使用冲突，UNIX/Linux 对不同的操作赋予了不同的执行等级。

Linux 操作系统中主要采用 0 和 3 两个特权级，分别对应的就是内核态和用户态。运行于用户态的进程可以执行的操作和访问的资源都会受到极大的限制，而运行在内核态的进程则可以执行任何操作并且在资源的使用上没有限制。

(1) 系统调用。

(2) 异常事件：当 CPU 正在执行运行在用户态的程序时，突然发生某些预先不可知的异常事件，这个时候就会触发从当前用户态执行的进程转向内核态执行相关的异常事件，典型的如缺页异常。

(3) 外围设备的中断：当外围设备完成用户的请求操作后，会向 CPU 发出中断信号，此时，CPU 就会暂停执行下一条即将要执行的指令，转而去执行中断信号对应的处理程序，如果先前执行的指令是在用户态下,则自然就发生从用户态到内核态的转换。

注意:系统调用的本质其实也是中断,相对于外围设备的硬中断,这种中断被称为软中断,这是操作系统为用户特别开放的一种中断。所以,从触发方式和效果上来看,这三种切换方式是完全一样的,都相当于是执行了一个中断响应的过程。但是从触发的对象来看,系统调用是进程主动请求切换的,而异常和硬中断则是被动的。

8.6 设备管理

8.6.1 Linux 设备管理综述

Linux 设备管理的主要特点是把设备当作文件来看待,只要安装了设备的驱动程序,应用程序就可以像使用文件一样使用设备,而不必知道它们的具体存在形式和操作方式。也就是说,应用程序只与文件系统打交道,而不依赖于具体的设备,从而实现了设备独立性。

之所以能够将设备作为文件对待,是因为 Linux 文件的逻辑结构是字节流,而设备传输的数据也是字节流。如果将向设备输出数据看作写操作,将从设备输入数据看作读操作,就可以把设备 I/O 与文件读写操作统一起来,用同一组系统调用来完成。这样做的好处是简化了 I/O 系统的设计,同时也简化了应用软件的 I/O 编程。

并非所有的 Linux 设备都可以作为文件来处理。Linux 系统将设备分为 3 类,即字符设备、块设备和网络设备。字符设备和块设备都可以通过文件系统进行访问,因为它们传输的是无结构的字节流,而网络设备则是个例外。网络设备传输的数据流是有结构的数据包,这些数据包由专门的网络协议封装和解释,因此需要经过一组专门的系统调用进行访问。Linux 设备管理通常指的是字符设备和块设备,本节也只介绍这两类设备的管理技术。

1. Linux 设备的标识

在 Linux 系统中,每个设备都对应一个设备文件,位于 dev 目录下。设备文件是一种特殊类型的文件,字符设备的文件类型为 "c",块设备的文件类型为 "b"。设备文件的权限模式就是对该设备的访问权限。

用户用设备文件的名称来指定设备,而内核则使用主设备号(major number)和次设备号(minor number)标识一个具体的设备。一般来讲,主设备号标识设备的控制器,次设备号区分同一控制器下的不同设备实例。主设备号与设备的驱动程序相对应,而次设备号供驱动程序内部使用。Linux 系统支持高达 4095 个主设备号,每类主设备可以有多于 100 万个次设备号,这足以支持高端企业系统的设备配置。

例 8:用 ls 命令查看终端、打印机和硬盘设备文件的详细信息如下。

```
$ls -l /dev/lp0 /dev/tty /dev/sda
crw-rw----   1  root  lp    6, 0  May  12 15:13  /dev/lpo
brw-rw----   1  root  disk  8, 0  May  12 15:13  /dev/sda
crw-rw-rw-   1  root  tty   5, 0  May  12 15: 13 /dev/tty
```

在上面的输出信息中，lp0 是打印机的文件名，类型是字符设备，主设备号是 6，次设备号是 0；ty 是当前使用的终端设备的文件名，类型是字符设备，主设备号是 5，次设备号是 0；sda 是磁盘驱动器的文件名，类型是块设备，主设备号是 8，次设备号是 0。

2. Linux 伪设备及其标识

除了实际设备外，Linux 系统还提供了一些伪设备。伪设备(pseudo device)是指没有对应任何实际设备，完全由驱动软件虚构出来的设备。常用的伪设备有如下几种。

(1) 空设备/ dev/null：无输出，常用于丢弃不需要的输出流。
(2) 满设备/ dev/full：写入时总返回"设备满"错误，通常被用来测试 I/O 程序。
(3) 零设备/ dev/zero：输出 0 序列，常用于产生一个特定大小的空白文件。
(4) 随机数设备/ dev/random：输出随机数，可以用作随机数发生器。

这些伪设备都是字符设备，主设备号均为 1，由 1 号驱动程序模拟实现。

3. 设备文件的描述结构

同普通文件一样，每个设备文件都有一个独立的 i 节点。设备文件的 i 节点与普通文件的 i 节点有所不同，i 节点没有文件大小和数据块索引等信息，而是包含了主次设备号和一些设备描述信息。另一点不同的是，设备文件只有 i 节点，没有数据块，因为它并不包含任何实际数据。因此，设备文件也常被称为设备节点。

在 VFS 系统中，每个打开的设备文件也对应一个 file、dentry 和 inode 对象。不同之处在于，普通文件的 file 对象的文件操作集 file operations 上装配的是文件系统的操作函数，而设备文件的 file 对象的 file operations 上装配的是用于设备的操作函数。正是这样的设计使得 VFS 可以将对文件的操作映射到对设备的操作上。

8.6.2 Linux I/O 系统的软件结构

Linux 实现设备独立性的手段是通过分层软件结构把设备纳入文件系统的管理之下，使进程可以通过文件系统的接口来使用设备。因此，Linux 的 I/O 系统与文件系统以层次化的结构有机地结合在一起，形成了一个文件与设备共用的结构框架。图 8.28 描述了这个框架的结构。

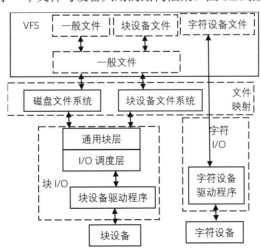

图 8.28 Linux 的文件 I/O 系统的组成结构

在最上层的 VFS 文件系统中，除了那些实际存在于磁盘文件系统中的一般文件(包括普通文件、目录文件和链接文件)，还包括了块设备和字符设备的文件。也就是说，在这个层面上，设备被抽象成了文件，用户可以像使用一般文件那样，用文件系统的系统调用来打开、关闭和读写设备文件。例如，命令 echo "Hello!" > /dev/lp0 将会使打印机打印出一个字符串。这种将设备看作文件的设计十分有效，它使得文件系统可以用管理一般文件的同一机制对设备进行命名、保护与操作，从而大大简化了系统的结构。

磁盘高速缓存是在内存中开辟的缓存区，主要用作 VFS 的页面缓存(page cache)，同时也可作为 I/O 系统的缓冲区缓存(buffer cache)。除了直接 I/O 操作外，对块设备的访问都是经过磁盘高速缓存进行的。

在 VFS 系统之下是文件的映射层和 I/O 调度层。映射层的作用是将对文件的操作映射到实际的 I/O 操作上，生成 I/O 请求。I/O 调度层的功能是根据 I/O 请求调度和实施对设备的 I/O 操作。对于不同类型的文件，采用的 I/O 操作方式不同，对应的映射方式也不同。I/O 操作方式分为以下两种。

(1) 字符 I/O 方式。字符设备文件采用字符 I/O 方式进行访问。字符设备是以字节为单位顺序读写的，读写位置就是字符设备当前传输的字节，因此字符 I/O 方式十分简单。VFS 将对字符设备文件的读写请求直接映射为对字符设备的 I/O 请求，并直接调用驱动程序的操作函数完成所请求的 I/O 操作。

(2) 块 I/O 方式。一般文件和块设备文件都采用块 I/O 方式进行访问。当用户访问文件时，VFS 通过映射层得到实际要访问的存储块，生成文件 I/O 请求，然后将其提交给块 I/O 子系统。块 I/O 子系统负责处理块 I/O 请求，实现对块设备的访问。出于对性能等因素的考虑，块 I/O 方式子系统采用了多层结构设计，包括了通用块层、I/O 调度层和设备驱动层。

需要注意的是，虽然都是采用块 I/O 方式，但访问一般文件与访问块设备文件是两个不同的概念。一般文件是由实际磁盘文件系统管理的。在访问一般文件时，VFS 需经过磁盘文件系统进行映射，得到要读写的文件数据所对应的磁盘存储块，然后发出 I/O 请求读写这些块。块设备文件则不同，它是块设备自身所对应的特殊文件，由块设备文件系统(bdev)进行管理。访问块设备文件就是直接对块设备进行读写。此时，内核将采用 bdev 系统默认的映射方式，根据要访问的位置直接计算出映射的存储块，然后向块 I/O 子系统发出 I/O 请求。多数情况下对块设备的访问都是前一种方式，后一种方式只在特殊的情况下才会使用。例如，挂装文件系统时需要直接从它的分区中读取超级块等元数据。还有一些针对整个文件系统的操作，如检查修复文件系统(fsck 命令)或复制磁盘(dd 命令)等，也都须直接读写文件系统所对应的设备文件。

8.6.3 Linux 的设备管理机制

1. 设备驱动模型与设备管理器

Linux 2.6 版内核引入了全新的设备驱动模型(driver model)。它将描述总线、设备以及驱动程序等信息的数据结构按设定的框架集合在一起，构成一个统一的、层次化结构的设备视图。为了使用户进程也能够获取内核中的设备信息，内核将这个模型的内容导出到一个称为 sysfs 的内存文件系统中，并将其挂装在/sys 目录下。/sys 下的子目录提供了设备模型的各种视图，供用户进程访问使用。其中，/sys/devices 是所有设备及连接结构的视图，/sys/dev/是基于主次设备号的设备视图，/sys/bus 是按总线类型组织的设备及驱动程序的视图，/sys/class/是按功能分类的逻辑设备视图。

设备驱动模型运用了面向对象的设计思想，是用 C 语言实现面向对象编程的典范，所有对总线、设备、驱动等的描述都建立在内核对象(kobject)的基础上，经过封装、分类和继承形成具有层次化结构的对象实例。用这种方式建立的模型更加贴合设备的实际存在形式，因而可以清晰地获得有关设备的属性、操作、隶属关系与分类关系等信息。在模型中注册和注销设备就是简单的创建与删除对象，这大大方便了对设备的动态管理驱动模型，不仅提供了一个优化的设备管理方案，也为驱动程序的开发建立了一个良好的规范和基础框架。

在设备驱动模型的基础上，Linux 系统还启用了新的设备管理器 udev。udev 运行在用户态，用于管理/dev 目录下的设备文件。它从/sys 目录中获取系统中现有设备的信息和存在状态，动态地为它们创建和删除设备文件。与传统的静态管理技术相比，动态管理设备的效率更高，而且可以更好地支持设备的热插拔。udev 管理工具的另一个突出优点是允许定制设备文件的配置策略，例如，如何为设备文件命名和设置权限等。在创建设备文件时，udev 会读取一系列的规则文件(在/etc/udev/rules.d 目录下)，找到与之匹配的规则，然后按规则的规定来创建和配置文件。这个特点为用户使用设备带来了方便。例如，用户可以定义一个规则，在创建光盘的设备文件时为其设置一个固定不变且容易记忆的别名 cdron。

2. 设备的注册与注销

直接控制设备操作的软件是驱动程序。Linux 系统的所有驱动程序都是内核的一部分，部分系统设备的驱动程序(如通用硬盘的驱动)被静态地编译进内核，在系统启动时随内核一起加载。另外一些驱动程序则是采用独立内核模块的方式动态地加载到内核上。

在驱动程序加载时，它将进行初始化并向内核注册。只有注册了驱动程序的设备才能被内核使用。注册的大致过程是：获得主设备号，申请和配置硬件资源，创建一个描述结构，将设备号和驱动程序的信息填入，然后插入到设备驱动模型中。此后，内核就可以通过主设备号检索设备驱动模型，获得该设备及其驱动的信息。

在驱动模块卸载时，它将向内核注销自己。注销是注册的反过程。设备注销后，设备所占用的主设备号将被释放，它在设备驱动模型中的注册信息也被删除，设备从此不再可用。

3. 设备节点的建立与删除

系统启动时，内核会检测出所有连到系统上的设备，将它们的信息置入驱动模型中。那些内核自带的驱动程序也随之被加载上，并注册进驱动模型中。内核将驱动模型中的信息导出到 sys 目录下。随后 udev 启动，它扫描/sys/class 目录，对其中的每个设备进行处理，逐一为它们在/dev 目录下创建设备节点。处理的大致过程是：udev 首先从/sys 中获取该设备和驱动程序的信息。对于内核自带了驱动程序的设备，udev 直接就可为其生成设备文件；如果设备是由单独的驱动模块驱动的，udev 将根据设备的信息查找到它的驱动模块，加载这个模块，然后再为其生成设备文件。此后这些设备就可以被使用了。

对于系统启动后出现的热插拔设备，udev 也同样处理。当内核检测到有设备插入时，它会识别出该设备的信息并记录在驱动模型中，然后将这一事件通知 udev。udev 根据/sys 中的设备信息找到并加载设备的驱动模块，然后为其生成设备文件。拔去设备时，udev 也将获知这一事件。它将卸载设备的驱动并删除设备文件。

4. 设备的操作

首先要打开设备文件才能够进行读写等操作。打开设备文件和打开普通文件一样，都是通过 open()系统调用来完成的。打开设备文件主要包括 3 个层面上的操作：一是在文件系统层面上，要生成设备对应的 VFS 对象并将它们与进程关联；二是在设备驱动层面上，要对驱动程序进行初始化，为其分配 IRQ、DMA、缓冲区资源等；三是在设备层面上，要初始化设备，激活设备硬件的中断和 DMA。

打开设备文件后就可以读写了。与读写普通文件一样，读写设备文件也使用 read()、write()、ioctl()等系统调用，文件系统负责将对文件的操作映射到对设备的操作上。

设备使用完毕后应使用 close()系统调用来关闭设备文件。close()与 open()的作用相反，它将释放设备所占有的资源，解除设备文件与进程的关联，复位或关闭设备。

8.6.4 字符设备的管理与驱动

字符设备的管理相对比较简单，因为字符设备只支持顺序访问，不需要优化处理。另外，字符设备多是低速设备，对性能的要求不是很高，也不需要复杂的缓冲策略。

1. 字符设备的描述

在设备驱动模型中，每个注册的字符设备都对应一个 cdev 对象，代表设备驱动程序所驱动的对象。字符设备驱动程序在向内核注册时，首先要获得一个主设备号，然后生成一个 cdev，将它添加到设备驱动模型中。字符设备的描述结构如图 8.29 所示。

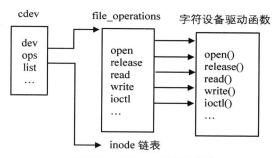

图 8.29　字符设备的描述结构

cdev 中包含了字符设备的所有注册信息，主要是主次设备号 dev、操作集指针 ops 和设备链表指针 list。dev 是 cdev 的标识，供内核在设备驱动模型中检索时使用。ops 是指向设备操作集的指针，其中包含了由驱动程序提供的各个操作函数。list 指向该 cdev 所关联的设备文件的 inode。一个驱动程序可以带有多个设备，这些设备文件的 inode 将链接成一个链表，挂在 cdev 的 lst 指针上。

字符设备操作集的类型是 VFS 文件操作集 file_operations，其中定义了设备驱动程序所需提供的一组设备操作函数，包括打开设备 open()、读设备 read()、写设备 write()控制设备 ioctl()、关闭设备 release()等。这个操作集是 VFS 与设备的接口规范。任何设备的驱动程序都要按照这个规范实现对应的操作函数，在驱动注册时装配到 cdev 的 ops 操作集上。这个操作集将在设备打开时传给它的 file 对象，供 VFS 调用。并非每个驱动程序都要提供所有的操作函数。对于不适用的函数，操作集的相应项会被设置为 NULL。例如，只写设备的 read()和只读设备的 write()都应是空函数指针 NULL。

2. 字符设备的打开

用户进程通过设备文件使用字符设备，使用前要用 open()系统调用打开设备文件，参数是设备文件的路径名。首先由 VFS 完成文件系统层面的打开操作。这个过程与打开一般文件是一样的，即获取一个可用的 fd，查找或建立文件的 dentry、inode、file 对象并与当前进程相连接。不同的是 inode 对象的内容。inode 对象是根据设备节点中的信息建立的，它包含了一些设备特有的信息。其中的 i_rdev 为设备号，将其与 cdev 的设备号 dev 进行匹配，即可确定该文件所对应的 cdev。另一个不同点是字符设备的 inode.i_fop 所装配的文件操作集是字符设备的默认文件操作集 def_chr_fops，这个操作集中仅定义了 open()和 llseek()两个操作，其中的 open()指向的是字符设备专用的打开函数 chrdev_open()。随后，inode.i_fop 被赋给 file.f_op，使其也指向 def_chr_fops。

至此，设备文件的各个 VFS 对象都已建立，接下来就是调用 f_op→open()，执行进一步的打开操作。对于字符设备来说，此时执行的就是 chrdev_open()，它的工作可以概括为：首先通过 inode.i_cdev 在设备驱动模型中查找对应的 cdev 对象，如果 cdev 不存在，则表示是首次打开该设备，此时需先创建 cdev，并执行驱动初始化操作。得到 cdev 对象后就将其连接到 inode.i_cdev 指针上，然后通过 inode.i_devices 将自己链入 cdev 的 list 链表中，再用 cdev.ops 置换 file.f_op，使其指向驱动程序自己提供的 file_operations。此时，设备的描述对象都已设置完毕，描述结构如图 8.30 所示。

最后，chrdev_open()调用 file.f_op→open()，也就是设备驱动程序提供的 open()函数，完成具体设备层面上的初始化操作。至此，设备已准备就绪。

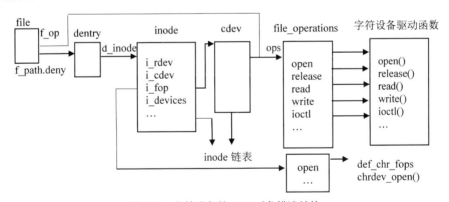

图 8.30 字符设备的 VFS 对象描述结构

3. 字符设备的读写与控制

执行完打开操作后，设备文件的 file 对象已经与进程连接上并返回了 fd，此时用户进程就可以使用 read()、write()或 ioctl()等系统调用来访问设备了。在执行系统调用时 VFS 将像读写一般文件那样调用 file.f_op 中相应的操作函数。不同的是，字符设备文件的 file.f_op 将文件操作函数映射到字符 I/O 的操作函数上。字符 I/O 操作不经页缓存而直接与设备交换数据。读设备时，驱动程序驱动设备将数据读入内核空间，再调用内核函数 copy_to_user()将数据传输到用户缓冲区中；写设备时，驱动程序先调用内核函数 copy_from_user()，将用户缓冲区中的数据传输到内核空间，然后驱动设备完成数据的输出。

4. 字符设备的关闭

关闭设备的过程与关闭一般文件的过程类似。首先减少 file.f_count；如果 file.f_count 为 0，则调用 file.f_op→release()，实现关闭设备，释放驱动程序所占有的资源和 file 对象；最后释放设备文件的 fd。

8.6.5 Linux 的中断处理

1. Linux 的中断系统

在 Linux 系统中，所有 I/O 中断的总中断处理程序是一个称为 do_IRQ()的函数，而具体设备的中断处理程序则称为中断服务例程(interrupt service routine，ISR)。每个要使用中断的设备都要有一个对应的 ISR。响应中断后首先进入 do_IRQ()函数，再由它调用与 IRQ 相对应的 ISR 来处理中断。

(1) 中断系统的描述

内核定义了几个数据结构来描述中断处理系统的相关对象。其中，核心的数据结构是 IRQ 描述符 irq_desc，此外还有 ISR 描述符 irqaction 和 PIC 描述符 irq_chip。每个中断请求号 IRQ 都有一个 IRQ 描述符，其中包含了该 IRQ 中断线的属性、状态、所属的 PIC 以及所对应的 ISR 等信息。所有 IRQ 描述符构成一个 irq_desc[]数组，下标就是 IRQ 号。每个已注册的 ISR 都有一个 ISR 描述符，其中包含了设备的名称、标识以及 ISR 的地址 handler 等。由于可能有多个设备共享同一 IRQ 线，它们的 ISR 描述符连成一个 ISR 队列，挂在对应的 IRQ 描述符的 action 指针上。PIC 描述符封装了对 PIC 芯片的描述和一组操作函数，利用这组函数可以执行对 IRQ 线的激活、禁用和应答等操作。

这些描述结构之间的关系如图 8.31 所示。

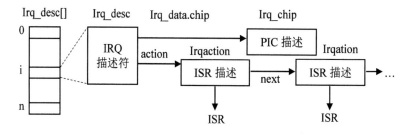

图 8.31 中断系统的描述结构

(2) 中断服务例程的注册与注销

中断服务例程是随着驱动程序一起安装，由驱动程序完成注册的。在首次打开设备时，驱动程序将进行初始化操作，获得所需的中断线 IQ 等资源，并调用 request_irq()函数来注册它的中断。request_irq()函数向内核提供要注册的中断的 IRQ、ISR 地址以及相关的设备等参数，内核将该中断向量添加到系统的 IDT 中，为其建立 IRQ 描述符等对象，然后将 ISR 挂到该 IRQ 的 ISR 队列中。之后，内核就可以调用 ISR 来处理相应的中断了。

在最终关闭设备时，驱动程序在释放资源的同时也将注销并释放相应的 IRQ 等资源，这是通过调用 free_irq()函数来完成的。

(3) 中断处理流程

当中断被响应后，CPU 将转到 DT 中设置的中断入口地址处执行。Linux 系统的中断入口操作是将中断向量压入栈，然后跳转到中断处理公共入口 common_interrupt 处执行。执行过程中先保存现场，然后调用 do_IRQ()程序处理中断，最后执行返回代码 ret_from_intr()，恢复现场并返回。

do_IRQ()执行的主要步骤是：从栈中取出中断向量，在 irq_desc[]数组中找到对应的 IRQ 描述符，向 PIC 做出应答，禁用该 IRQ 线上的中断；沿 ISR 队列逐个调用共享这个 IRQ 的所有 ISR 执行，当然只有与产生中断的设备相对应的 ISR 会成功处理，其他设备的 ISR 都将无功而返；激活 IRQ 线，执行中断返回。

在 Linux 系统中，中断返回后不一定继续执行那个被中断的进程。有时，中断处理程序可能会唤醒某些睡眠进程。例如，一个磁盘 I/O 中断处理完成后需要唤醒等待此批数据的进程。如果中断处理程序在 thread_info 中设置了重新调度 need_resched 标志，则在中断返回时会引发内核进行重新调度，且选择一个新的进程运行。

2. Linux 的中断处理方式

Linux 的中断处理很有特色，它将整个中断的处理过程分为两部分，即"上半部"(top half)和"下半部"(bottom half)。上半部的工作由中断处理程序 do_IRQ()和 ISR 完成，下半部的工作推迟到合适的时机完成。之所以这样划分完全是考虑到中断处理的效率。

中断是随机发生的，因此中断处理程序也就随时可能执行。中断处理程序不仅打断了其他进程的运行，而且在其运行期间还会关闭同一中断的请求，并且不允许进程调度，直到其运行结束。因此，中断处理程序必须在很短的时间内执行完，否则就会造成后续中断的丢失。

然而，通常的中断处理有很多工作要做，这与快速的处理要求产生了矛盾。Linux 采用"下半部"机制来解决这个矛盾。在处理中断时，中断处理程序只完成与硬件相关的最重要、最紧迫的工作，也就是上半部，而所有能够允许稍后完成的工作会推迟到下半部，在合适的时机被执行。

中断处理程序(即上半部)的功能主要是应答硬件和登记中断。当一个中断发生时，中断处理程序立即开始执行，它的主要工作是对接收到的中断进行应答，将硬件产生的数据传送到内存，并对硬件进行复位。这相当于在告诉硬件"我收到了，你继续工作"。中断处理程序的另一个工作是登记中断，即把该中断处理的下半部挂到下半部工作队列中去，让它完成其余的处理工作。中断处理程序有严格的时限，因此它会很快结束。只要上半部结束，就可以立即响应设备的后续中断。

大部分的中断处理工作是由下半部完成的，它的工作是对上半部放到内存中的数据进行相应的处理，这些处理可能是相对不太紧迫而又比较耗时的。下半部以内核线程的方式实现，它们被中断处理程序生成并放入一个工作队列中，由内核在适当的时机调用执行。由于是内核线程，所以它可以被中断，也允许进程调度。因此，在下半部处理期间内，如果本设备或其他设备产生了新的中断，这个下半部可以暂时被阻塞，等到设备的中断处理程序运行完后，再来运行。这样就保证了对中断的响应速度。

以网卡为例,我们来了解一下采用下半部机制进行中断处理的全过程。当网卡从网络上接收到流入的数据包时,用中断通知 CPU 有数据包到了。CPU 立即响应这个中断执行网卡的中断处理程序。中断处理程序应答硬件,将新到的数据包复制到内存,并将相应的下半部挂到工作队列中去。中断处理程序退出后,网卡可以立即产生新的数据包,而它的下半部一般也可以立即开始执行。下半部对上半部放到内存中的原始数据包进行解包、组帧等操作,并将处理完的帧放入帧队列中,供用户进程使用。

2.6 版本以上的 Linux 内核提供了 3 种实现下半部的机制,这就是软中断(softirq)、小任务(tasklet)和工作队列(work queue)。前面介绍的是最易使用的工作队列方式,其下半部是以内核线程方式执行的,因此可以被中断并允许调度。其他两种方式实现的下半部是作为软中断的中断处理程序执行的,它可以被中断,但不允许被阻塞,因而性能较高,但限制也比较多,例如不能进行访问资源的操作等。

习题 8

8.1 简述设备管理的基本功能。
8.2 简述 Linux 设备驱动模型的特点和作用。
8.3 Linux 的 I/O 调度算法有哪些?各适合什么应用?
8.4 当使用 mount 进行设备或者文件系统挂载的时候,需要用到的设备名称位于哪一个目录?
8.5 如何统计系统中磁盘空间的使用情况和空闲情况?
8.6 在 Linux 服务器新建/mnt/sdb5 目录,将/dev/sdb5 分区挂载到该目录的命令是什么?
8.7 创建一个扩展分区,然后在其下创建两个逻辑分区,大小分别为 1GB,保存退出,内核更新,格式化,然后在指定目录进行挂载。
8.8 主要的内存管理有哪些方式?Linux 的内存管理方式是什么?
8.9 简述内存分段和内存分页的机制。
8.10 内存分段的管理方式会引发什么问题?为什么?
8.11 内存分页的管理方式是如何解决分段的内存碎片、内存交换效率低的问题的?

第 9 章 常用开发工具

学习要求：通过对本章的学习，了解 gcc、gdb、make 及 Qt 的用途，理解 gcc、gdb、make 及 Qt 的功能，掌握 gcc、gdb、make 及 Qt 的应用。

9.1 gcc 编译系统

在 Linux 系统下，C 语言程序一般需要通过 gcc 编译成可执行程序。gcc(GNU C compiler) 编译器是一个功能强大、性能优越的编译器，是 GNU 项目中符合 ANSI C 标准的编译系统，能够编译用 C、C++和 Object C 等语言编写的程序(具体支持的语言如表 9.1 所示)。gcc 同时也是一个交叉平台编译器，它能够在当前 CPU 平台上为多种不同体系结构的硬件平台开发软件，因此尤其适合在嵌入式领域的开发编译。

表 9.1　gcc 支持后缀名文件表

后缀名	对应的语言
.c	C 语言源代码文件
.a、.so	由目标文件构成的静态和动态文件
.C、.cc 或.cxx	C++源代码文件
.h	程序所包含的头文件
.i	已经预处理过的 C 源代码文件
.ii	已经预处理过的 C++源代码文件
.m	Object-C 原始程序
.s	汇编语言代码文件
.S	经过预编译的汇编语言源代码文件

9.1.1　gcc 使用方法简介

使用 gcc 时有很多选项可供选择，它们以不同的参数形式附加在 gcc 命令后，并且可以直接形成可执行文件，使编辑到执行的过程更加快捷。gcc 命令的基本用法如下。

```
gcc [参数……] [文件名……]
```

从命令格式可以看出，gcc 命令后可跟多个参数和文件名，附加的参数可作用在每一个文件上，常用的参数及其作用如表 9.2 所示。更多参数及其作用可以输入"gcc --help"命令进行查看。

表9.2　gcc 常用参数及其作用表

参数	作用
-E	只运行 C 预编译器，配合-o 可指定预处理过的.i 文件
-S	配合-o 将预处理输出的.i 文件汇编成扩展名为.s 的汇编语言源代码文件
-c	只编译并生成后缀名为.o 的目标文件，不连接成为可执行文件
-o	指定可执行文件的名称，如果不加该函数，可执行文件默认名为 a.out
-g	产生调试工具 gdb 必须的符号信息，要调试程序，必须加入该选项
-O	编译、链接时优化，产生效率更高的可执行文件，编译链接速度相应减慢
-O2	比-O 效果更好的优化选项，同时对应的编译链接速度会更慢
-I	将该参数后跟的目录加入到程序头文件列表中
-L	首先到该参数后跟的目录中寻找所需的库文件
-w	不生成任何警告信息
-Wall	生成所有警告信息
-MM	自动生成源文件和目标文件的依赖关系

为了演示参数的作用，为存放源程序建立文件夹 c，使用编辑器将 hello.c 文件编辑好，该文件的内容如下所示。

```
#include <stdio.h>
int main()
{
printf("hello world!\n");
return 0;
}
```

在命令终端窗口输入 gcc 命令编译该文件，得到可执行文件，一般情况下如果不用选项"-o"来指定输出文件名称，默认情况下就会输出名为"a.out"的文件，命令序列如下(包括建立文件夹、使用编辑器、编译)。

```
[root@localhost~]#mkdir c
[root@localhost~]#cd c
[root@localhost c]#vim hello.c
[root@localhost c]#ls
hello.c
[root@localhost c]#gcc hello.c
[root@localhost c]#ls
a.out    hello.c
```

要执行该文件，可以输入"./a.out"查看执行结果，如果该文件不具备执行权限，需要使用"chmod +x a.out"命令为文件添加执行属性。

```
[root@localhost c]#./a.out
hellow world!
```

执行a.out时需要在其前面加上"./"，原因是可执行文件所在目录没有包含在环境变量PATH值中。这时给出可执行文件的完整路径名，"."表示当前目录。

9.1.2 gcc编译流程

使用gcc进行编译是一个复杂的过程，可分为预处理、编译、汇编和链接四个步骤，整个流程如图9.1所示。

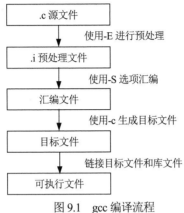

图9.1　gcc编译流程

下面结合hello.c程序实例介绍这四个阶段完成了哪些工作。

1. 预处理阶段

在该阶段，对包含的头文件(#include)和宏定义(#define、#ifdef等)进行处理。在上述代码的预处理过程中，编译器将包含的头文件stdio.h编译进来，并且用户可以使用gcc的选项"-E"进行查看，该选项的作用是让gcc在预处理结束后停止编译。

gcc指令的一般格式：gcc [选项] 要编译的文件 [选项][目标文件]。其中，目标文件可以默认，gcc默认生成可执行的文件，名为：编译文件.out。

[root@localhost c]#gcc –E hello.c –o hello.i

在此处，选项"-o"是指目标文件，由表9.1可知，".i"文件是已经预处理过的C源代码文件。gcc进行预处理，把"stdio.h"的内容插入hello.i文件中。

2. 编译阶段

在这个阶段中，gcc首先要检查代码的规范性、是否有语法错误等，以确定代码实际要做的工作，在检查无误后，gcc把代码翻译成汇编语言。用户可以使用选项"-S"进行查看，该选项只进行编译而不进行汇编，结果生成汇编代码。

[root@localhost c]#gcc -S hello.i -o hello.s

3. 汇编阶段

汇编阶段是把编译阶段生成的".s"文件转成目标文件，读者在此使用选项"-c"就可看到汇编代码已转化为".o"的二进制目标代码。

[root@localhost c]#gcc -c hello.s -o hello.o

4. 链接阶段

在成功编译之后，就进入了链接阶段。这里涉及一个重要的概念：库函数。在这个源程序中并没有定义 printf 的函数实现，且在预编译中包含进的 stdio.h 中也只有该函数的声明，而没有定义函数的实现。那么，是在哪里实现 printf 函数？系统把这些函数的实现都放到了名为 libc.so.6 的库文件中，在没有特别指定时，gcc 会到系统默认的搜索路径/usr/lib 下查找，也就是链接到 lib.so.6 函数库中，这样就能调用函数 printf 了，而这也正是链接的作用。

9.2 gdb 程序调试工具

调试是所有程序员都会面临的问题。如何提高程序员的调试效率，更好、更快地定位程序中的问题从而加快程序开发的进度，是大家都很关注的问题。就如大家熟知的 Windows 下的一些调试工具，如 Visual Studio 自带的设置断点、单步跟踪等，都受到了广大用户的欢迎。那么，在 Linux 下有什么很好的调试工具呢？

gdb 调试器是 GNU 开发组织并发布的 UNIX/ Linux 下的一款程序调试工具。虽然，它没有图形化的友好界面，但是它强大的功能也足以与微软的 Visual Studio 等工具媲美。下面我们将进一步学习 gdb 调试器。

9.2.1 gdb 使用流醒

下面给出了一个小程序，通过此程序使读者熟悉 gdb 的使用流程。建议读者能够动手实际操作一下。首先，打开 Linux 下的编辑器 vi 或 emacs，编辑如下代码，以更好地熟悉 gdb 的操作。

```c
/*test. c*/
#include<stdio. h>
int sum(int m);
int main()
{
int i,n=0;
sum(50);
for(i=1;i<=50;i++)
n+=1;
printf("The sum of 1-50 is %d\n",n );
}
int sum(int m)
{
int i, n=0;
for(i=1;i<=m;i++)
{
n+=i;
printf("The sum of 1-m is %d\n", n);
}
}
```

在保存退出后首先使用 gcc 对 test.c 进行编译，注意一定要加上选项"-g"，这样编译出的可执行代码中才包含调试信息，否则之后 gdb 无法载入该可执行文件。

[root@localhost gdb]#gcc –g test.c –o test

虽然这段程序没有错误，但调试程序可以更加了解 gdb 的使用流程。接下来就启动 gdb 进行调试。注意，gdb 调试的是可执行文件，而不是如".c"的源代码，因此需要先通过 gcc 编译生成可执行文件才能用 gdb 进行调试。

[root@localhost gdb]#gdb test
GNU gdb CentOS Linux (7.6-1 21h)
Copyright 2019 Free Software Foundation, Inc.
GDB is free software, covered by the GNU General Public License, and you are welcome to change it and/or distribute copies of it under certain conditions.
Type "show copying" to see the conditions.
There is absolutely no warranty for GDB. Type "show warranty" for details.
This GDB was configured as "i386-contos-linux-gnu"... Using host libthread_db library "/lib/libthread_db.so.1".
(gdb)

可以看出，在 gdb 的启动画面中指出了 gdb 的版本号、使用的库文件等信息，接下来进入了由"(gdb)"开头的命令行界面。

(1) 查看文件。

在 gdb 中键入"l"(list)就可以查看所载入的文件，如下所示。

```
(gdb) l
1  #include<stdio.h>
2  int sum(int m);
3  int main()
4  {
5  int i,n=0;
6  sum(50);
7  for(i=1;i<=50;i++)
8  n+=1;
(gdb) l
9  printf("The sum of 1-50 is %d\n",n );
10 }
11 int sum(int m)
12 {
13 int i, n=0;
14 for(i=1;i<=m;i++)
15 {
16 n+=i;
17 printf("The sum of 1-m is %d\n", n);
18 }
19 }
```

可以看出，gdb 列出的源代码中明确给出了对应的行号，这样就可以大大方便对代码进行定位。

(2) 设置断点。

设置断点是调试程序中一个非常重要的手段，它可以使程序运行到一定位置时暂停，因此程序员在该位置处可以方便地查看变量的值、堆情况等，从而找出代码的症结所在。

在 gdb 中设置断点非常简单，只需在"b"后加入对应的行号即可(这是最常用的方式，另外还可以用其他方式设置断点)，如下所示。

```
(gdb)b 6
Breakpoint 1 at 0x804846d: file test. c line 6.
```

要注意的是，在 gdb 中利用行号设置断点是指代码运行到对应行之前将其停止，如上例中，代码运行到第 6 行之前暂停(并没有运行第 6 行)。

(3) 查看断点情况。

在设置完断点之后，用户可以键入"info b"来查看设置断点情况，在 gdb 中可以设置多个断点。

```
(gdb) info b
Num Type Disp Enb Address what
1 breakpoint keep y 0x804846d in main at test.c:6
```

(4) 运行代码。

接下来就可运行代码了，gdb 默认从首行开始运行代码，键入"r"(run)即可；若想从程序中的指定行开始运行，可在 r 后面加上行号。

```
(gdb) r
Starting program: /root/workplace/gdb/test
Reading symbols from shared object read from target memory...done.
Loaded system supplied DSO at 0x5eb000
Breakpoint 1, main() at test.c: 6
6              sum(50);
```

可以看到，程序运行到断点处就停止了。

(5) 查看变量值。

在程序停止运行之后，程序员所要做的工作是查看断点处的相关变量值。在 gdb 中输入"p"+变量值即可，如下所示。

```
(gdb) p n
$1=0
(gdb)p i
$2=134518440
```

在此处，为什么变量 i 的值为如此奇怪的一个数字呢?原因就在于程序是在断点设置的对应行之前停止的，那么在此时，并没有把 i 的数值赋为零，而只是一个随机的数字。但变量 n 是在第 4 行赋值的，故在此时已经为零。

(6) 单步运行。

单步运行可以使用命令 n(next)或 s(step)，它们之间的区别在于：若有函数调用，s 会进入该函数，而 n 不会进入该函数。因此，s 就类似于 Visual Studio 等工具中的 step in，n 类似于 Visual Studio 等工具中的 step over。它们的使用如下所示。

```
(gdb) n
The sum of 1-m is 1275
```

```
7            for(i=1;i<=50;i++)
(gdb)s
sum(m=50) at test.c:16
16           n+=i;
```

可见，使用 n 后，程序显示函数 sum() 的运行结果并向下执行，而使用 s 后则进入 sum() 函数之中单步运行。

(7) 恢复程序运行。

在查看完所需变量及堆栈情况后，就可以使用命令 c(continue) 恢复程序的正常运行。这时，它会把剩余还未执行的程序执行完，并显示剩余程序中的执行结果。以下是之前使用 n 命令恢复后的执行结果。

```
(gdb)c
Continuing
The sum of 1-50 is:1275
Program exited with code 031.
```

可以看出，程序在运行完后退出，之后程序处于"停止状态"。

9.2.2 gdb 基本命令

gdb 的命令可以通过 help 进行查找，gdb 的命令很多，因此 gdb 的 help 将其分成了很多种类(class)，用户可以通过进一步查看相关 class 找到相应命令，如下所示。

```
(gdb)help
list of classes of commands:
aliases--Aliases of other commands
breakpoints --Making program stop at certain points
data--Examining data
files -- Specifying and examining files
internals -- Maintenance commands
...
Type "help" followed by a class name for a list of commands in that class.
Type "help" followed by command name for full documentation.
Command name abbreviations are allowed if unambiguous.
```

上述内容列出了 gdb 各个分类的命令，接下来可以具体查找各分类的命令，如下所示。

```
(gdb) help data
Examining data.
list of commands:
call--Call a function in the program
delete display --Cancel some expressions to be displayed when program stop
delete mem -- Delete memory region
disable display -- Disable some expressions to be displayed when program stops
...
Type "help" followed by command name for full documentation.
Command name abbreviations are allowed if unambiguous.
```

若要查找 call 命令，就键入"help call"。

(gdb) help call
Call a function in the program.
The argument is the function name and arguments, in the notation of the current working language. The result is printed and saved in the value history, if it is not void.

当然，若用户已知命令名，直接键入"help [command]"也是可以的。

gdb 中的命令主要分为以下几类：工作环境相关命令、设置断点与恢复命令、源代码查看相关命令、查看运行数据相关命令及修改运行参数相关命令。以下就分别对这几类命令进行讲解。

1. 工作环境相关命令

gdb 中不仅可以调试所运行的程序，还可以对程序相关的工作环境进行相应的设定，甚至还可以使用 Shell 中的命令进行相关的操作，其功能极其强大。gdb 常见的工作环境相关命令如表 9.3 所示。

表 9.3　gdb 工作环境相关命令

命令格式	含义
set args 运行时的参数	指定运行时参数，如 set args 2
show args	查看设置好的运行参数
path dir	设定程序的运行路径
show paths	查看程序的运行路径
set environment var [-value]	设置环境变量
show environment [var]	显示环境变量
cd dir	进入 dir 目录，相当于 Shell 中的 cd 命令
pwd	显示当前工作目录
shell command	运行 Shell 的 command 命令

2. 设置断点与恢复命令

gdb 中设置断点与恢复的常见命令如表 9.4 所示。

表 9.4　gdb 设置断点与恢复相关命令

命令格式	含义
info b	查看所设断点
break[文件名:]行号或函数名<条件表达式>	设置断点
tbreak[文件名:]行号或函数名<条件表达式>	设置临时断点，到达后被自动删除
delete[断点号]	删除指定断点，其断点号为"info b"中的第一栏。若默认断点号，则删除所有断点
disable[断点号]	停止指定断点，使用"info b"仍能查看此断点。同 delete 一样，若默认断点号，则停止所有断点
enable[断点号]	激活指定断点，即激活被 disable 停止的断点
condition[断点号]<条件表达式>	修改对应断点的条件
ignore [断点号]<mum>	在程序执行中，忽略对应断点 num 次

(续表)

命令格式	含义
Step	单步恢复程序运行，且进入函数调用
Next	单步恢复程序运行，但不进入函数调用
Finish	运行程序，直到当前函数完成返回
C	继续执行函数，直到函数结束或遇到新的断点

设置断点在 gdb 的调试中非常重要，下面着重讲解 gdb 中设置断点的方法。

gdb 中设置断点有多种方式：其一是按行设置断点；另外还可以设置函数断点和条件断点。下面具体介绍后两种设置断点的方法。

(1) 函数断点。

gdb 中按函数设置断点，只需把函数名列在命令 "b" 之后即可，如下所示。

```
(gdb) b test,c:sum(可以简化为 bsum)
Breakpoint 1 at 0x80484ba: file test. C, line 16
(gdb) info b
Num Type        Disp  Enb  Address      What
1   breakpoint  keep  y    0x080484ba   in sum at test. c: 16
```

要注意的是，此时的断点实际是在函数的定义处，也就是在 16 行处。

(2) 条件断点。

gdb 中设置条件断点的格式为：b 行数或函数名 if 表达式。具体实例如下所示。

```
(gdh)b 8 if i==10
Breakpoint 1 at 0x804848c: file test. c, line 8.
(gdb)into b
Num Type        Disp  Enb  Address      What
1   breakpoint  keep  y    0x0804848c   in main at test. c: 8
        stop only if i==10
(gdb)r
Starting program: /home/yul/test
The sum of 1-m is 1275
Breakpoint 1, main () at test.C: 9
9           n+=i;
(gdb)p i
$1=10
```

可以看出，该例在第 8 行(也就是运行完第 7 行的 for 循环)设置了一个 i==10 的条件断点，在程序运行之后可以看出，程序确实在 i 为 10 时暂停运行。

3. 源码查看相关命令

在 gdb 中可以查看源码，以方便进行其他操作，它的常见相关命令如表 9.5 所示。

表 9.5　gdb 源码查看相关相关命令

命令格式	含义
list<行号>|<函数名>	查看指定位置代码
file[文件名]	加载指定文件

(续表)

命令格式	含义
forward-search 正则表达式	源代码的前向搜索
reverse- search 正则表达式	源代码的后向搜索
dir DIR	将路径 DIR 添加到源文件搜索的路径的开头
show directories	显示源文件的当前搜索路径
info line	显示加载到 gdb 内存中的代码

4. 查看运行数据相关命令

在 gdb 中查看运行数据是指当程序处于"运行"或"暂停"状态时，可以查看的变量及表达式的信息，其常见命令如表 9.6 所示。

表 9.6　gdb 查看运行数据相关命令

命令格式	含义
print 表达式|变量	查看程序运行时对应的表达式和变量的值
x <n/f/u>	查看内存变量内容。其中 n 为整数，表示显示内存的长度，f 表示显示的格式，u 表示从当前地址往后请求显示的字节数
display 表达式	设定在单步运行或其他情况中，自动显示的对应表达式的内容
backtrace	查看当前栈的情况，即可以查到哪些被调用的函数尚未返回

5. 修改运行参数相关命令

在 gdb 中还可以修改运行时的参数，并使该变量按照用户当前输入的值继续运行，它的设置方法为：在单步执行的过程中，键入命令"set 变量=设定值"。这样，在此之后，程序就会按照该设定的值运行。下面结合上一节的代码将 n 的初始值设为 4，其代码如下所示。

```
(gdb) b 7
Breakpoint 5 at 0x804847a:file test.c,line 7.
Starting program:/home/yul/test
The sum of 1-m is 1275
Breakpoint 5,main() at test.c:7
7            for(i=1;i<=50;i++)
(gbd)set n=4
(gdb) c
Continuing.
The sum of 1-50 is 1279
Program exited with code 031.
```

可以看到，最后的运行结果确实比之前的值大了 4。

9.3　程序维护工具 make

make 是工程管理器。所谓工程管理器，顾名思义，用于管理较多的文件。可以试想一下，由成百上千文件构成的项目，如果只对其中一个或少数几个文件进行了修改，按照之前所学的 gcc 编译工具，就不得不把所有的文件重新编译一遍，因为编译器并不知道哪些文件是最近更新的，而只知道需要包含这些文件才能把源代码编译成可执行文件，于是，程序员就不得不重新输入数目如此庞大的文件名以完成最后的编译工作。

编译过程分为编译、汇编、链接阶段，其中编译阶段检查语法错误，以及函数与变量是否被正确地声明，在链接阶段则主要完成函数链接和全局变量的链接。因此，那些没有改动的源代码根本不需要重新编译，只要把它们重新链接进去就可以了，所以，人们就希望有一个工程管理器能够自动识别更新了的文件代码，而不需要重复输入冗长的命令行，这样，make 工程管理器就应运而生了。

实际上，make 工程管理器也就是个"自动编译管理器"，这里的"自动"是指它能够根据文件时间戳自动发现更新过的文件而减少编译的工作量，同时，它通过读入 makefile 文件的内容来执行大量的编译工作。用户编写一次简单的编译语句就可以了。它大大提高了实际项目的工作效率，而且几乎所有 Linux 下的项目编程均会涉及它。

9.3.1 makefile 基本结构

makefile 是 make 读入的唯一配置文件，下面介绍 makefile 的编写规则。在一个 makefile 中通常包含：需要由 make 工具创建的目标体(target)，通常是目标文件或可执行文件；要创建的目标体所依赖的文件(dependency_file)；创建每个目标体时需要运行的命令(command)，这一行必须以制表符(Tab 键)开头。

它的格式如下。

```
target:dependency_files
command/*该行必须以 Tab 键开头*/
```

例如，有两个文件分别为 hello.c 和 hello.h，创建的目标体为 hello.o，执行的命令为 gcc，编译指令为 gcc -c hello.c，那么，对应的 makefile 就可以写为如下形式。

```
#The simplest example
hello.o hello.c hello.h
gcc -c hello.c -o hello.o
```

接着就可以使用 make 了，使用 make 的格式为 make target，这样 make 就会自动读 makefile(也可以是首字母大写的 Makefile)，并执行对应 target 的 command 语句，并会接到相应的依赖文件，如下所示。

```
[root@localhost makefile]#make hello.o
gcc -c hello.c -o hello.o
[root@localhost makefile]#ls
hello.c hello.h hello.o makefile
```

可以看到，makefile 执行了"hello.o"对应的命令语句，并生成了"hello.o"目标体。

9.3.2 makefile 变量

前面示例的 makefile 在实际中是几乎不存在的，因为它过于简单，仅包含两个文件和一个命令，在这种情况下，完全不必编写 makefile，只需在 Shell 中直接输入即可，在实际中使用的 makefile 往往是包含很多的文件和命令的，这也是 makefile 产生的原因。下面介绍稍微复杂一些的 makefile。

```
david:kang.o yul.o
    gcc kang.o bar.o -o myprog
kang.o:kang.c kang.h head.h
    gcc -Wall -O -g -c kang.c -o kang.o
yul.o:bar.c head.h
    gcc -Wall -O -g -c yul.c -o yul.o
```

在这个 makefile 中有三个目标体(target)，分别为 david、kang.o 和 yul.o，其中第一个目标体的依赖文件就是后两个目标体。如果用户使用命令"make david"，则 make 管理器就会找到 david 目标体开始执行。

这时，make 会自动检查相关文件的时间戳。首先，在检查 kang.o、yul.o 和 david 三个文件的时间戳之前，它会向下查找那些把 kang.o 或 yul.o 作为目标文件的时间戳。kang.o 的依赖文件为 kang.c、kang.h、head.h。如果这些文件中任何一个的时间戳比 kang.o 新，则命令"gcc -Wall -O -g -c -o kang.o"将会执行，从而更新文件 kang.o。在更新完 kang.o 或 yul.o 之后，make 会检查最初的 kang.o、yul.o 和 david 三个文件，只要文件 kang.o 或 yul.o 中至少有一个文件的时间戳比 david 新，则第二行命令就会被执行。这样，make 就完成了自动检查时间戳的工作，开始执行编译工作，这也就是 make 工作的基本流程。

接下来，为了进一步简化编辑和维护 makefile，make 允许在 makefile 中创建和使用变量。变量是在 makefile 中定义的名字，用来代替一个文本字符串，该文本字符串称为该变量的值。在具体要求下，这些值可以代替目标体、依赖文件、命令，以及 makefile 文件中的其他部分。在 makefile 中的变量定义有两种方式：一种是递归展开方式，另一种是简单方式。

递归展开方式定义的变量是在引用该变量时进行替换的，即如果该变量包含了对其他变量的引用，则在引用该变量时一次性将内嵌的变量全部展开，虽然这种类型的变量能够很好地完成用户的指令，但是它也有严重的缺点，如不能在变量后追加内容(因为语句 CFLAGS=$(CFLAGS)-O 在变量扩展过程中可能导致无穷循环)。

为了避免上述问题，简单扩展型变量的值在定义处展开，并且只展开一次，因此它不包含任何对其他变量的引用，从而消除变量的嵌套引用。

递归展开方式的定义格式为：VAR=var。

简单扩展方式的定义格式为：VAR：=var。

make 中的变量均使用的格式为：$(VAR)。

下面给出了上例中用变量替换修改后的 makefile，这里用 OBJS 代替 kang.o 和 yul.o，用 CC 代替 gcc，用 CFLAGS 代替-Wall –O -g。这样以后在进行修改时，就可以只修改变量定义，不需要修改下面的定义实体，从而大大简化了 makefile 维护的工作量。

经变量替换后的 makefile 如下所示。

```
OBJS=kang.o yul.o
CC=gcc
CFLAGS = -Wall -o -g
david:$(OBJS)
```

```
        $(CC) $(OBJS) -o david
Kang.o:kang.c kang.h
        $(CC) $(CFLAGS) -c kang.c -o kang.o
yul.o:yul.c yul.h
        $(CC) $(CFLAGS) -c yul.c -o yul.o
```

可以看到，此处变量是以递归展开方式定义的。

makefile 中的变量分为用户自定义变量、预定义变量、自动变量及环境变量。如上例中的 OBJS 就是用户自定义变量，自定义变量的值由用户自行设定，而预定义变量和自动变量为通常在 makefile 都会出现的变量，它们的一部分有默认值，也就是常见的设定值，当然用户可以对其进行修改。

预定义变量包含了常见编译器、汇编器的名称及其编译选项。表 9.7 列出了 makefile 中常见预定义变量及其部分默认值。

表 9.7　makefile 中常见预定义变量

预定义变量	含义
AR	库文件维护程序的名称，默认值为 ar
AS	汇编程序的名称，默认值为 as
CC	C 编译器的名称，默认值为 cc
CPP	C 预编译器的名称，默认值为$(cc) -E
CXX	C++编译器的名称，默认值为 g++
FC	Fortran 编译器的名称，默认值为 f77
RM	文件删除程序的名称，默认值为 rm -f
ARFLAGS	库文件维护程序的选项，无默认值
ASFLAGS	汇编程序的选项，无默认值
CFLAGS	C 编译器的选项，无默认值
CPPFLAG	C 预编译的选项，无默认值
CXXFLAG	C++编译器的选项，无默认值
FFLAGS	Fortran 编译器的选项，无默认值

可以看出，上例中的 CC 和 CFLAGS 是预定义变量，其中由于 CC 没有采用默认值，因此，需要把 CC=gcc 明确列出来。

常见的 gcc 编译语句中通常包含了目标文件和依赖文件，但这些文件在 makefile 文件中目标体所在行已经有所体现，因此，为了进一步简化 makefile 的编写，就引入了自动变量。自动变量通常可以代表编译语句中出现的目标文件和依赖文件等，并且具有本地含义，即下一语句中出现的相同变量代表的是下一语句的目标文件和依赖文件。表 9.8 列出了 makefile 中常见的自动变量。

表 9.8　makefile 中常见的自动变量

自动变量	含义
$*	不包含扩展名的目标文件名称
$+	所有的依赖文件，以空格分开，并以出现的先后为序，可能包含重复的依赖文件

(续表)

自动变量	含义
$<	第一个依赖文件的名称
$?	有时间戳比目标文件晚的依赖文件，并以空格分开
$@	目标文件的完整名称
$^	所有不重复的依赖文件，以空格分开
$%	如果目标是归档成员，则该变量表示目标的归档成员名称

自动变量的书写比较难记，但是熟练后使用会非常方便，请大家结合下例中自动变量改写的 makefile 进行记忆。

```
OBJS =kang.o yul.o
CC = gcc
CFLAGS   = -Wall   -o -g
david: $(OBJS)
        $(CC)   $^ -o $@
kang.o: kang.c kang.h
        $(CC)   $(CFLAGS) -c $< -o $@
yul.o: yul.c yul.h
        $(CC)   $(CFLAGS) -c $< -o $@
```

另外，在 makefile 中还可以使用环境变量。使用环境变量的方法相对比较简单，make 在启动时会自动读取系统当前已经定义的环境变量，并且会创建与之具有相同名称和数值的变量。但是，如果用户在 makefile 中定义了相同名称的变量，那么用户自定义变量将会覆盖同名的环境变量。

9.3.3 makefile 规则

makefile 的规则是 make 进行处理的依据，它包括了目标体、依赖文件及其之间的命令语句。在上面的例子中，都显式地指出了 makefile 中的规则关系，如$(CC) $(CFLAGS) -c $< -o $@，但为了简化 makefile 的编写，make 还定义了隐式规则和模式规则，下面就分别对其进行讲解。

1. 隐式规则

隐式规则能够告诉 make 怎样使用传统的规则完成任务，这样，当用户使用它们时就不必详细指定编译的具体细节，而只需把目标文件列出即可。make 会自动搜索隐式规则目录来确定如何生成目标文件。如上例就可以写成：

```
OBJS = kang.o yul.o
CC = gcc
CFLAGS   = -Wall   -O -g
david: $(OBJS)
        $(CC)   $^ -o $@
```

为什么可以省略后两句呢?因为 make 的隐式规则指出：所有的.o 文件都可自动由.c 文件使用命令$(CC) $(CPPFLAGS) $(CFLAGS) -c file.c -o file.o 来生成。这样 kang.o 和 yul.o 就会分别通过调用$(CC) $(CFLAGS) -c kang.c -o kang.o 和$(CC) $(CFLAGS) -c yul.c -o yul.o 来生成。

表 9.9 给出了常见的隐式规则目录。

表9.9 makefile 中常见的隐式规则目录

对应语言后缀名	隐式规则
C 编译：.c 变为.o	$(CC) -c $(CPPFLAGS) $(CFLAGS)
C++编译：.cc 或.c 变为.o	$(CXX) -c $(CPPFLAGS) $(CXXFLAGS)
Pascal 编译：.p 变为.o	$(PC) -c $(PFLAGS)
Fortran 编译：.r 变为.o	$(FC) -c $(FFLAGS)

2. 模式规则

模式规则用来定义相同处理规则的多个文件。它不同于隐式规则，隐式规则仅仅能够用 make 默认的变量来进行操作，而模式规则还能引入用户自定义变量，为多个文件建立相同的规则，从而简化 makefile 的编写。

模式规则的格式类似于普通规则，这个规则中的相关文件前必须用%标明。使用模式规则修改后的 makefile 的编写如下。

```
OBJS = kang.o yul.o
CC = gcc
CFLAGS = -Wall -o -g
david : $(OBJS)
    $(CC)  $^  -o  $@
%.o : %.c
    $(CC)  $(CFLAGS)  -c $< -o $@
```

9.3.4 make 管理器的使用

使用 make 管理器非常简单，只需在 make 命令的后面键入目标名即可建立指定的目标，如果直接运行 make，则建立 makefile 中的第一个目标。

此外 make 还有丰富的命令行选项，用于完成各种不同的功能。表 9.10 列出了常用的 make 命令行选项。

表 9.10 常用的 make 命令行选项

命令格式	含义
-C dir	读入指定目录下的 makefile
-f file	读入当前目录下的 file 文件作为 makefile
-i	忽略所有的命令执行错误
-I dir	指定被包含的 makefile 所在目录
-n	只显示要执行的命令，但不执行这些命令
-p	显示 make 变量数据库和隐含规则
-s	在执行命令时不显示命令
-w	如果 make 在执行过程中改变目录，则显示当前目录名

9.4 Qt 介绍

9.4.1 Qt 程序设计简介

Qt 是一个功能丰富的 C++开发体系框架，包括庞大的类库和相关的实用工具。对平台底层的成功抽象与封装，使得利用 Qt 开发的应用程序实现了源代码可兼容(source compatible)，即通过重新编译代码，就可以实现程序在不同平台上的移植。Qt 程序可以在多种平台上运行，这些平台包括如下几种。

(1) X11 系统：运行在 X Window 中的系统，包括 Linux、UNIX 等。
(2) Windows 系统：微软的 Windows 系列系统，包括 Windows 7、Windows 10 等。
(3) Macintosh 系统：Mac Os。
(4) 嵌入式系统：包括嵌入式 Linux、Windows CE、Android 等。

在 Linux 中，Qt 的图形界面库是在 Xlib 基础上的封装与抽象，大多数图形界面元素都从 QWidget 中继承而来，与 GTK+利用 C 模拟继承机制不同，Qt 是一个完全的 C++开发框架。但是，经过长期的发展，Qt 的应用早已超出了图形界面库的范围，能够很好地支持 2D、3D 绘图、XML 解析、网络、数据库等方面。在企业版的 Qt 中，甚至还支持微软的 ActiveX。

简单、易用是 Qt 工具包追求的目标之一。在 Q 底层类库的设计上采用面向对象的继承方式，庞大的类库组织成清晰的层次结构。在高层次的开发阶段，Qt 提供了一系列的工具来简化开发过程。在编译阶段，可以使用 gmake 简化程序编译，自动生成编译需要的配置文件；在设计阶段，可以使用 Qt Designer 可视化地开发用户界面；遇到问题时，可以使用 Qt Assist 快速定位需要的帮助信息。尽管不借助辅助工具也可以完成项目的开发，但是熟练使用这些工具，可大大提高开发的效率。

与 Linux 下的大多数软件不同，Qt 不是由某个软件组织或者基金会维护的，而是由软件公司维护开发的。最初维护 Qt 的软件公司是总部在挪威的奥斯陆的 Trolltech 公司，后来该公司并入了诺基亚(Nokia)，并改名为 QtSoftware 公司。2012 年，Qt 又被 Digia 收购，成为其子公司。可以在 qt-project.org 网站查询下载 Qt 的相关信息。

Qt 软件虽然由商业公司维护，但是 Qt 也为软件的开发提供了多种选择。Qt 的版本可以分为自由版本和商业版本两种，无论使用哪种版本都可以获得软件的源代码。自由版本可以免费使用，可以采用 GPL 或 LGPL 软件许可证的方式。商业版本需要付费，使用商业版开发出的软件受到的限制更少，还可以提供及时的客户支持服务。如果想在自由版本中获得质量高的客户支持服务，可以通过付费的方式按需要购买特定的支持服务项目。

在 Fedora 21 中没有默认安装 Qt 开发的相关工具，需要在联网条件下，运行 "yum install qt qt-devel gt- xll gt- doc gt- demos gt- examples gt- assistant gt- creator gt- config" 命令安装相关软件工具，且运行安装命令时需要具备 root 权限。

9.4.2 开发 Qt 图形界面程序

Qt 工具包是一个功能非常丰富的框架，可以用来开发多种用途的应用程序。本节对利用

Qt 开发图形界面程序做初步的介绍。希望通过对本节的学习，读者能够对利用 Qt 开发图形界面有一个总体的印象。Qt 工具包以 C++类库的形式提供功能接口，进行 Qt 界面开发需要具备基本的 C++语言知识，并了解面向对象的基本理论。

进行图形界面的开发需要解决的基本问题就是如何使用图形界面元素，以及如何将界面元素与事件对应起来。在 Qt 中，所有的界面元素都称为窗口部件，即 Widget。它们直接或者间接地从 QWidget 继承而来。要定制新的窗口元素，可以从 QWidget 中选择一个功能相近的派生类，通过继承来增加或者重新定义已有的方法，达到定制新窗口元素功能的目的。如果找不到合适的派生类，可以直接从 QWidget 派生。QWidget 提供窗口元素中一些基本的操作，包括事件处理函数、窗口饰件外观设置函数等。关联窗口元素产生的事件和相应的事件处理函数可以采用以下两种方法。

(1) 重载(overload)其中已有的事件处理函数。
(2) 利用信号/槽的机制关联信号(事件)和信号对应的事件处理函数。

第 1 种方法适合于已经存在的事件处理函数，第 2 种方法更灵活，也是最常使用的方式。信号/槽机制是 Qt 工具包最显著的特色，它提供了一种对象之间互相通信的机制。信号是对象(类)向外界发送的任意消息、事件，而不仅仅是界面元素产生的一般消息(鼠标、键盘等)。信号有名称，可以带参数。槽是可以接收消息的特殊函数。对于消息来说，定义时不必指明将消息发送给谁，即不需要指定消息的接收方；对于槽来说，定义时也不必指明从谁那里接收消息，即不需要指定消息的发送方。那如何将消息和对应的消息处理函数/槽对应起来呢？通过 QObject 的 connect 函数可以完成消息和槽的关联。一个消息可以发送给多个槽，一个槽也可以接收多个消息。如果槽接收的消息来自对象内部，就实现了对象内部的通信；如果槽接收的消息来自对象外部，就实现了对象之间的通信。

信号/槽机制不是 QWidget 特有的，任何从 QObject 类(QWidget 的基类)继承的子类都可以使用这种机制。与利用回调函数(callback function)来处理消息相比，信号/槽类型安全，更好地体现了对象的封装特性。

下面结合 Qt 程序示例分析 Qt 图形界面程序的设计方法。

1. 简单的 Qt 图形程序

首先介绍一个最简单的 Qt 程序示例，程序仅由一个标签 Widget 组成。程序没有使用额外的信号，因此也没有应用信号/槽机制。界面上除了窗口标题栏的最大化、最小化、关闭按钮可以用于和用户交互外，没有任何其他额外的交互功能。下面结合程序代码，介绍这个基本的 Qt 程序的框架。因为 Qt 利用当前桌面环境外观来显示窗口，所以实际程序的运行效果和图示的效果图可能存在差异。

```
//hello.cpp
#include <QApplication>
#include <QLabel>
int main(int argc, char argv[]){
QApplication app(argc,argv);
QLabel label("<i><b>Hello Qt!</b></i>",0);
label.show()
return app.exec();
}
```

假设源文件保存在当前的工作目录中,并命名为 hello.cpp。程序的前两行是 include 预处理指令,将代码中用到的类 Application 和类 QLabel 的定义包括进来。和 GTK+程序不同,文件使用 C++的文件扩展名,头文件也是使用到哪个类就需要单独地包含那个类的头文件。而在大多数 GTK+程序中,只需包含一个头文件<gtk/gtk.h>。在 Qt 中,一个复杂的程序开头往往要写入一大段 include 指令。但是,Qt 的命名约定头文件名就是类名,简化了对这些头文件名称的记忆。在 C++的规范中,头文件的扩展名被去掉了,即与 C 语言的头文件(*.h)相比,去掉了(.h)部分。建议读者在建立自己的类文件时,也遵守这种命名约定,使整个代码保持统一的风格。

代码第 4 行用程序的启动参数创建了一个 Application 类的对象 app。类 Application 承担一个应用程序全局范围内的职责,包括初始化程序运行环境、启动和维护消息循环、监视程序运行状态和释放程序资源等。可以把 Application 看作是整个应用程序都可见的全局对象。一个程序中可以有多个窗口、多个界面,但是只能有一个 Application 对象。通过启动参数创建 Application 对象提供了一种向程序提供启动信息的方式,利用特定的命令选项向程序传递启动信息,Application 对象可以根据这些选项设置程序运行环境。例如,在调试状态下可以使用-sync 选项,利用-style 选项可以指定程序界面的外观风格。

代码第 5 行创建了一个标签 label。创建标签时使用了两个参数,第 1 个参数是一个字符串,第 2 个参数是数字 0。第 2 个参数的类型应该是 QWidget 的指针,即第 2 个参数是一个界面元素的指针,代表新创建界面元素的父指针。当新创建元素放置在某个控件之上时,需要指明这个参数。第 2 个参数为 0,说明新元素没有父控件,即新元素是程序的顶层窗口元素。对于本例,程序中只有一个标签,标签没有放在其他界面之上,因此第 2 个参数为 0。在 Qt 中,任何 QWidget 的子类都可以单独充当程序的顶层窗口,不仅限于窗口和对话框等特殊界面元素。

创建标签的第 1 个参数说明 Qt 提供了一个很实用的特性。本例中第 1 个字符串参数采用了类似超文本(HTML)的格式。对照程序运行界面,这段字符串确实也是按照类似超文本的解释方式显示的,字符串用粗体(<b>)和斜体(<i>)显示。在 Qt 中,这种格式的字符串称为 Rich Text。与 Rich Text 对应的是没有格式描述的普通字符串,称为 Plain Text。对于 Rich Text,Qt 会根据默认的样式表(style sheet)来格式化字符串的外观,对于 Plain Text 则不进行美化。默认情况下,Qt 通过字符串的格式来判断是否需要格式化。本例中的字符串格式符合 Rich Text 的规范,因此 Qt 将对它进行重新格式化,达到美化文字的效果。

代码第 6 行使标签 label 可见。界面元素并非创建完毕就是可见的,只有调用了界面元素的 show 方法,界面元素才变为可见。

代码最后一行调用 Application 的 exec 方法启动消息循环,app 对象可以将程序中产生的各种消息发送给相应的消息槽,通过消息机制使整个应用程序运行起来。exec 的返回值是退出消息循环的返回值,如果程序正常退出,即通过调用 quit 方法退出,那么它的返回值为 0。

虽然没有关联任何事件处理程序,但程序展现了 Qt 程序的基本机构:首先利用启动参数创建全局的 Application 对象,然后创建各种界面元素,完成界面元素的放置、事件关联等,并使窗口可见。所有准备工作完成后,调用 Application 的 exec 方法启动消息循环开始运行程序。在编程过程中,通常是建立一个 QWidget 的派生类,作为所有界面元素的容器,其他的界面元素都放在这个派生类中。在主程序中,创建这个派生类的一个对象,并将它设置为主窗口。这样既可以明确程序结构,又可以简化 main 函数的代码。后面介绍的程序示例就是采用了这样一种结构。

下面介绍如何编译执行 Qt 程序。

2. Qt 程序的编译

为了实现程序开发的高效性和灵活性，Qt 在 C++基础上增加了信号/槽等扩展特性。这些特性的增加，使 Qt 的源代码不能完全合乎 C++的规范。为了使 Qt 代码能够被 GCC 等编译器编译，Qt 提供了，元对象编辑器(meta object compiler，MOC)完成 Qt 代码向规范的 C++代码的转化。此外，Qt 附带的 Qt Designer 工具为开发人员提供了一个可视化程序开发界面，极大地提高了开发的效率。但是，Qt Designer 生成的文件也不是 C++的标准文件。为了将 Qt Designer 生成的文件转化为规范的 C++文件，还需要使用 Qt 提供的另一个工具——用户界面编译器(user interface compiler，UIC)。因此，要利用 Qt 提供的这些特性，提高程序的开发效率和灵活性，必须使用多种工具分工合作，这无疑会增加开发 Qt 程序的难度。为此，Qt 提供了一个专门生成编译文件的辅助工具 qmake。

qmake 集成了前面提到的 MOC 和 UIC，可以针对不同平台、不同编译器生成编译文件所需要的编译指导文件 makefile，从而简化 Qt 程序的编译过程。qmake 以一个 Qt 的项目文件(*.pro)为输入，输出为一个编译指导文件 makefile。得到 makefile 后，就可以利用 make 命令在 makefile 的指导下自动完成编译过程。项目文件(*.pro)是一个文本文件，用于存储一些编译时的参数。假设项目文件保存在和 hello.cpp 相同的目录下，下面的程序列出编译示例程序时所需要的项目文件。

```
TEMPLATE= app
QT+= core gui
QT+=widgets
INCLUDEPATH+=.
CONFIG+=qt warn_on release
SOURCES+=hello.cpp
```

项目文件是文本文件，基本形式如下。

变量名=值

其中 TEMPLATE=app 说明将要生成的是一个可执行的应用程序。该语句的取值除了可以是 app 外，还可以取下述值。

(1) lib：生成库文件。
(2) subdirs：生成某个目录下的编译指导文件。
(3) vcapp：生成 VC++支持的可执行程序。
(4) vclib：生成 VC++支持的库文件。
(5) aux：生成 makefile，不进行程序的构建。

Qt 变量指明生成的程序需要加载的 Qt 功能模块。在本例中增加了 core、gui 和 widgets 三个模块。其中 core 和 gui 是默认添加的模块；widgets 是 Qt widgets 模块，当使用 Qt 窗口控件，在头文件中使用#include< Qt widgets>时，Qt 需要加入 widgets 的属性值。

"INCLUDEPATH+=."的含义是将当前目录增加到头文件的搜索路径中去。如果还有其他路径，可以另起一行，用相同的格式添加路径。SOURCES 变量的使用方式和 INCLUDEPATH 变量使用方式一样，表示程序依赖的源文件路径。

"CONFIG+=qt warn_on release"表示给 CONFIG 变量的值增加三个字符串。CONFIG 变量可以取很多值，常用的取值如下所示：

(1) qt：生成的目标是基于 Qt 库的应用程序或者程序库。
(2) debug：编译时打开调试信息。
(3) release：编译时进行代码优化。
(4) warn_on：编译时尽量多地报告警告信息。
(5) warn_off：编译时仅报告严重的警告信息。

项目文件进行编辑并保存好之后，就可以利用 gmake 命令生成编译指导文件，进而利用 make 工具编译程序了。在 Fedora 21 中，为了方便不同版本的 Qt 程序的编译，将 qmake 命令具体划分为与 Qt4 兼容的 qmake-qt4 和与 Qt5 兼容的 qmake-qt5 两个命令，不再使用 qmake 命令。因为本示例程序非常简单，代码兼容 Qt4 和 Qt5，所以在本例中，既可以使用 qmake-qt4 命令又可以使用 qmake-qt5 命令，可以依次执行下述命令(以使用 qmake-qt4 为例)。

```
$qmake-qt4 hello.pro
$make
$./hello
```

当完成第 1 行的命令时，如果没有错误，当前工作目录中会产生名称为 makefile 的编译指导文件；执行完第 2 行 make 命令后，编译过程完成，当前工作目录中出现了一个和项目文件名(不包括扩展名*.pro)相同的可执行文件名，这就是编译生成的可执行文件。通过可执行文件的文件名，就可以启动应用程序，看到程序运行的图形界面了。

习题 9

9.1 在 Linux 环境下不使用集成的 IDE 时，编辑 C 源程序文件可使用_____，编译该文件可使用_____，调试可使用_____。

9.2 需要使用 gdb 调试程序前，使用 gcc 编译程序需要加入_____选项。

9.3 gdb 环境中，运行程序使用_____命令，单步执行程序使用_____命令，查看_____变量类型使用_____命令，退出 gdb 环境使用_____命令。

9.4 Makefile 文件中 make 规则的格式为_____，在使用 make 自动编译项目时，判断某个文件是否需要重新编译的标准是_____。

9.5 vim 编辑器有哪几种工作模式?

9.6 在 vim 编辑器中，改动文件的一些内容，但退出时不想保存所修改的部分，如何进行操作?

9.7 编写一求 n 阶乘的 C 语言文件，使用 gcc 工具编译该源程序并运行。

9.8 对前一题中求 n 阶乘文件设置断点，使用 gdb 工具观察该程序的递归调用过程，并观察 n 的值。

9.9 编写几个测试程序及相应的 makefile 文件，然后使用 make 命令进行编译。

第 10 章
Linux 内核编译与管理

学习要求：通过对本章的学习，读者将了解 Linux 内核编译的基本过程，熟悉常见 Linux 内核配置选项，掌握 CentOS 7 内核小版本升级和大版本升级的方法。

Linux 作为一个自由软件，在广大爱好者的支持下，内核版本不断更新。新的内核修订了旧内核的漏洞，并增加了许多新的特性。如果用户想要使用这些新特性，或想根据自己的系统定制一个更高效、更稳定的内核，就需要手动编译 Linux 内核。那么如何编译内核呢？本章将讲解 Linux 内核编译的详细过程。

10.1 内核编译的基本过程

10.1.1 内核概述

Linux 内核是 Linux 操作系统的核心，也是整个 Linux 功能体现的核心，就如同发动机在汽车中的重要性。内核主要功能包括进程管理、内存管理、文件管理、设备管理、网络管理等。Linux 内核是单内核设计，但却采用了微内核的模块化设计，支持内核线程以及动态装载内核模块的能力。

那么内核到底是什么呢？其实内核就是系统上面的一个文件，这个文件包含了驱动主机各项硬件的检测程序和驱动模块。在系统启动过程中，系统读完 BIOS 并加载 MBR 中的 Boot Loader 之后，就能够加载内核到内存当中，然后开始检测硬件设备，挂载根目录来获取内核模块以驱动所有的硬件设备，之后就开始让/sbin/init 进程来完成系统的启动，同时内核文件就是在/boot 目录下的一个以 vmlinuz 开头的文件，有时候我们会发现，/boot 目录下有好几个以 vmlinuz 开头的文件，也就是说主机可以有多个内核，但是启动后，只能选择一个来加载，所以说 Linux 系统是单内核、模块化体系。

模块化可以这样理解，一个程序可以完成很多功能，每个独立的功能就可以被称为模块，这些独立的功能模块组合起来就可以完成一系列大的功能，内核也是一样。

10.1.2 内核编译的过程

1. 下载内核源代码

编译内核的前提是有新内核的源码包，获取源码包的渠道有很多，可以直接去官方网站

(www.kernel.org)下载。建议尽量不要直接编译最新版本的内核，可能会造成不兼容等问题。

2021 年 12 月，Linux 内核迎来了 5.0 大版本更新，5.0 内核更新了 AMD GPU 的开源图形驱动程序，支持 FreeSync 自适应刷新率，此外，5.0 版内核引入了新的感知调度功能等。

本章将以 Linux 3.10.10 版本的内核为例说明相关内核编译及管理的实例。图 10.1 所示为下载的内核源代码。

```
[root@scholar ~]# ls
anaconda-ks.cfg  Documents  install.log          linux-3.10.10.tar.xz
Desktop          Downloads  install.log.syslog  Music
```

图 10.1　内核源代码

2. 部署内核源代码

mv linux-3.10.10.tar.xz /usr/src：把下载的内核源代码文件移到/usr/src 目录。

cd /usr/src：切换到该目录下。

tar zxvf linux-3.10.10.tar.xz：解压内核包到 Linux-3.10.10 目录下。

cd linux-3.10.10：切换到该目录下。

cp /boot/config- .config：目的是使用 boot 目录下的原配置文件。

解压后的文件如图 10.2 所示。

```
[root@scholar ~]# tar xf linux-3.10.10.tar.xz -C /usr/src/
[root@scholar ~]# cd /usr/src/
[root@scholar src]# ls
debug  kernels  linux-3.10.10
[root@scholar src]# ln -sv linux-3.10.10 linux
`linux' -> `linux-3.10.10'
[root@scholar src]# ls
debug  kernels  linux  linux-3.10.10
```

图 10.2　部署内核源代码

3. 配置内核

配置内核的方法有很多，主要有如下几种。

```
#make menuconfig      //基于 ncurse 库编制的图形工具界面
#make config          //基于文本命令行工具，不推荐使用
#make xconfig         //基于 X windows 图形工具界面
```

输入 make menuconfig，等待几秒后，终端变成图形化的内核配置界面。进行配置时，大部分选项使用其缺省值，只有一小部分需要根据不同的情况选择。

对每一个配置选项，用户有三种选择，它们分别代表的含义如下。

<*>或[*]：将该功能编译进内核。

[]：不将该功能编译进内核。

[M]：将该功能编译成可以在需要时动态插入到内核中的代码。

具体配置项的功能见 10.2 节，配置内核如图 10.3 所示。

4. 编译内核：make

这步是时间最长的一个步骤。编译内核只需在终端输入 make，然后等待编译的完成即可。

```
.config - Linux/x86 3.10.10 Kernel Configuration
        Linux/x86 3.10.10 Kernel Configuration
 Arrow keys navigate the menu. <Enter> selects submenus --->. Highlighted letters are
 hotkeys. Pressing <Y> includes, <N> excludes, <M> modularizes features. Press <Esc><Esc>
 to exit, <?> for Help, </> for Search. Legend: [*] built-in [ ] excluded <M> module
 < > module capable

          [*] 64-bit kernel
              General setup  --->
          [*] Enable loadable module support  --->
          -*- Enable the block layer  --->
              Processor type and features  --->
              Power management and ACPI options  --->
              Bus options (PCI etc.)  --->
              Executable file formats / Emulations  --->
          -*- Networking support  --->
              Device Drivers  --->
              Firmware Drivers  --->
              File systems  --->
              Kernel hacking  --->
              Security options  --->
          -*- Cryptographic API  --->
          [*] Virtualization  --->


              <Select>   < Exit >   < Help >   < Save >   < Load >
```

图 10.3 配置内核

5. 编译和安装内核模块：make modules_install

安装完成后 ls /lib/modules 会出现编译完成的内核。编译完成的内核如图 10.4 所示。

```
[root@scholar linux]# cd /lib/modules/
[root@scholar modules]# ls
2.6.32-504.el6.x86_64  3.10.10
```

图 10.4 编译完成的内核

6. 安装内核：make install

安装完成后 ls /boot 会出现编译的内核相关文件，如图 10.5 所示。

```
[root@scholar linux]# cd /boot
[root@scholar boot]# ls
config-2.6.32-504.el6.x86_64        System.map
efi                                  System.map-2.6.32-504.el6.x86_64
grub                                 System.map-3.10.10
initramfs-2.6.32-504.el6.x86_64.img  vmlinuz
initramfs-3.10.10.img                vmlinuz-2.6.32-504.el6.x86_64
lost+found                           vmlinuz-3.10.10
symvers-2.6.32-504.el6.x86_64.gz
```

图 10.5 内核相关文件

7. 查看 grub 配置文件，新内核的信息已经写入

grub 配置文件如图 10.6 所示。

```
default=1
timeout=5
splashimage=(hd0,0)/grub/splash.xpm.gz
hiddenmenu
title Red Hat Enterprise Linux Server (3.10.10)
        root (hd0,0)
        kernel /vmlinuz-3.10.10 ro root=/dev/mapper/vg_scholar-lv_root rd_LVM_LV=vg_scholar/lv_swap
rd_NO_LUKS LANG=en_US.UTF-8 rd_LVM_LV=vg_scholar/lv_root rd_NO_MD SYSFONT=latarcyrheb-sun16 crashke
nel=auto KEYBOARDTYPE=pc KEYTABLE=us rd_NO_DM rhgb quiet
        initrd /initramfs-3.10.10.img
title Red Hat Enterprise Linux 6 (2.6.32-504.el6.x86_64)
        root (hd0,0)
        kernel /vmlinuz-2.6.32-504.el6.x86_64 ro root=/dev/mapper/vg_scholar-lv_root rd_LVM_LV=vg_sc
```

图 10.6 grub 配置文件

10.2 内核配置详解

下面以 Linux 2.6.20 内核为例，介绍比较常用的一些 Linux 内核配置选项，其他选项读者可以参考系统提供的帮助信息。

10.2.1 General setup

General setup 选项为常规安装选项，包括版本信息、虚拟内存、进程间通信、系统调用、审计支持等基本内核配置选项。下面介绍常规安装选项下主要子选项的配置方法。

1. Local version - append to kernel release

在内核后面加上自定义的版本字符串。这些字符在使用 uname-a 命令时会显示出来，要求字符最多不能超过 64 位。

2. Automatically append version information to the version string(LOCAL VERSION_AUTO)

自动生成版本信息。这个选项会自动探测内核并且生成相应的版本。在编译时需要有 perl 及 git 仓库的支持。一般情况下，建议选择 Y。

3. Support for paging of anonymous memory(SWAP)

使用交换分区或者交换文件来作为虚拟内存，也就是让计算机好像拥有比实际内存更多的内存空间来执行很大的程序。Linux 中的虚拟内存即 SWAP 分区，除非不需要 SWAP 分区，否则这里选择 Y。

4. System V IPC(Inter Process Communication，进程间通信)

System V 进程间通信(IPC)支持，许多程序需要这个功能，因此选择 Y。中间过程连接是一组功能和系统调用，使得进程能够同步和交换信息。可以用 info ipc 命令了解 IPC 的具体用法。

其中，IPC Namespaces (IPC_NS)子选项表示 IPC 命名空间，命名空间的作用是区别同名的设备。这个选项也是为不同的服务器提供 IPC 的多命名，达到一个 IPC 提供多对象支持的目的。

5. POSIX Message Queues

POSIX(Portable Operating System Interface of UNIX，可移植操作系统接口)消息队列是 POSIX IPC 中的一部分，在通信队列中有较高的优先权来保持通信畅通。如果需要编译和运行在 Solaris 操作系统上写的 POSIX 信息队列程序，则选择 Y。同时还需要 mqueue 库来支持这些特性，它是作为一个文件系统存在，可以设置它，以保证以后不同程序的协同稳定。

6. BSD Process Accounting

将进程的统计信息写入文件的用户级系统调用，信息通常包括建立时间、所有者、命令名称、内存使用、控制终端等。如果选择 Y，则用户级别的程序就可以通过特殊的系统调用方式来通知内核把进程统计信息记录到一个文件中，当这个进程存在的时候，信息就会被内核记录进文件，这对用户级程序非常有用，所以通常选择 Y。

其中，BSD Process Accounting version 3 file forma 子选项表示使用新的第三版文件格式，通常选择 Y。统计信息将会以新的格式(V3)写入，该格式包含进程 ID 和父进程。注意这个格式不兼容老版本 (V0/V1/V2)的文件格式，所以需要升级相关工具来使用它。

7. Export task/process statistics through netlink(EXPERIMENTAL)

这是一个处于实验阶段的功能，表示通过 netlink 接口向用户空间导出任务、进程等统计信息，与 BSD Process Accounting 的不同之处在于这些数据在进程运行的时候就可以通过相关命令访问。

8. UTS Namespaces

即 UTS(通用终端系统)命名空间支持。它允许容器，比如 Vservers 利用 UTS 命名空间来为不同的服务器提供不同的 UTS。

9. Auditing support

审计支持，某些内核模块(例如 SELinux)需要它，只有同时选择其子项才能对系统调用进行审计。允许审计的下层能够被其他内核子系统使用，比如 SELinux，它需要这个来进行登录时的声音和视频输出。没有 CONFIG_AUDITSYSCALL 时(即下一个选项)无法进行系统调用。

其中，Enable system-call auditing support (AUDITSYSCALL)子选项表示支持对系统调用的审计，允许系统独立地或者通过其他内核的子系统，调用审计支持，比如 SELinux。要使用这种审计的文件系统来查看特性，请确保 INOTIFY 已经被设置。这两个选项，要选择 Y 就都选择，以便调用其他内核。

10. Kernel.config support

把内核的配置信息编译进内核中，以后可以通过 scripts/extract-ikconfig 脚本来提取这些信息。

这个选项允许.config 文件(即编译 Linux 时的配置文件)编译进内核中。可以通过内核镜像文件 kernel image file，用命令 script scripts/extract-ikconfig 来提取这些配置信息，作为当前内核重编译或者另一个内核编译的参考。如果内核在运行中，可以通过/proc/config.gz 文件来读取。

其中 Enable access to .config through/proc/config.gz 子选项表示可以通过/proc/config.gz 访问当前内核的.config。这两个选项，要选择 Y 就都选择，以便调用其他内核。

11. CPU set support

即多 CPU 支持。这个选项可以建立和管理 CPU 集群，它可以动态地将系统分割在各个 CPU 和内存节点中，各个节点是独立运行的，这对大型的系统尤其有效。一般只有在含有大量 CPU(大于 16 个)的 SMP 系统或 NUMA(非一致内存访问)系统才需要它。如果不清楚，则选择 N。

12. Kernel->user space relay support(formerly relayfs)

内核系统区和用户区进行传递通信的支持。在某些文件系统上(比如 debugfs)提供从内核空间向用户空间传递大量数据的接口。

这个选项在特定的文件系统中提供数据传递接口支持，它可以提供从内核空间到用户空间的大批量的数据传递工具和设施。

13. Initramfs source file(s)

initrd 已经被 initramfs 取代，选 N 即可。

14. Optimize for size(Look out for broken compilers!)

这个选项将在 GCC 命令后用-Os 代替-O2 参数，以在编译时优化内核尺寸。
警告：某些 GCC 版本会产生错误的二进制代码。如果有错，请升级 GCC。

这是优化内核大小的功能，一般没必要选。因为一个编译好的内核只有 7~10MB，如果空间足够，就不要冒出问题的风险来优化内核大小。

15. Configure standard kernel features(for small systems)

配置标准的内核特性(为小型系统)。这个选项可以让内核的基本选项和设置无效或者扭曲。这是用于特定环境中的，它允许"非标准"内核。它是为了编译某些特殊用途的内核使用的，例如引导盘系统。通常选这一选项，也不必关心其子选项。

10.2.2 Loadable module support

Loadable module support 即引导模块支持，该选项包括加载模块、卸载模块、模块校验、自动加载模块等引导模块配置相关子选项。本节主要介绍引导模块支持子选项的配置方法。

1. Enable loadable module support

打开可加载模块支持，如果打开它则必须通过 make modules_install 把内核模块安装在/lib/modules/中。模块是一小段代码，编译后可在系统内核运行时动态地加入内核，从而为内核增加一些特性或是对某种硬件进行支持。一般一些不常用到的驱动或特性可以编译为模块以减少内核的体积。在运行时可以使用 modprobe 命令来加载它到内核中去(在不需要时还可以移除它)。一些特性是否编译为模块的原则有不常使用的，或是在系统启动时不需要的驱动可以将其编译为模块，如果是一些在系统启动时就要用到的驱动，比如说文件系统，系统总线的支持就不要编为模块，否则无法启动系统。在启动时把不用到的功能编成模块是最有效的方式。可以查看 MAN 手册来了解 modprobe、lsmod、modinfo、insmod 和 rmmod。

如果选择了这项，则需要运行 make modules_install 命令把模块添加到/lib/modules/目录下，以便 modprobe 可以找到它们。如果不清楚，则选择 Y。

2. Module unloading

允许卸载已经加载的模块。如果选择 N，将不能卸载任何模块(有些模块一旦加载就不能卸载，而不管是否选择了这个选项)。如果不清楚，则选择 Y。

其中，Forced module unloading 子选项允许强制卸载正在使用的模块，即使内核认为这不安全，内核也将会立即移除模块，而不管是否有人在使用它(用 rmmod -f 命令)。

3. Module versioning support(MODVERSIONS)

允许使用其他内核版本的模块。选这项会添加一些版本信息，来给编译的模块提供独立的特性，以使不同的内核在使用同一模块时区别于它原有的模块。

4. Source checksum for all modules

为所有的模块校验源码,如果不是自己编写内核模块就不需要它。这个功能是为了防止在编译模块时不小心更改了内核模块的源代码但忘记更改版本号而造成版本冲突。

5. Automatic kernel module loading

允许内核通过运行 modprobe 自动加载模块,比如可以自动解决模块的依赖关系。在一般情况下,如果我们的内核在某些任务中要使用一些被编译为模块的驱动或特性,要先使用 modprobe 命令来加载它,内核才能使用。如果选择了这个选项,在内核需要一些模块时它可以自动调用 modprobe 命令来加载需要的模块。如果不清楚,则选择 Y。

10.2.3 Processor type and features

Processor type and features 即处理器类型及特性,该模块包括处理器系列、内核抢占模式、抢占式大内核锁、内存模式、使用寄存器参数等处理器配置相关信息。本节介绍其中与嵌入式开发有关的主要子选项的配置方法。

1. Symmetric multi-processing support(SMP)

对称多处理器支持。将支持多个 CPU 的系统,此时 Enhanced Real Time Clock Support 选项必须开启,Advanced Power Management 选项必须选择 N。如果系统只有一个 CPU,则选择 N。反之,选择 Y。如果选择 N,内核将会在单个或者多个 CPU 的机器上运行,但是只会使用一个 CPU。如果选择 Y,内核可以在很多(但不是所有)单 CPU 的机器上运行,在这样的机器上选择 N,会使内核运行得更快。

2. Processor family

处理器系列。针对嵌入式系统所使用的处理器类型,选取相应的选项。

3. Preemptible kernel

内核抢占模式。一些优先级很高的程序可以先让一些低优先级的程序执行,即使这些程序是在内核态下执行,从而减少内核潜伏期,提高系统的响应。当然一些特殊点的内核是不可抢占的,比如内核中的调度程序自身在执行时就是不可被抢占的。这个特性可以提高桌面系统、实时系统的性能。有下面 3 个选项。

No Forced Preemption(Server):非强迫式抢占。这是传统的 Linux 抢占式模型,针对于高吞吐量设计。它同样在很多时候会提供很好的响应,但是也可能会有较长的延迟。如果要建立服务器或者用于科学运算,或者要最大化内核的运算能力而不理会调度上的延迟,则选该项。

Voluntary Kernel Preemption(Desktop):自动式内核抢占。这个选项通过向内核添加更多的"清晰抢占点"来减少内核延迟。这些新的抢占点以降低吞吐量为代价,来降低内核的最大延迟,提供更快的应用程序响应。这通过允许低优先级的进程自动抢占来响应事件,即使进程在内核中进行系统调用。这使得应用程序运行得更"流畅",即使系统已经是高负荷运转。嵌入式系统里面通常选择 N。

Preemptible Kernel(Low-Latency Desktop):可抢占式内核(低延迟桌面)。这个选项通过使所有内核代码(非致命部分)编译为"可抢占"来降低内核延迟。通过允许低优先级进程进行强制抢占来响应事件，即使这些进程正在进行系统调用或者未达到正常的"抢占点"。这使得应用程序运行得更加"流畅"，即使系统已经是高负荷运转。代价是吞吐量降低，内核运行开销增大。嵌入式系统编译内核通常选择 Y，这样只有很少的延迟。

其中，Preemptible Kernel 子选项提供了最快的响应，适合对实时性要求较高的嵌入式系统。

4. Preempt the big kernel lock

抢占式大内核锁。应用于实时要求高的场合，适合嵌入式系统。这个选项通过让大内核锁变成"可抢占"来降低延迟。

5. Machine check exception(MCE)

机器例外检查。让 CPU 检测到系统故障时通知内核，以便内核采取相应的措施(如过热关机等)。内核根据问题的严重程度来决定下一步的行为，比如在命令行上显示警告信息或者关机。处理器必须是 Pentium 或者更新版本才支持这个功能。用 cat /proc/cpuinfo 检测 CPU 是否有 MCE 标志。

6. Memory model

内存模式。一般选 Flat Memory(平坦内存模式)，Sparse Memory(稀疏内存模式)选项涉及内存热插拔。

7. Use register arguments(REGPARM)

使用寄存器参数。使用-mregparm=3 参数编译内核，将前 3 个参数以寄存器方式进行参数调用，这使得 GCC 使用更高效的应用程序二进制接口(ABI)来跳过编译时的前 3 个调用寄存器参数，可以生成更紧凑和高效的代码。如果选择 N，这个选项默认的 ABI 将会使用。如果不清楚，则选择 Y。

8. kexec system call(KEXEC)

kexec 系统调用。使用此选项可以不必重启而切换到另一个内核。

kexec 是一个用来选择当前内核 N，然后开启另一个内核的系统调用。它和重启很像，但是它不访问系统固件。由于和重启很像，可以启动任何内核，不仅仅是 Linux。kexec 这个名字是从 exec 系统调用来的，它只是一个进程，可以确定硬件是否正确，所以这段代码可能不会正确地进行初始化工作。为慎重起见，在一般情况下，建议选择 N。

10.2.4 Networking support

Networking support(网络支持)选项配置的是网络协议，内容庞杂，这里就不一一介绍了。只要对网络协议有所了解，应该可以看懂相关的帮助文件。如要开发嵌入式系统能像 PC 一样使用各类网络协议，则可以使用默认选项，其中，最常用的 TCP/IP networking 选项当然要选择。

10.2.5 Device Drivers

Device Drivers 即设备驱动，该选项包括内核所支持的各类硬件设备的配置信息。由于 Linux 支持的设备较多，故仅对部分选项进行说明，详细说明请参照系统手册。

1. Generic Driver Options

驱动程序通用选项。包括以下几个子选项。

Select only drivers that don't need compile-time external firmware：只显示不需要内核对外部设备的固件做 map 支持的驱动程序，除非有某些怪异硬件，否则要选择 Y。

Prevent firmware from being built：不编译固件。固件一般随硬件的驱动程序提供，仅在更新固件的时候才需要重新编译。建议选择 Y。

Userspace firmware loading support：提供某些内核之外的模块需要的用户空间固件加载支持，在内核树之外编译的模块可能需要它。

Driver Core verbose debug messages：让驱动程序内核在系统日志中产生冗长的调试信息，仅供调试使用。

2. Connector - unified userspace <-> kernel space linker

统一的用户空间和内核空间连接器，工作在 netlink socket 协议的顶层。如果不确定，则选择 N。

其中，Report process events to userspace 子选项表示向用户空间报告进程事件。

3. Memory Technology Devices(MTD)

特殊的存储技术装置，如常用于数码相机或嵌入式系统的闪存卡。

4. Parallel port support

并口支持(传统的打印机接口)。

5. Plug and Play support

支持即插即用，若未选，则应当在 BIOS 中的 "PnP OS" 选择 N。这里的选项与 PCI 设备无关。

6. Block devices

块设备。

7. Misc devices

杂项设备。

8. ATA/ATAPI/MFM/RLL support

SCSI 设备通常是 IDE 硬盘和 ATAPI 光驱。纯 SCSI 系统且不使用这些接口可以选择 N。

9. SCSI device support

SCSI 设备。

10. Serial ATA and Parallel ATA drivers

SATA 与 PATA 设备。

11. Old CD-ROM drivers(not SCSI，not IDE)

老旧的 CD-ROM 驱动，这种 CD-ROM 既不使用 SCSI 接口，也不使用 IDE 接口。

12. Multi-device support(RAID and LVM)

多设备支持(RAID 和 LVM)。RAID 和 LVM 的功能是使多个物理设备组建成一个单独的逻辑磁盘。

13. Fusion MPT device support

Fusion MPT 设备支持。

14. IEEE 1394(FireWire)support

IEEE 1394(火线)。

15. I²O device support

I²O(智能 I/O)设备使用专门的 I/O 处理器负责中断处理、缓冲存取、数据传输等烦琐任务以减少 CPU 占用，一般 PC 的主板上没有。

16. Network device support

网络设备包含以下子选项。

- Network device support：网络设备支持，如果要开发的嵌入式系统需要上网，则选择 Y。
- Intermediate Functional Block support：这是一个中间层驱动，可以用来灵活地配置资源共享。
- Dummy net driver support：哑接口网络，使用 SLIP 或 PPP 传输协议(如 ADSL 用户)的需要它。
- Bonding driver support：将多个以太网通道绑定为一个，也就是两块网卡具有相同的 IP 地址并且聚合成一个逻辑链路工作，可以用来实现负载均衡或硬件冗余。
- EQL(serial line load balancing)support：串行线路的负载均衡。如果有两个调制解调器和两条电话线而且用 SLIP 或 PPP 协议，该选项可以让用户同时使用这两个调制解调器以达到双倍速度(在网络的另一端也要有同样的设备)。
- Universal TUN/TAP device driver support：TUN/TAP 可以为用户空间提供包的接收和发送服务，比如可以用来虚拟一张网卡或点对点通道。
- General Instruments Surfboard 1000：Surfboard 1000 插卡式 Cable Modem(ISA 接口)，一种老式产品。
- ARCnet devices：一般人没有 ARCnet 类型的网卡。
- PHY device support：数据链路层芯片简称为 MAC 控制器，物理层芯片简称为 PHY，通常的网卡把 MAC 和 PHY 的功能做到了一块芯片中，但也有一些仅含 PHY 的"软网卡"。
- Ethernet(10/100Mbit)：目前最广泛的 10/100Mb/s 网卡。
- Ethernet(1000 Mbit)：目前已成装机主流的 1000Mb/s 网卡。
- Ethernet(10000 Mbit)：高速(万兆)网卡。
- Token Ring devices：令牌环网设备。
- Wireless LAN(non-hamradio)：无线 LAN。
- PCMCIA network device support：PCMCIA 或 CardBus 网卡。
- WAN interfaces：WAN 接口。

- ATM drivers：异步传输模式。
- FDDI driver support：光纤分布式数据接口。
- HIPPI driver support：HIPPI(高性能并行接口)是一个在短距离内高速传送大量数据的点对点协议。
- PLIP(parallel port)support：将并口映射成网络设备，这样两台机器即使没有网卡也可以使用并口通过并行线传输 IP 数据包。
- PPP(point-to-point protocol)support：点对点协议，PPP 已经基本取代 SLIP 了，若使用 ADSL 则要选择 Y。
- PPP multilink support：多重链路协议(RFC1990)允许将多个线路(物理的或逻辑的)组合为一个 PPP 连接以充分利用带宽，这不但需要 ppp 的支持，还需要 ISP 的支持。
- PPP filtering：允许对通过 PPP 接口的包进行过滤。
- PPP support for async serial ports：通过标准异步串口(COM1、COM2)使用 PPP，比如使用老式的外置调制解调器(非同步调制解调器或 ISDN 调制解调器)上网。
- PPP support for sync tty ports：通过同步 tty 设备(比如 SyncLink 适配器)使用 PPP，常用于高速租用线路(比如 T1/E1)。
- PPP Deflate compression：为 PPP 提供 Deflate(等价于 gzip 压缩算法)压缩算法支持，需要通信双方的支持才有效。
- PPP BSD-Compress compression：为 PPP 提供 BSD(等价于 LZW 压缩算法，没有 gzip 高效)压缩算法支持，需要通信双方的支持才有效。
- PPP MPPE compression(encryption)：为 PPP 提供 MPPE 加密协议支持，它被用于微软的 P2P 隧道协议中。
- PPP over Ethernet：这就是 ADSL 用户最常见的 PPPoE，也就是在以太网上运行的 PPP 协议。
- PPP over ATM：在 ATM 上运行的 PPP。
- SLIP(serial line)support：一个在串行线上(例如电话线)传输 IP 数据报的 TCP/IP 协议。基于调制解调器协议的通信协议，与宽带用户无关。
- CSLIP compressed headers：CSLIP 协议比 SLIP 快，它将 TCP/IP 头(而非数据)进行压缩传送，需要通信双方的支持才有效。
- Keepalive and linefill：让 SLIP 驱动支持 RELCOM linefill 和 keepalive 监视，对于信号质量比较差的模拟线路是较好的实现方式。
- Six bit SLIP encapsulation：这种线路非常罕见，一般情况下，建议选择 N。
- Fibre Channel driver support：光纤通道。
- Traffic Shaper：流量整形，已废弃。在一般情况下，建议选择 N。
- Network console logging support：通过网络记录内核信息。
- Netpoll support for trapping incoming packets：在一般情况下，建议选择 N。
- Netpoll traffic trapping：在一般情况下，建议选择 N。

17. ISDN subsystem

综合业务数字网(integrated service digital network)。

18. Telephony Support

VoIP 支持。

19. Input device support

输入设备。

20. Character devices

字符设备。

21. I²C support

I²C 是 Philips 极力推动的微控制应用中使用的低速串行总线协议，可用于监控电压、风扇转速、温度等。SMBus(系统管理总线)是 I²C 的子集。除硬件传感器外，Video For Linux 也需要该模块的支持。

22. SPI support

串行外围接口(SPI)常用于微控制器(MCU)与外围设备(传感器、EEprom、Flash、编码器、模数转换器)之间的通信，比如 MMC 和 SD 卡就通常需要使用 SPI。

23. Dallas's 1-wire bus

一线总线。

24. Hardware Monitoring support

当前主板大多都有一个监控硬件健康的设备，用于监视温度、电压、风扇转速等，请按照嵌入式系统所使用主板实际使用的芯片选择相应的子项。另外，该功能还需要 I²C 的支持。

25. Multimedia devices

多媒体设备。

26. Graphics support

图形设备/显卡支持。

27. Sound

声卡。

28. USB support

USB 支持。

29. MMC/SD Card support

MMC/SD 卡支持。如果嵌入式系统采用此类设备，则选择 Y。

30. LED devices

发光二级管(LED)设备。如果嵌入式系统采用此类设备，则选择 Y。

31. InfiniBand support

InfiniBand 是一个通用的高性能 I/O 规范,它使得存储区域网中以更低的延时传输 I/O 消息和集群通信消息,并且提供很好的伸缩性。用于 Linux 服务器集群系统。

32. EDAC-error detection and reporting(RAS)

错误检测与纠正(EDAC)的目标是发现并报告,甚至纠正在计算机系统中发生的错误,这些错误是由 CPU 或芯片组报告的底层错误(内存错误、缓存错误、PCI 错误、温度过高等)。在一般情况下,建议选择 Y。

33. Real Time Clock(RTC)

所有的 PC 主板都包含一个电池动力的实时时钟芯片,以便在断电后仍然能够继续保持时间,RTC 通常与 CMOS 集成在一起,因此 BIOS 可以从中读取当前时间。

34. DMA Engine support

从 Intel Bensley 双核服务器平台开始引入数据移动加速(data movement acceleration)引擎,它将某些传输数据的操作从 CPU 转移到专用硬件,从而可以进行异步传输并减轻 CPU 负载。Intel 已将此项技术变为开放的标准,将来应当会有更多的厂商支持。

10.3 CentOS 7.X 内核升级

CentOS 7.X 内核升级可以选择三种方案:小版本升级、大版本升级和自编译升级,自编译升级在前面已经进行了介绍,所以本节重点介绍小版本升级和大版本升级。

10.3.1 小版本升级

此方法适用于更新内核补丁。需要连接并同步 CentOS 自带 yum 源,更新内核版本。具体步骤如下。

1. 列出当前内核版本及可用补丁

```
sudo yum list kernel
```

执行命令后,显示当前内核版本及可用补丁,如图 10.7 所示。

```
[root@vm-01 ~]# sudo yum list kernel
Loaded plugins: fastestmirror
Loading mirror speeds from cached hostfile
 * base: mirrors.nwsuaf.edu.cn
 * extras: mirror.lzu.edu.cn
 * updates: mirrors.cqu.edu.cn
Installed Packages
kernel.x86_64                                3.10.0-693.el7
Available Packages
kernel.x86_64                                3.10.0-693.17.1.el7
[root@vm-01 ~]#
```

图 10.7 当前内核版本及可用补丁

2. 升级内核

sudo yum update -y kernel

使用更新命令升级内核,过程如图 10.8 所示。

3. 重新启动操作系统

安装成功后,需要重新启动操作系统,将系统运行在新版本的 kernel 上,如图 10.9 所示。

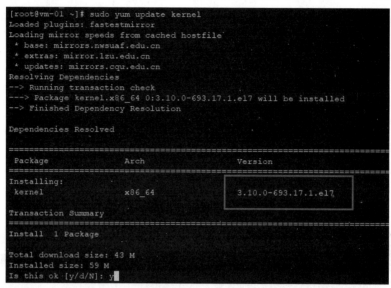

图 10.8　升级内核

图 10.9　重新启动操作系统

10.3.2　大版本升级

在 CentOS 中,可以通过 elrepo 仓库进行大版本升级,具体的升级步骤和方法如下:

1. 安装 elrepo 的 yum 源

elrepo 是 CentOS 十分有用的稳定软件源,这是一个第三方仓库,可以将内核升级到最新版本。

(1) 首先导入 public key(公钥)

① # 载入公钥。

rpm --import https://www.elrepo.org/RPM-GPG-KEY-elrepo.org

② # 安装 elrepo。

```
rpm -Uvh http://www.elrepo.org/elrepo-release-7.0-3.el7.elrepo.noarch.rpm
```

③ # 载入 elrepo-kernel 元数据。

```
yum --disablerepo=\* --enablerepo=elrepo-kernel repolist
```

载入公钥的过程如图 10.10 所示。

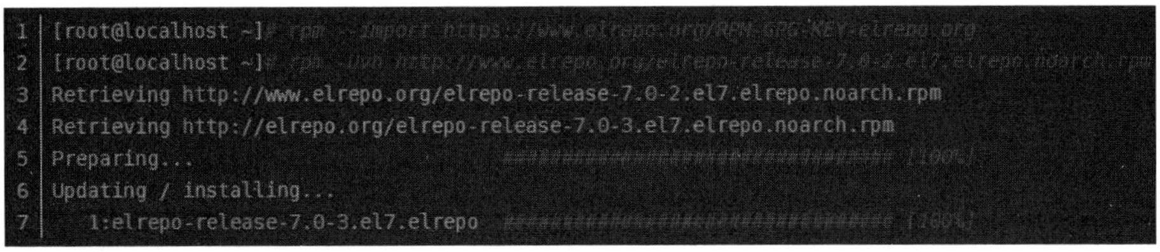

```
[root@localhost ~]# rpm --import https://www.elrepo.org/RPM-GPG-KEY-elrepo.org
[root@localhost ~]# rpm -Uvh http://www.elrepo.org/elrepo-release-7.0-2.el7.elrepo.noarch.rpm
Retrieving http://www.elrepo.org/elrepo-release-7.0-2.el7.elrepo.noarch.rpm
Retrieving http://elrepo.org/elrepo-release-7.0-3.el7.elrepo.noarch.rpm
Preparing...                          ################################# [100%]
Updating / installing...
   1:elrepo-release-7.0-3.el7.elrepo  ################################# [100%]
```

图 10.10　载入公钥

(2) 查看可用的 rpm 包。

```
yum --disablerepo=\* --enablerepo=elrepo-kernel list kernel*
```

输入命令，查看可用的 rpm 包，如图 10.11 所示。

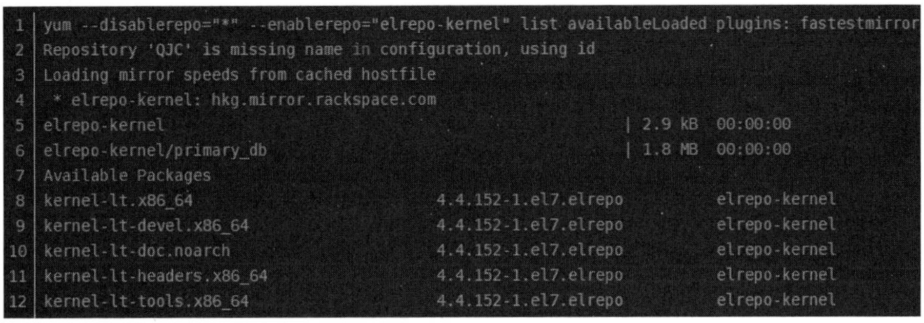

```
yum --disablerepo="*" --enablerepo="elrepo-kernel" list availableLoaded plugins: fastestmirror
Repository 'QJC' is missing name in configuration, using id
Loading mirror speeds from cached hostfile
 * elrepo-kernel: hkg.mirror.rackspace.com
elrepo-kernel                                             | 2.9 kB  00:00:00
elrepo-kernel/primary_db                                  | 1.8 MB  00:00:00
Available Packages
kernel-lt.x86_64                  4.4.152-1.el7.elrepo          elrepo-kernel
kernel-lt-devel.x86_64            4.4.152-1.el7.elrepo          elrepo-kernel
kernel-lt-doc.noarch              4.4.152-1.el7.elrepo          elrepo-kernel
kernel-lt-headers.x86_64          4.4.152-1.el7.elrepo          elrepo-kernel
kernel-lt-tools.x86_64            4.4.152-1.el7.elrepo          elrepo-kernel
```

图 10.11　查看可用的 rpm 包

2. 升级内核

在 yum 的 elrepo 源中有 ml 和 lt 两种内核，其中 ml(mainline)为最新版本的内核，lt 为长期支持的内核。

如果要安装 ml 内核，使用如下命令：

```
yum --enablerepo=elrepo-kernel -y install kernel-ml
```

如果要安装 lt 内核，使用如下命令：

```
yum --enablerepo=elrepo-kernel -y install kernel-lt
```

如图 10.12 所示，在此我们安装的是 ml 内核：

内核升级后，重启，选择新版本内核进入系统。如果需要改变内核启动的默认顺序，可参见 10.1 节的内容。

补充：

(1) 如果前面多次编译过，在编译开始之前可进行清理。

make clean	#清理编译的文件，但保留配置文件
make mrproper	#移除所有编译生成的文件、配置文件和备份文件
make distclean	#完全清理

(2) 如果想快速编译，可进行如下操作：

make -j *	#*为 CPU 核心数

图 10.12　升级内核

(3) 如果想将编译生成的文件保存至别处，可进行如下操作：

mkdir /path/to/somewhere	#创建存放目录
cd /path/to/somewhere	#进入目录
./configure --ksource=/usr/src/linux	#指定源目录

(4) 只编译内核的部分代码。

- 只编译某子目录中的相关代码：

cd /usr/src/linux
make path/to/dir/

- 只编译部分模块：

make M=path/to/dir

- 只编译一个模块：

make path/to/dir/MOD_NAME.ko

- 将编译生成的文件保存至别处：

make O=/path/to/somewhere

习题 10

10.1 什么是 Linux 内核？
10.2 简述 Linux 内核编译的基本过程。
10.3 CentOS 7 的小版本升级和大版本升级有什么区别？
10.4 简述 CentOS 7 小版本升级的基本步骤。
10.5 简述 CentOS 7 大版本升级的基本步骤。

第 11 章

Linux 综合案例

学习要求：本节通过 Linux 项目案例，帮助学生从应用角度，对 Linux 的基本应用、服务器相关设置、网络配置等进一步加深理解并灵活应用。

11.1 综合案例——Linux 服务器配置

因公司发展需要，现需要添加一台 Linux 服务器，要求能完成用户环境的管理、SSH 配置、网络配置、日志和审核、实现磁盘管理、软件管理。

下面按照基本需求实现 Linux 服务器的系列配置，实现六大基本功能。

1. 用户环境的管理

对于一台服务器，用户管理一般涉及用户密码设置以及用户分组设置，考虑使用实际分别从设置用户密码、设置密码有效时间、设置密码复杂程度以及对用于进行用户分组的情况实现配置。

(1) 修改 root 用户密码，要求改为复杂密码。

命令：

echo P@ssw0rd. | passwd -- stdin root

密码修改成功，结果如图 11.1 所示。

图 11.1 修改 root 密码

(2) 对密码的有效期进行设置。

例如，将密码有效期设置为不超过 90 天，并在密码过期前 14 天告知用户。实现此功能，需要修改登录管理文件 login.defs。使用 vim 进入文件进行编辑，将 PASS_MAX_DAYS 的值修改为 90，将 PASS_WARN_AGE 修改为 14，然后保存退出，并刷新配置就可以实现了。

基本命令及修改如图 11.2 所示。

vim   /etc/ login.defs

图 11.2 设置密码有效期

进入登录管理文件后，切换到编辑模式，修改属性，将 PASS_MAX_DAYS 的值修改为 90。修改过程如图 11.3 所示。

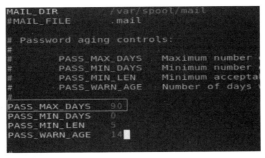

图 11.3　编辑模式下修改 PASS_MAX_DAYS 属性

将 PASS_WARN_AGE 修改为 14，如图 11.4 所示。

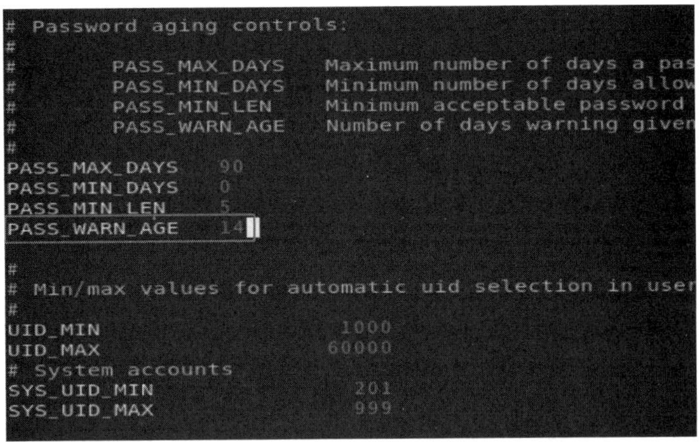

图 11.4　编辑模式下修改 PASS_WARN_AGE 属性

若要进一步进行设置，将密码最短有效期设为 1 天，仍然在登录管理文件 login.defs 中修改 PAS_MIN_DAYS，将其设置为 1。在编辑模式下，修改内容如图 11.5 所示。

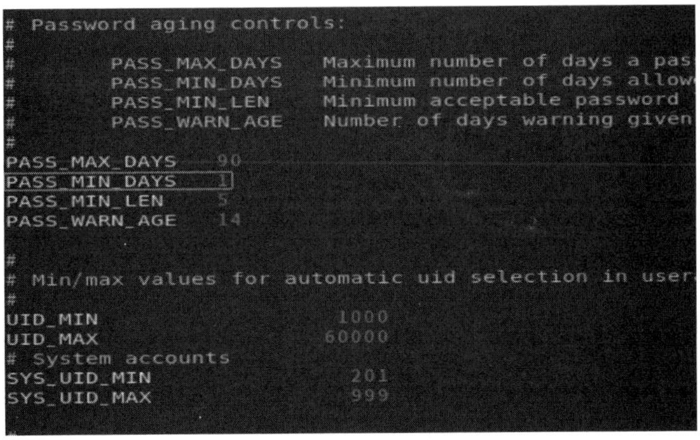

图 11.5　编辑模式下修改 PASS_MIN_DAYS 属性

(3) 对密码的复杂程度按照要求进行设置。

要求密码的复杂程度为4，密码长度不得少于14位。同样的，需要修改配置文件，使用vim命令修改/etc/security目录下的配置文件pwquality.conf，如图11.6所示。

```
[root@localhost ~]# vim /etc/security/pwquality.conf
```

图11.6 使用vim命令打开/etc/security目录下的配置文件

打开文件并切换到编辑模式后，将minlen设置为14，minclass设置为4。在编辑模式下修改的过程如图11.7和图11.8所示。

```
#
# Number of characters in the new passw
# old password.
# difok = 1
#
# Minimum acceptable size for the new p
# credits are not disabled which is the
# Cannot be set to lower value than 6.
minlen = 14
#
# The maximum credit for having digits
# it is the minimum number of digits in
# dcredit = 0
#
# The maximum credit for having upperca
# If less than 0 it is the minimum numb
# password.
# ucredit = 0
```

图11.7 在编辑模式下修改minlen值

```
# The maximum credit for having lowercase chara
# If less than 0 it is the minimum number of lo
# password.
# lcredit = 0
#
# The maximum credit for having other characte
# If less than 0 it is the minimum number of ot
# password.
# ocredit = 0
#
# The minimum number of required classes of cha
# password (digits, uppercase, lowercase, other
minclass = 4
#
# The maximum number of allowed consecutive sam
# The check is disabled if the value is 0.
# maxrepeat = 0
#
# The maximum number of allowed consecutive cha
```

图11.8 在编辑模式下修改minclass值

(4) 要求自动禁用用户。

当用户30天不活跃时，要求系统自动禁用此用户。设置过程如图11.9所示。

```
[root@localhost ~]# useradd -D -f 30
[root@localhost ~]# useradd -D | grep INACTIVE
INACTIVE=30
[root@localhost ~]#
```

图11.9 设置系统禁用用户

(5) 将用户分配到不同的组中。

在实际应用中，将不用的用户分配到不同的组，使其具备相应的权限，是十分普遍的操作。例如，创建用户admin，将admin加入到root组当中。

命令：

```
useradd -G root admin    #创建用户 admin 并加入组
cat /etc/group | grep root    #查看加入结果
```

执行过程及查看结果如图 11.10 所示。

```
[root@localhost ~]# useradd -G root admin
[root@localhost ~]# cat /etc/group
group    group-
[root@localhost ~]# cat /etc/group | grep root
root:x:0:admin
```

图 11.10 创建用户 admin 并将 admin 加入到 root 组

上面使用系列命令及配置文件修改等操作，实现了对 Linux 服务器在用户管理部分的相关要求，结合前面基础命令中创建用户、创建组等的操作，对于一台企业新增的服务器，能够实现用户的管理功能。

2. SSH 配置

利用 SSH 协议可以有效防止远程管理过程中的信息泄露问题，因此在服务器上完成 SSH 配置，实现远程管理。

(1) 配置允许通过 SSH 访问的用户。

使用命令打开 SSH 配置文件。

命令：

```
vim /etc/ssh/sshd_config
```

输入命令及编辑过程如图 11.11、图 11.12 所示。

```
[root@localhost ~]# vim /etc/ssh/sshd_config
```

图 11.11 vim 打开配置文件

图 11.12 编辑配置文件

(2) 配置 SSH 验证失败次数。

在配置文件中将 SSH 验证失败次数设为 4，如图 11.13 所示，表示允许 SSH 验证的失败次数为 4 次。

3. 网络配置

对于一台新服务器，网络配置是十分重要的，下面对服务器的网络配置分步骤完成。

(1) 设置服务器 IP 地址、DNS 地址、网关地址。

假设将服务器 IP 地址设置为 192.168.0.19/24，DNS 地址为 202.103.24.68，网关地址为 192.168.0.1，使用命令对其设置后，开启自动连接网卡设置。

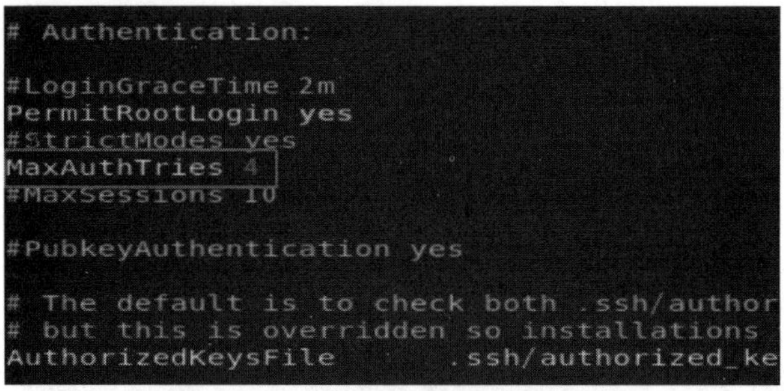

图 11.13　配置 SSH 验证失败次数

设置命令：

nmcli connection modify ens33 ipv4.addresses 192.168.0.19/24 ipv4.gateway 192.168.0.1 ipv4.dns 202.103.24.68 connection.autoconnect yes

输入命令如图 11.14 所示。

图 11.14　设置命令

设置完成后，重新激活网卡，使用命令：

nmcli connection up ens33

如图 11.15 所示。

图 11.15　重新激活网卡

(2) 禁用 IPv6 协议。

使用下面三条命令禁用 IPv6 协议：

sysctl -w net.ipv6.conf.all.disable_ipv6=1
sysctl -w net.ipv6.conf.default.disable_ipv6=1
sysctl -w net.ipv6.route.flush=1

执行过程如图 11.16 所示。

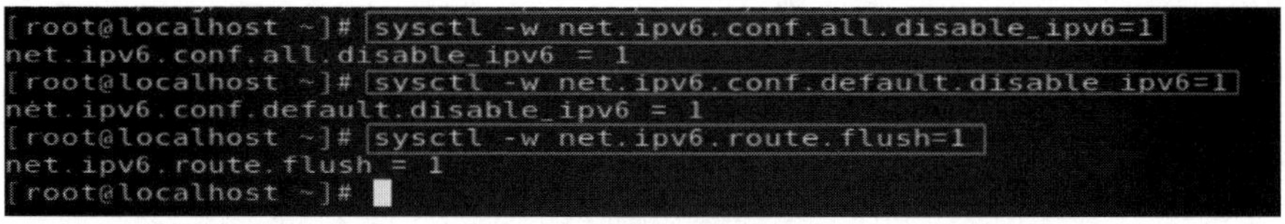

图 11.16　禁用 IPv6 协议

(3) 关闭 IP 转发配置。

使用命令 sysctl -w net.ipv4.ip_forward=0 关闭 IP 转发配置，如图 11.17 所示。

图 11.17　关闭 IP 转发配置

(4) 关闭数据包重定向功能。

使用命令 sysctl -w net.ipv4.conf.all.send_redirects=0 关闭数据包重定向功能，如图 11.18 所示。

```
[root@localhost ~]# sysctl -w net.ipv4.conf.all.send_redirects=0
net.ipv4.conf.all.send_redirects = 0
```

图 11.18　关闭数据包重定向功能

(5) 开启 TCP SYN Cookie 功能防止 TCP 的 SYN DDOS 攻击。

使用命令 sysctl -w net.ipv4.tcp_syncookies=1，防止 TCP 的 SYN DDOS 攻击，如图 11.19 所示。

```
[root@localhost ~]# sysctl -w net.ipv4.tcp_syncookies=1
net.ipv4.tcp_syncookies = 1
```

图 11.19　防止 TCP 的 SYN DDOS 攻击

(6) 设置防火墙默认区域为 public。

① 首先检查是否安装防火墙。

输入命令 rpm -q firwalld，如图 11.20 所示。

```
[root@localhost ~]# rpm -q firwalld
未安装软件包 firwalld
```

图 11.20　检查是否安装防火墙

② 如果没有安装，则 yum 进行安装防火墙，安装完成后启动防火墙。

输入命令 yum install -y firewalld，安装并启动防火墙，如图 11.21 所示。

```
[root@localhost mnt]# yum install -y firewalld
上次元数据过期检查: 0:00:19 前,执行于 2021年08月03日 星期二 21时21分33秒。
Package firewalld-0.6.3-7.el8.noarch is already installed.
依赖关系解决。
==================================================
 软件包                    架构        版本              仓库
==================================================
Upgrading:
 firewalld                 noarch      0.8.2-7.el8_4     BaseOS
 firewalld-filesystem      noarch      0.8.2-7.el8_4     BaseOS
 libnftnl                  x86_64      1.1.5-4.el8       BaseOS
 nftables                  x86_64      1:0.9.3-18.el8    BaseOS
```

图 11.21　安装防火墙

③ 查看防火墙的运行状态。

输入命令 firewall-cmd --state，查看防火墙的运行状态，如图 11.22 所示。

```
[root@localhost ~]# systemctl enable firewalld
[root@localhost ~]# firewall-cmd --state
running
```

图 11.22　查看防火墙的运行状态

④ 设置防火墙默认区域为 public。

输入命令 firewall-cmd --set-default-zone=public，设置防火墙默认区域，如图 11.23 所示。

```
[root@localhost ~]# firewall-cmd --set-default-zone=public
warning: ZONE_ALREADY_SET: public
success
[root@localhost ~]# firewall-cmd --get-active-zones
libvirt
  interfaces: virbr0
public
  interfaces: ens33
```

图 11.23　设置防火墙默认区域

4. 审核和日志

（1）开启审核服务。

对服务器进行审核，首先要开启审核服务，如未安装则先安装 auditd 服务。

开启审核服务。

systemctl enable auditd

查看服务状态。

systemctl status auditd

执行过程如图 11.24 所示。

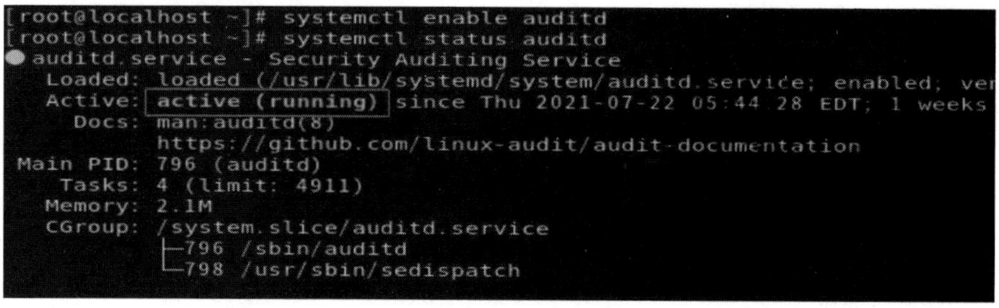

图 11.24　开启审核服务

（2）修改 audit 日志空间。

通过修改配置文件 auditd.conf，将日志空间大小改为 100MB。

输入命令编辑配置文件 im /etc/audit/auditd.conf，如图 11.25 所示。

图 11.25　打开配置文件 auditd.conf

进入文件后，将 max_log_file 的值修改为 100，如图 11.26 所示。

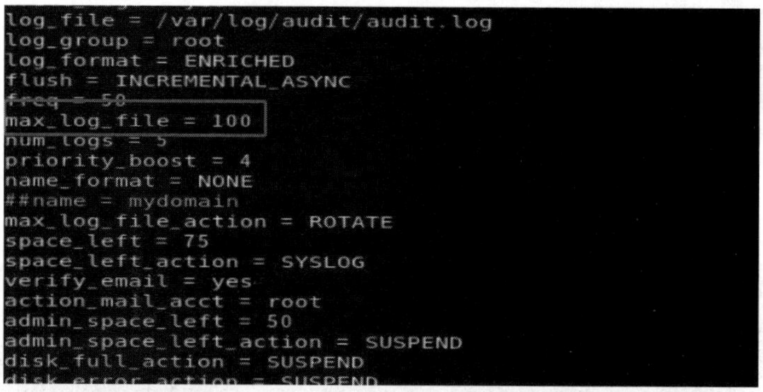

图 11.26　在编辑模式下修改 max_log_file 的值为 100

（3）审计用户和用户组的操作。

在/etc/audit/rules.d 路径下新建 identity.rules 文件，将用户和用户组的授权写进文件。

输入新建 identity.rules 文件的命令 vim /etc/audit/rules.d/identity.rules。

在文件 identity.rules 中写入以下内容：

```
-w / etc/ group -p wa -k identity
-w / etc/ passwd -p wa -k identity
-w / etc/ gshadow -p wa -k identity
-w / etc/ shadow -p wa - k identity
-w / etc/ security/opasswd -p wa -k identity
```

编辑内容如图 11.27 所示。

```
-w /etc/group -p wa -k identity
-w /etc/passwd -p wa -k identity
-w /etc/gshadow -p wa -k identity
-w /etc/shadow -p wa -k identity
-w /etc/security/opasswd -p wa -k identity
```

图 11.27 编辑 identity.rules 文件

(4) 进行备份文件的设置。

设置每天 23：59 开始备份所有日志至/var/logbak 目录，使用 crontab 命令打开任务编辑，并完成相应设置。

打开计划任务编辑：crontab -e，如图 11.28 所示。

```
[root@localhost ~]# crontab -e
```

图 11.28 打开计划任务进行编辑

进入编辑模式后，进行相应设置，设置内容如图 11.29 所示。

```
59 23 * * *     /usr/bin/cp /var/log /mnt/logbak-`data "+\%F_\%T"`
```

图 11.29 编辑定时信息

5. 磁盘管理

无论是普通微机还是服务器都需要进行磁盘管理，通过下面的步骤介绍在 Linux 操作系统中如何完成磁盘管理。

(1) 创建物理卷。

这项操作是针对有多块硬盘进行的，如果有第二块硬盘，可以对其进行分区然后创建物理卷。

检查是否有第二块硬盘，输入命令 ls / dev/ | grep sd，如图 11.30 所示。

```
[root@localhost ~]# ls /dev/ | grep sd
sda
sda1
sda2
sdb
[root@localhost ~]#
```

图 11.30 检查是否有第二块硬盘

对第二块硬盘进行分区并调整分区类型，输入命令 fdisk/dev/sdb，过程如图 11.31、图 11.32 所示。

```
[root@localhost ~]# fdisk /dev/sdb

命令(输入 m 获取帮助)：n
分区类型
   p   主分区 (0个主分区，0个扩展分区，4空闲)
   e   扩展分区 (逻辑分区容器)
选择 (默认 p)：p
分区号 (1-4，默认 1)：
第一个扇区 (2048-41943039，默认 2048)：
上个扇区，+sectors 或 +size{K,M,G,T,P} (2048-41943039，默认 41943039)：

创建了一个新分区 1，类型为"Linux"，大小为 20 GiB。
```

图 11.31 第二块硬盘进行分区

```
命令(输入 m 获取帮助): t
已选择分区 1
Hex 代码(输入 L 列出所有代码): 8e
已将分区"Linux"的类型更改为"Linux LVM"。

命令(输入 m 获取帮助): w
```

图 11.32　调整分区类型

使用命令 pvcreate /dev/sdb1 创建物理卷，如图 11.33 所示。

```
[root@localhost ~]# pvcreate /dev/sdb1
  Physical volume "/dev/sdb1" successfully created.
[root@localhost ~]#
```

图 11.33　创建物理卷

(2) 创建逻辑卷。

创建一个逻辑卷，并命名为 database，此卷属于 test 卷组。假设逻辑卷大小为 50 个物理扩展单元。每个扩展单元设置为 16MB。

创建 test 卷组，设置扩展单元大小为 16MB，并将 sdb1 加入 test 卷组。

输入命令：vgcreate -s 16M test /dev/sdb1，如图 11.34 所示。

```
[root@localhost ~]# vgcreate -s 16M test /dev/sdb1
```

图 11.34　创建 test 卷组

创建 database 逻辑卷，大小设置为 50 个扩展单元，从 test 卷组中划分。

输入命令：lvcreate - l 50 -n database test，如图 11.35 所示。

```
[root@localhost ~]# lvcreate -l 50 -n database test
```

图 11.35　创建 database 逻辑卷

(3) 挂载文件系统。

挂载文件系统后，磁盘才能正常使用，对文件系统进行格式化并进行相应设置。

使用 ext4 文件系统进行格式化，将 database 格式化为 ext4。

输入命令：mkfs.ext4 /dev/test/database，如图 11.36 所示。

```
[root@localhost ~]# mkfs.ext4 /dev/test/database
```

图 11.36　对文件系统进行格式化

编辑 fstab 文件，将此逻辑卷挂载至/var/logbak，并要求开机自动挂载。

使且命令 vim /etc/fstab 编辑 fstab 文件，如图 11.37 所示。

```
[root@localhost ~]# vim /etc/fstab
```

图 11.37　挂载逻辑卷

完成相应设置，将存储介质位置、挂载点以及文件系统进行对应设置。

存储介质位置为/dev/test/database。

挂载点为/var/logbak。

文件系统为 ext4。

编辑过程如图 11.38 所示。

图 11.38 编辑文件系统的相关设置

6. 软件管理

在 Linux 系统中，对服务器上的软件进行管理，可以使用 YUM(yellowdog updater modified，黄狗更新器修改版)。YUM 是一个 RPM 系统的自动更新和软件包安装/卸载器。对服务器配置本地 YUM，便于软件管理。

挂载磁盘到 mnt 目录下：mount /dev/sr0 /mnt，将目录切换到/etc/yum.repos.d 下，然后准备创建文件 dd.repo、bb.repo，如图 11.39 所示。

图 11.39 切换到 /etc/yum.repos.d

切换至此目录：cd /etc/yum.repos.d/。

创建文件：touch dd.repo。

创建文件：touch bb.repo，执行结果如图 11.40 所示。

图 11.40 创建后生成文件 bb.repo、dd.repo

文件的相关信息如图 11.41、图 11.42 所示。

图 11.41 配置文件信息 1

图 11.42 配置文件信息 2

查看列出的所有可安装的软件清单，输入命令如图 11.43 所示。

图 11.43 列出可安装软件清单命令

11.2 综合案例——Web 服务器的日志管理

随着系统运维工作的开展，在系统维护的过程中，Web 服务器的日志管理也是一件比较琐碎且复杂的工作。如果能够通过脚本自动对日志文件进行及时归档，则可以大大减少系统管理员的工作量。

本案例使用脚本及任务计划的方式对 Web 服务器日志进行自动管理。当然，在系统运维过程中，这个方法也可以用于其他的日志管理或文档管理。

日志管理在实现过程中，保证定期将日志文件进行归档，归档后保留归档文件，删除日志文件，为服务器保留存储空间。

基本思路：首先明确 Web 服务器日志管理涉及的各类文件及文件之间的联系，然后再通过脚本方式、任务计划方式进行实现。Shell 脚本支持模块化方式，因此，本实例采取模块化将功能进行细分，编写主程序进行模块脚本的调用。

1. 生成日志归档文件名称

在归档过程中，为了更好地执行后期文档查找或者配合公司文档管理要求，为日志归档文件指定符合规范的名称就十分重要。通过脚本方式，生成归档文件的名称。

本例中，我们以时间方式进行命名，备份文件的名称以备份的时间命名。在实际工作中，可以结合单位的命名规范进行调整和修改。

生成归档文件名称的函数，脚本如下。

```
function filename()
{
    timestamp=$(date +%Y%m%d%H%M%S)
    echo "$1".$timestamp."tar"
}
```

2. 对日志文件进行归档

归档的时候，由于 Web 服务器的信息量比较大，在进行归档时，一般查找日志目录中前一天生成的日志文件，然后再进行归档。此时，使用 Linux 系统中自带的 tar 命令即可实现归档。

tar 最初是为了制作磁带备份而设计的，作用是把文件和目录备份到磁带中，然后从磁带中提取或恢复文件。现在可以使用 tar 来备份数据到任何存储介质上。

利用 tar 命令备份数据的格式为：

```
tar [选项]    创建文件名    要归档文件名
```

具体的参数信息可以查找前面章节讲过的内容,或者使用 man 命令到 Linux 系统进行查询。归档函数 archivelog 的脚本如下。

```
function archivelog()
{
    archivefile=`filename web_log`
    archivedest=$1
    if [ ! -d archivedest ];then
        mkdir -p $archivedest
```

```
    fi
    cd /var/log/web
    find . -mtime +1 -exec tar -rf $archivedest$archivefile {} \;
        zip $archivedest$archivefile".zip" $archivedest$archivefile
    if [ "$?" -eq 0 ]
    then
        rm -f $archivedest$archivefile
    fi
    return $?
}
```

3. 删除已经备份过的文件

当所有的过期日志都已经成功备份之后,为了让系统服务器的空间得到更好的利用,可以将已经完成备份的文件从磁盘中删除,以释放被占用的磁盘空间。

删除已备份文件的函数 removearchivedlog 脚本如下。

```
function removearchivedlog()
{
    cd /var/log/httpd

    find . -mtime +1 -exec rm -f $archivedest$archivefile {} \;
}
```

4. 日志文件进行归档的脚本主程序

日志归档主程序脚本如下。

```
    archivelog "/home/user/example/"         #调用函数对日志进行归档
    if [ "$?" -eq 0 ]
then
        removearchivedlog                     #调用函数删除已完成归档的日志文件
    fi
    exit 0
```

5. 脚本的自动化执行

完成脚本的编写后,下面说明实现 Web 日志的完全自动化管理的过程。Web 日志完全自动化管理,需要通过定时运行上面创建的归档脚本来实现。要定时实现脚本的自动运行,用户可以使用两种方法:使用 sleep 命令或者使用 cron 工具。

(1) sleep 命令。

在 Linux 系统中,sleep 命令主要用来延迟 Shell 脚本的时间。sleep 命令用来睡眠一段时间,将目前动作延迟一段时间。

命令格式为:

```
sleep Number(suffix)
```

命令的时间单位有:秒(s)、分钟(m)、小时(h)、天(d),默认单位是秒(s)。

通过换算,很容易知道,86 400 秒是 1 天,那么可以设定一个循环,在脚本执行了归档并删除原文件之后,增加一条命令 sleep 86400,这样就可以保证在一天后这个脚本会自动执行下一次。

(2) cron 工具。

cron 是 Linux 下的一个定时执行工具,可以在无须人工干预的情况下运行作业。cron 也是在 Linux 运维中使用广泛的工具,比 sleep 命令更方便。

cron 服务通过提供 crontab 命令进行设定,crontab 的功能定期执行程序。Linux 操作系统启动之后,默认便会启动此任务调度命令。crontab 命令每分钟会定期检查是否有要执行的工作,如果有要执行的工作便会自动执行该工作。

下面介绍 crontab 命令的相关参数及其使用。

```
crontab 命令格式:    crontab [ -u user ] file 或   crontab [ -u user ] { -l | -r | -e }
```

说明:

crontab 是用来让使用者在固定时间或固定间隔执行程序使用的,类似使用者的时程表。

参数说明:

```
crontab -u      //设定某个用户的 cron 服务,一般 root 用户在执行这个命令的时候需要此参数
crontab -l      //列出某个用户 cron 服务的详细内容
crontab -r      //删除某个用户的 cron 服务
crontab -e      //编辑某个用户的 cron 服务
```

时间格式为:

```
f1  f2  f3  f4  f5  program
```

其中 program 表示要执行的程序,f1 表示分钟,f2 表示小时,f3 表示一个月份中的第几日,f4 表示月份,f5 表示一个星期中的第几天。crontab 命令的时间参数信息如表 11.1 所示。

时间的表达方式:

① 当 f1 为*时表示每分钟都要执行 program,f2 为*时表示每小时都要执行程序,以此类推。

② 当 f1 为 a-b 时表示从第 a 分钟到第 b 分钟这段时间内要执行,f2 为 a-b 时表示从第 a 小时到第 b 小时都要执行,以此类推。

③ 当 f1 为*/n 时表示每 n 分钟个时间间隔执行一次,f2 为*/n 表示每 n 小时个时间间隔执行一次,以此类推。

④ 当 f1 为 a,b,c,……时表示第 a,b,c,……分钟要执行,f2 为 a,b,c,……时表示第 a,b,c,……个小时要执行,以此类推。

表 11.1 crontab 命令的时间参数

说明	minute	hour	Day of month	Month of year	Day of week
	*	*	*	*	*
表示含义	每个小时的第几分钟执行该任务	每天的第几个小时执行该任务	每月的第几天执行该任务	每年的第几个月执行该任务	每周的第几天执行该任务
取值范围	0~59	0~23	1~31	1~12	0~6(0 表示周日)

例如：

5 * * * * Command	每小时的第 5 分钟执行一次命令
30 18 * * * Command	指定每天下午的 6:30 执行一次命令
30 7 8 * * Command	指定每月 8 号的 7:30 执行一次命令
30 5 8 6 * Command	指定每年的 6 月 8 日 5:30 执行一次命令
30 6 * * 0 Command	指定每星期日的 6:30 执行一次命令

使用 crontab 对脚本的执行进行设定：

0 0 * * * root run-parts /home/user/example11-2.sh
// 每天执行/home/user/example11-2.sh 内的脚本

过程如下：

[user@localhost ~]$ crontab -e

打开编辑器，输入信息后存盘退出，如图 11.44 所示。

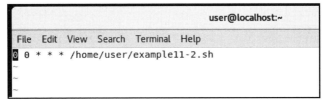

图 11.44 编辑定时信息

完成设置后，仍然使用 crontab 命令查看脚本定时执行的设置情况，如图 11.45 所示。

```
[user@localhost ~]$ crontab -l
0 0 * * * /home/user/example11-2.sh
```

图 11.45 查看定时信息

参 考 文 献

[1] 刘忆智等. Linux 从入门到精通[M]. 2 版. 北京：清华大学出版社，2014.
[2] [英]Neil Matthew，Richard Stones. Linux 程序设计[M]. 4 版. 陈健，宋健建，译. 北京：人民邮电出版社，2010.
[3] 黑马程序员. Linux 系统管理与自动化运维. 北京：清华大学出版社，2018.
[4] [美] 马克·G.索贝尔，马修·赫姆基. Linux 命令行与 Shell 编程实战[M]. 4 版. 尹晓奇，巩晓云，译. 北京：清华大学出版社，2018.
[5] 刘瑞. Linux 就该这么学[M]. 北京：人民邮电出版社，2017.
[6] 鸟哥. 鸟哥的 Linux 私房菜·基础学习篇[M]. 4 版. 北京：人民邮电出版社，2018.
[7] 艾叔. Linux 快速入门与实战 基础知识、容器与容器编排、大数据系统运维[M]. 北京：机械工业出版社，2021.